Good Code, Bad Code

寫出高品質的程式碼

Tom Long 著

H&C 譯

前言

我從 11 歲開始就一直在以某種形式接觸了程式的編寫和設計，所以在我找到第一份軟體工程師的工作時，早已寫過很多程式碼了。儘管如此，我很快發現編寫程式碼和軟體工程是不一樣的。以軟體工程師的身份來設計編寫程式意味著寫出來的程式碼必須對其他人是有意義的，也不會在別人稍微修改之後就變得不能用。這也代表真的有人（有時是很多人）在使用和依賴我寫的程式碼，所以出錯的後果是很嚴重的。

隨著軟體工程師的經驗愈來愈豐富，他們會了解到日常編寫程式碼中所做出的決定是很重要的，對軟體是否能正常運作、持續能運作以及能否由其他人來維護等都會產生重大影響。學習如何寫出好的程式碼（從軟體工程的角度來看）可能需要很多年的累積，而這些技能通常是在工程師從自己的錯誤中吸取教訓慢慢累積起來的，或是從與他們一起工作的更高階工程師所得到零碎的建議來吸收獲取。

本書的目標在為新進軟體工程師提供掌握這些技能的快速入門指引。書中的內容講述了寫出可靠、可維護和能適應需求不斷變化的程式碼時，所需要知道的最重要課程和理論基礎，希望能幫助讀者從中獲益。

致謝

出版這本書不僅是我個人的付出而已，還需要感謝參與後續作業，並讓這本書成功出版的所有人。我要特別感謝我的開發編輯 Toni Arritola，感謝她耐心地在本書創作過程中一路引導，以及她對讀者需求的關注和高品質教學的要求。我還要感謝組稿編輯 Andrew Waldron，他信任和支持這本書的出版想法，並在此過程中提供了許多寶貴的意見。我還要感謝技術開發編輯 Michael Jensen，他在整本書中提供了深刻的技術見解和建議。另外也要感謝技術審校 Chris Villanueva，他仔細閱讀和審校了本書的程式碼和技術內容，並提出了很多很好的建議。

我還要感謝所有參與審閱本書的讀者——Amrah Umudlu、Chris Villanueva、David Racey、George Thomas、Giri Swaminathan、Harrison Maseko、Hawley Waldman、Heather Ward、Henry Lin、Jason Taylor、Jeff Neumann、Joe Ivans、Joshua Sandeman 、Koushik Vikram、Marcel van den Brink、Sebastian Larsson、Sebasti n Palma、Sruti S、Charlie Reams、Eugenio Marchiori、Jing Tang、Andrei Molchanov 和 Satyaki Upadhyay——在本書整個開發過程中的多個階段，他們花了時間閱讀了本書，並提供準確又有用的反饋。這些重要又有用的反饋是怎麼強調都不為過的。

書中幾乎所有的觀念和想法都是來自軟體工程社群中成熟的思維和技術，因此作為最後的誌謝，我要感謝在出版過程中為這些知識體系做出貢獻並分享出來的所有人。

關於本書

《Good Code, Bad Code》這本書介紹了專業軟體工程師用來建構生成可靠和可維護程式碼的關鍵概念和技術。本書不僅列舉了該做和不該做的事，還解釋了每個概念和技術背後的核心原理及相關取捨，讓讀者對於如何像經驗豐富的軟體工程師一樣思考和編寫程式有基本的了解。

本書適用對象

本書的目標讀者是已經能編寫程式碼但希望以專業軟體工程師的角度來提升其技能的所有人。對已有 3 年以內經驗的軟體工程師來說，這本書還是很有用的參考資料。對經驗更豐富的工程師來說，也許已經知道書中所談的內容，但我希望這些內容仍是他們用來指導新手的有用資源。

本書的組織結構：學習路線圖

本書共有 11 章，分成為三個部分。第一部分介紹一些理論的高層次概念，這些概念形塑了我們思考設計程式碼的方式。第二部分轉向較實務的課程主題，這裡各章內容是由一系列主題劃分，涵蓋某些特定的考量因素或技術。本書的第三部分也是最後一部分，所談到的是建立有效且可維護之單元測試的原則和實務作法。

本書各個部分的結構模式是先示範可能有問題的場景（和一些程式碼），然後展示解開這些問題的替代方案。從意義上來說，內容編排是從展示什麼是「壞（Bad）」程式碼到展示什麼是「好（Good）」程式碼，但需要注意的是，「**壞**」和「**好**」這兩個詞是主觀的，取決於上下文脈的關聯。正如本書主旨所強調的那樣，通常是需要考量細微的差異和權衡取捨，這也表示這種區分並不是那麼明確。

Part 1「理論篇」，為總體大方向和稍微理論的思維奠定基礎，這些思維形塑了作為軟體工程師應該要具備的編寫程式碼方法。

- 第 1 章介紹了**程式碼品質**的概念，內容是想要達成高品質程式碼所要了解和實現的一組實用目標。然後把這些目標擴展成六個「程式碼品質的支柱」，這些支柱就是用於日常編寫程式碼的高階策略。
- 第 2 章討論**抽象層**，指導我們把程式碼建構和拆分為不同部分時的基礎考慮因素。
- 第 3 章重點在考量其他工程師的重要性，這些工程師會用到我們的程式碼。這裡會談到定立**程式碼契約**以及如何仔細思考以防範錯誤。
- 第 4 章討論錯誤的發生和仔細思考如何發出信號並進行處置，這些都是編寫出良好程式碼的重要基礎。

Part 2「實務篇」，透過具體的技術和範例以更實用的方式說明程式碼品質的前五個支柱（第 1 章有講述程式碼品質的六個支柱）。

- 第 5 章介紹了怎麼讓程式碼具有可讀性，好讓其他工程師也能夠理解我們所編寫的程式碼。
- 第 6 章介紹了避免意外的驚喜，以其他工程師不會誤解的程式碼寫法來盡量減少出現錯誤的機會。
- 第 7 章介紹了讓程式碼不會誤用的寫法，讓工程師不會意外產生邏輯錯誤或違反假設的程式碼寫法，能盡量減少錯誤的機會。
- 第 8 章介紹了讓程式碼模組化的關鍵技術，這樣有助於確保程式碼能展現出清晰的抽象層，並能夠適應不斷變化的需求。
- 第 9 章介紹如何讓程式碼可以重複使用和泛化通用。避免重新發明輪子，又能在添加新功能或建構新特性時更輕鬆也更安全。

Part 3「單元測試篇」，介紹了編寫有效單元測試的關鍵原則和實務作法。

- 第 10 章介紹了許多影響我們對程式碼進行單元測試的原則和更高層級的考量因素。
- 第 11 章以第 10 章的原則為基礎，為編寫單元測試的實務提供了許多具體且實用的建議。

閱讀本書的理想方式是依序從頭讀到尾，因為本書前面部分的思維觀念會為後續內容提供基礎。但話雖如此，Part 2（和第 11 章）中的各個主題都是獨立的，每個主題講述的內容也不多，因此即使分開閱讀也沒問題，其內容也很實用。這樣的編排結構是經過深思熟慮的，目的是為了提供有效的方法可向其他工程師快速解釋說明既有的最佳實務作法。這對於任何希望在程式碼審查中解釋某個特定概念，或在指導其他工程師時解釋特定概念是非常有用的。

關於程式碼

本書的目標讀者是使用靜態型別、物件導向程式語言的工程師，例如以下的程式語言都適用：Java、C#、TypeScript、JavaScript（ECMAScript 2015 或帶有靜態型別檢查器的更高版本）、C++、Swift、Kotlin、Dart 2 … 等等。本書中所談到的概念在使用上述任何一種語言進行程式碼編寫時都能廣泛適用。

不同的程式語言有不同的語法和範式來表達邏輯和程式結構。為了能在本書中提供適切的程式碼範例，有必要對某種語法和範式進行標準化。因此本書使用了虛擬程式碼，這種程式碼借鑒了多種不同語言的思維。虛擬程式碼的目標能明確、清晰表達且易於被大多數工程師識別。請記住這種功用導向的意圖，本書無意暗示某種語言較好或較差。

同樣地，在明確和簡潔之間權衡取捨時，虛擬程式碼範例往往較偏向在明確方面。以實例來說，程式會使用明顯的變數型別，而不會用 var 之類的關鍵字來推斷型別。另一個例子是使用 if 語法來處理 null 值，而不是使用更簡潔（但可能不太熟悉）的 null 值合併和 null 值條件運算子（請參考附錄 B）。在真實的程式碼庫中（以及本書之外的程式），工程師可能更希望強調簡潔性。

如何使用本書中的建議

在閱讀任何關於軟體工程的書籍或文章時，請記住，這是個主觀的課題，現實世界中的問題解決方案很少有百分之百明確的。根據我的經驗，優秀的工程師大會以健康的懷疑態度來對待閱讀的所有內容，並希望了解其背後的基本思維。由於大家看法不同並不斷開展，可用的工具和程式語言也會不斷更新改進。了解特定建議背後的原因、上下脈絡和限制，這對於知道何時去使用以及何時應該忽略是十分重要的。

本書的目標在彙整各種有用的主題和技術，以幫助指導工程師編寫出更好的程式碼。雖然考慮使用這些內容是明智的作法，但書中的內容不應該直接認定是絕對可靠的，也不應該視為永遠無法打破的硬性規定。良好的判斷力是好的軟體工程中應具備的基本能力。

延伸閱讀

本書的目標是成為軟體工程師進入程式碼世界的墊腳石。本書會讓讀者對設計程式碼的方式、可能有問題的事物以及避免這些問題的技術有一個廣泛的了解。但學習的旅程不應該在這裡就結束，軟體工程是個龐大且不斷發展的學科領域，強烈建議讀者繼續延伸廣泛閱讀來掌握這門主題的新發展。除了閱讀網路文章和部落格之外，讀者可能還需要一些關於這個主題的有用書籍，整理如下所示：

- *Refactoring: Improving the Design of Existing Code*, second edition, Martin Fowler (Addison-Wesley, 2019)
- *Clean Code: A Handbook of Agile Software Craftsmanship*, Robert C. Martin (Prentice Hall, 2008)
- *Code Complete: A Practical Handbook of Software Construction*, second edition, Steve McConnell (Microsoft Press, 2004)
- *The Pragmatic Programmer: Your Journey to Mastery, 20th anniversary*, second edition, David Thomas and Andrew Hunt (Addison-Wesley 2019)
- *Design Patterns: Elements of Reusable Object-Oriented Software*, Erich Gamma, Richard Helm, Ralph Johnson, and John Vlissides (Addison-Wesley, 1994)
- *Effective Java*, third edition, Joshua Bloch (Addison-Wesley, 2017)
- *Unit Testing: Principles, Practices and Patterns*, Vladimir Khorikov (Manning Publications, 2020)

關於作者

Tom Long 是 Google 的軟體工程師，他擔任技術主管，除了本身的工作之外，還會定期指導新進軟體工程師在編寫專業程式碼時可以應用的最佳實務作法。

關於封面插圖

本書《Good Code, Bad Code》封面人物的標題是「Homme Zantiote」，其意義是來自希臘扎金索斯島的人。該插圖取自 Jacques Grasset de Saint-Sauveur（1757-1810 年）的 *Costumes de Diffrents Pays*，於 1797 年在法國出版，彙集了來自不同國家的禮服。每幅插圖都是由手工精心繪製和著色。Grasset de Saint-Sauveur 豐富多樣的彙集，生動地提醒我們 200 年前世界各城鎮和地區的文化差異。人們彼此隔離，講不同的方言和語言。無論是在城市街上還是在鄉下，只要以服裝就可以很容易地識別出居住地和職業。

時隔自今，我們的著裝方式產生了變化，當時如此豐富的地區多樣性已經消失。現在很難區分不同大陸的居民，更不用說不同的城鎮、地區或國家了。也許我們已經用文化多樣性換取了更多樣化的個人生活——當然是為了有更多樣化和快節奏的技術生活。

在現今一大堆電腦技術書籍且不好區分的時代裡，Manning 出版社以兩個世紀前豐富多樣的地區生活為題，取用 Grasset de Saint-Sauveur 的插圖來當作的書籍封面，表達了現今電腦行業的創造性和主動性。

目錄

第 3 章　其他工程師與程式碼契約 55

第 4 章　錯誤 77

第 6 章　避免意外的驚訝　157

第 7 章　讓程式碼不易被誤用　195

第8章 讓程式碼模組化 237

第 9 章　讓程式碼可重用和可泛化　273

附錄 381

PART 1 理論篇

軟體工程的世界中充滿了各種怎麼寫出最好程式碼的建議和論點，但現實生活中沒這麼簡單，不是只要吸收這些建議然後虔誠地追隨就能成功。首先，不同來源的不同建議往往會相互矛盾，那我們怎麼知道該遵循什麼呢？更重要的是：軟體工程不是一門精確的科學，它無法提煉成一套萬無一失的規則（無論我們多麼努力）。每個專案都不相同，幾乎都要權衡取捨。

為了要寫出好的程式碼，我們需要對目前的設想場景套用正確的判斷力，且能夠思考特定處理方式的後果（不管是好與是壞）。為此，我們需要了解基本原理：當我們在寫程式碼時，實際上是想要實現什麼目標呢？幫助我們實現目標的高層次考量又是什麼呢？Part 1 的內容是為寫出好程式碼的這些理論方面提供堅實的基礎。

1 程式碼品質

本章內容

- 程式碼品質很重要的原因
- 高品質程式碼要達成的四個目標
- 用來確保程式碼品質的六個高階策略
- 寫出高品質程式碼，從中長期來看是可以節省時間和精力的在過往的經驗中，您可能已經用過上百甚至上千種不同的軟體了，不管是在您電腦上安裝的各個程式、手機上的各種 App，以及在系統背後自行提供服務的各類程式——我們一直都是在與軟體互動。

甚至還有許多我們所依賴的軟體是您沒有意識到。舉例來說，我們信任銀行擁有一套不錯的後端軟體系統，不會意外地把我們帳戶的錢轉移給別人，或者突然讓我們背負數百萬的債務。

有時候我們會遇到用起來十分愉悅的軟體，其功能完全符合我們的要求，幾乎不會出錯，而且也很容易上手。但有時候我們也會遇到使用起來很可怕的軟體，不斷出錯、老是當機，而且在使用上很不順利。

有些軟體顯然沒有那麼重要，就像手機上某個有 bug 的 App 可能很煩人，但不是世界末日。可若是從另一個角度來看，銀行後端系統中的 bug 有可能毀掉大家的生活。即使是看起來不太重要的軟體問題也有可能會毀掉整間企業。如果使用者發現某個軟體令人討厭或難以使用，那就有可能會改用其他替代軟體。

更高品質的程式碼往往會產生更可靠、更易維護且錯誤更少的軟體。許多關於提升程式碼品質的原則不僅談到要確保軟體最初設計時是以這樣的理念為目標，還希望隨著需求的開展和新應用場景的出現，這套軟體在整個生命週期中都能保持這種狀態。圖 1.1 說明了程式碼品質對軟體品質的影響。

好的程式碼顯然不是製作出好的軟體的唯一因素，但卻是主要的因素之一。我們能夠擁有世界上最好的產品和行銷團隊，部署在最好的平台上，並使用最好的框架來進行建構，但歸根結底，軟體的一切都是要有人寫出程式碼來讓它實現的。

工程師在編寫程式碼時所做的日常決策看起來可能很細微，有時甚至無關緊要，但他們卻共同決定了「軟體」的好壞。如果程式碼中含有 bug、配置出錯或沒有正確處理錯誤的情況，那麼由此搭建起來的軟體就很可能會發生錯誤和不穩定，並導致無法正常運作。

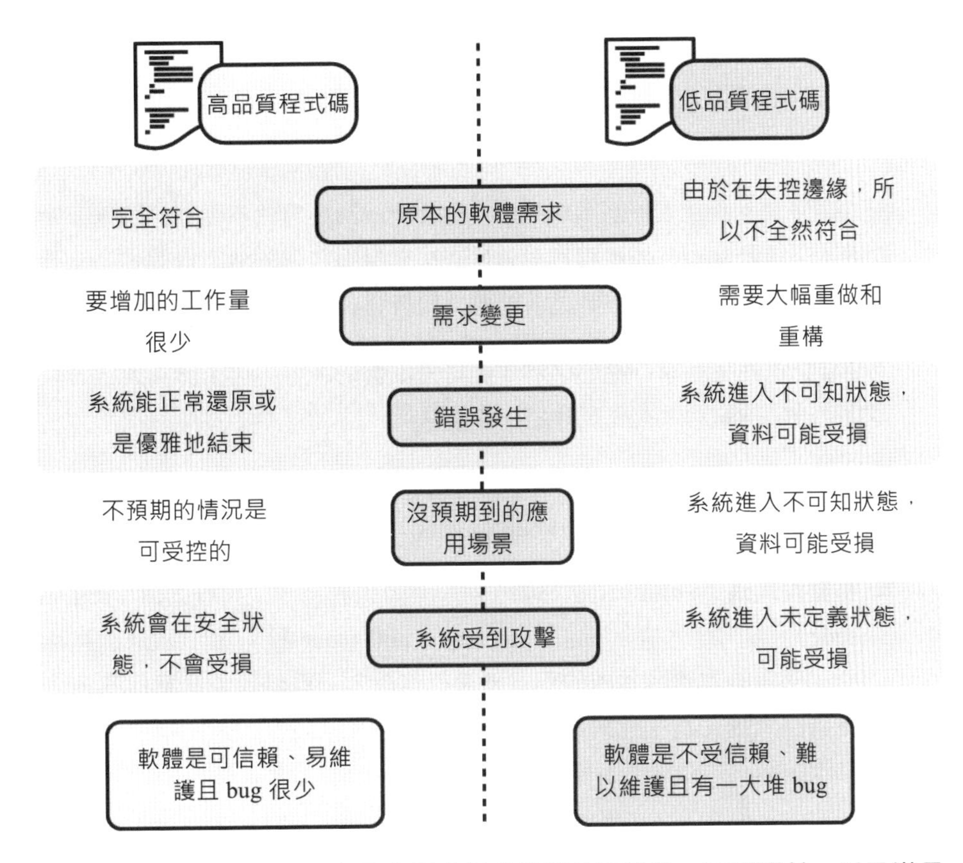

圖 1.1：高品質的程式碼會最大限度提升軟體的可靠性、可維護性，以及滿足需求的機會。低品質的程式碼往往會有相反的效果。

本章確定了高品質程式碼應該實現的四個目標，然後將其擴充為我們可以在日常工作中使用的六項高層次策略，以此來確保編寫的程式碼具備高品質。本書後面的章節會在逐一深入探討這些策略，並使用虛擬程式碼來呈現許多實例。

➢1.1 程式碼是怎麼變成軟體的

在我們深入討論程式碼品質之前，有必要簡單說明一下程式碼怎麼變成軟體。如果您已經熟悉了軟體開發和部署過程，那麼就可以直接跳到 1.2 小節。如果您只知道怎麼寫程式但還沒扮演過軟體工程師的角色，那麼本小節的內容會提供一個很好的綜觀概述。

軟體是由程式碼所組成，這很明顯，不需要特別說明。但大家不熟悉的（除非您已經有軟體工程師的經驗）是程式碼變成軟體在自然不受控的情景下（in the wild）執行的過程（送在使用者手中，或處理業務相關的工作）。

程式碼通常不會在工程師編寫的那一刻就能成為在自然不受控的情景下執行的軟體。一般都會有各種流程和測試檢查來確保程式碼的執行成效，以及不會破壞任何東西。這些相關作業通常被稱為軟體開發和部署過程。

不需要對這個過程有詳細的了解才能看懂本書的內容，但了解其大致的綜觀內容會有一定的幫助。首先是介紹一些術語：

- **程式碼庫（Codebase）**——可以用來建構軟體的程式碼庫。通常會由版本控制系統來管理，例如 git、subversion、perforce 等。
- **提交程式碼（Submitting code）**——有時也稱為「交付程式碼（committing code）」或「合併拉回請求（merging a pull request）」。程式設計師通常會對程式碼庫的本機副本內的程式碼進行修改。一旦修改到滿意程度，他們就會將程式提交到主程式碼庫。請留意：在某些設定中是由指定的維護者把修改拉回程式碼庫而不是由作者來提交。
- **程式碼審查（Code review）**——許多組織要求程式碼在提交到程式碼庫之前由另一名工程師進行審查校對。這有點像校驗程式碼，另一雙眼睛的校驗通常能發現原作者遺漏的問題。
- **預提交檢查（Pre-submit checks）**——有時也稱為「預合併掛附（pre-merge hooks）」、「預合併檢查（pre-merge checks）」或「預交付檢查（pre-commit checks）」。如果測試失效或程式碼不能編譯，都會阻止把修改內容提交到程式碼庫。
- **釋出版本（A release）**——由程式碼庫的快照建構的軟體版本。經過各種品質保證的檢查，然後將其釋放到外面（自然不受控的情景）。常聽到的「cutting a release」一詞，指的是對程式碼庫進行特定修訂並從中釋出發布的過程。
- **投入生產（Production）**——把軟體部署到伺服器或系統（而不是指送到客戶）時的術語。一旦軟體釋出並開始執行與作業相關的任務，就可以說軟體已正在投入生產執行中。

由程式碼變成外面現場可執行的軟體，其中的過程有很多變化，但關鍵步驟大致如下：

1. 工程師會在程式碼庫的本機副本中進行開發和修改。
2. 一旦修改到滿意，就會把這些修改發給程式碼審查。
3. 另一位工程師會審查程式碼並可能提出修改建議。
4. 一旦作者和審查者都修改到滿意時，程式碼就會提交到程式碼庫。
5. 釋出版本會定期從程式碼庫中發布出去，其釋出頻率會因組織和團隊的不同而有所不同（從隔幾分鐘到隔幾個月都有）。
6. 任何測試失效或沒有編譯的程式碼都會被阻止提交到程式碼庫或阻止其釋出發布。

圖 1.2 提供了典型軟體開發和部署過程的綜觀概要。不同的公司和團隊在這個過程會有個別的差異，過程中各個部分的自動化程度也可能會有很大的差異。

值得注意的是，軟體開發和部署過程本身就是個巨大的課題，很多都是用整本書來說明敘述的。圍繞這個課題的還有許多不同的框架和觀點，如果您對此有興趣，非常值得繼續閱讀其他更多相關內容。本書內容的主角並不是這些主題，因此不會更深入詳細介紹。就以本書的角度來看，您只需要了解程式碼怎麼變成軟體的綜觀概要即可。

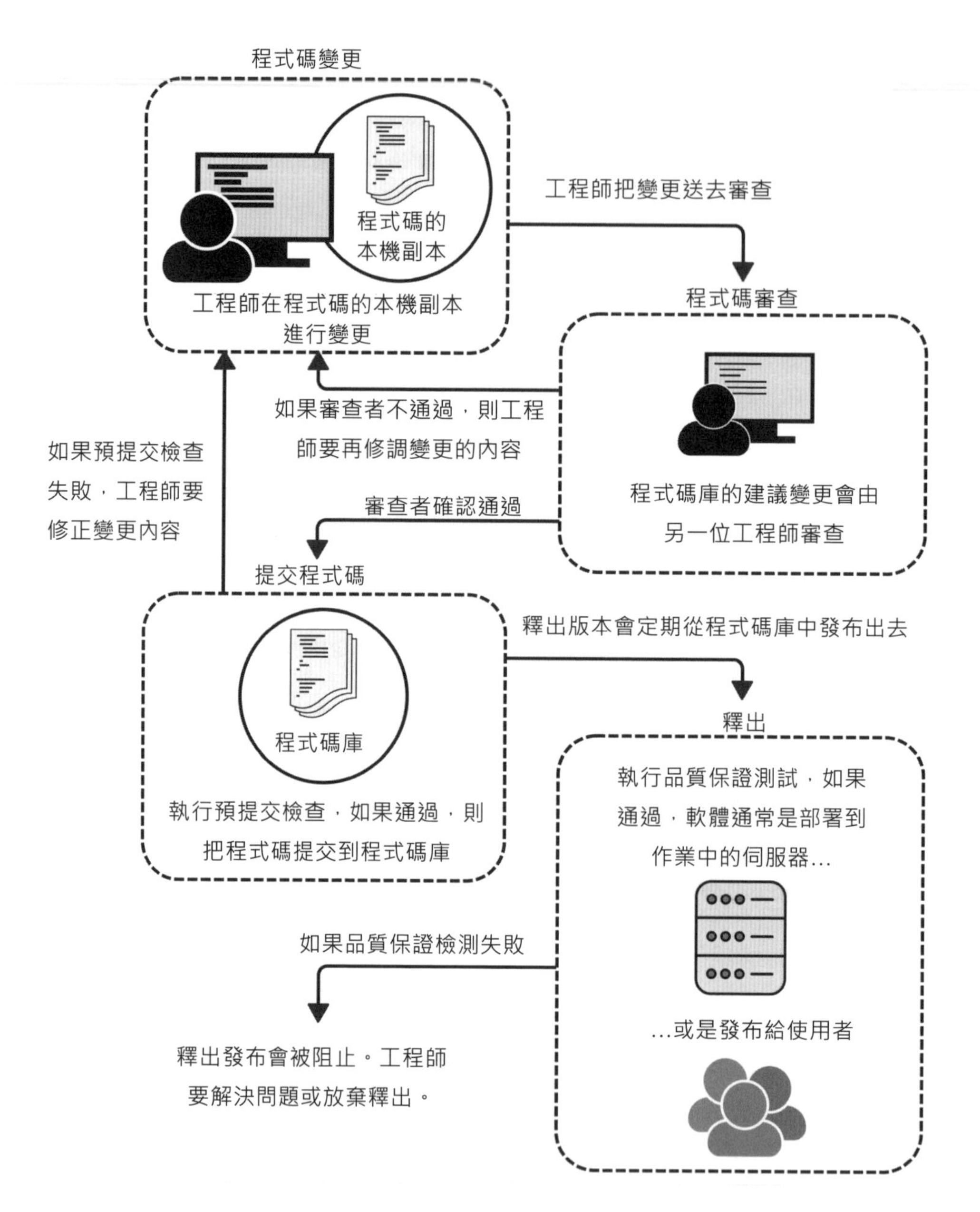

圖 1.2：典型軟體開發和部署過程的簡化圖解。在不同組織和團隊所使用的確切步驟和自動化水準可能會有很大差異。

➢1.2 程式碼品質的目標

如果我們想要買一台車，其「品質」可能是我們的主要考量因素之一。我們希望車子是：

- 安全的，
- 真的可以行駛，
- 不會分解，並且
- 行為可預測：當我們踩剎車時，汽車應該減速。

如果我們問某人什麼讓汽車品質更好，最有可能得到的答案之一就是它的製造很精良，這表示這台車設計精良，在行駛之前已經過安全性和可靠性測試，並且在組裝時正確良好。製作軟體其實也大同小異：要製作出高品質的軟體，我們需要確定它的建構是良好的。這就是程式碼品質的全部意義的所在。

「程式碼品質（code quality）」這個詞語有時會讓人覺得是挑剔一些瑣碎和不重要事情的建議。毫無疑問，您會不時遇到這種情況，但實際上這不是程式碼品質的問題。程式碼品質很大程度是以實務議題為根據，它有時關注小細節，有時關注大方向，但目標是一樣的：建構出更好的軟體。

話雖如此，程式碼品質仍是一個不好理解的概念。有時我們看到特定的程式碼時會想「糟糕」或「哇，這看起來很爛」，而有時偶然發現某些程式碼時會想「這太棒了！」。程式碼會引發這些類型反應的原因並不一定都很明顯，有時很可能只是一種沒有來由的直覺反應。

把程式碼定義為高品質或低品質，本質上就是一種主觀且決斷的事情。若想嘗試客觀地處理，我個人認為在編寫程式前先思考我真正想要實現的目標，這種方式很有用。在我看來，能幫助我實現目標的程式碼就是高品質的，而阻礙達成此目標的程式碼就是低品質的。

在編寫程式碼時，我希望實現的四個高層次目標是：

1. 應該能運作。
2. 應該要持續能運作。

3. 應該能適應不斷變化的需求。

4. 不用重新發明輪子。

接下來的幾個小節會更詳細解說這四個目標。

1.2.1 程式碼應該要能運作

這一點很明顯，並不需要特別說明，但我還是會補充一些內容。當我們編寫程式碼時，是試圖解決某個問題，例如實作出某項功能、修復某個錯誤或執行某項任務。程式碼的主要目標是要能運作，它應該要解決我們的問題。這也意味著程式碼沒有錯誤，因為錯誤的存在可能會阻止程式正常運作，進而無法完全解決問題。

在定義程式碼「運作（working）」的含義時，我們需要捕捉所有需求。舉例來說，如果我們正在解決的問題對效能（例如延遲或 CPU 使用率）特別敏感，那麼確保程式碼的執行效能就屬於「程式碼應該要能運作」這項目標，因為這是其中一項需求。這同樣適用於其他重要的考量因素，例如使用者隱私和安全性等。

1.2.2 程式碼應該要持續能運作

程式碼運作可能是非常短暫的事情，它今天可以運作，但我們如何確保明天或一年後仍然可以運作呢？很奇怪哦，為什麼程式碼會突然不能運作呢？關鍵是程式碼並不是獨立存在的，一不小心，程式很容易隨著周圍環境的變化而中斷運作。

- 程式碼可能會依賴於其他程式碼，而這些程式碼有可能會被修改、更新和變更。
- 任何新功能的需求都有可能代表著需要對程式碼進行修改。
- 我們試圖解決的問題可能會隨著時間推移而變化：消費者偏好、業務需求和技術考量等都會發生變化。

今天可以運作但明天因某些事情變化後就不能運作的程式碼是沒有用。建構可運作的程式碼通常很容易，但建立持續能運作的程式碼則困難許多。軟體工程

師在設計程式時最大考量之一就是要確保程式碼持續都能運作，這也是在編寫程式碼的所有階段都應該考量的事情。將其視為事後的再考量或是假設稍後只添加一些測試即可實現，這類想法通常是無效的方法。

1.2.3 程式碼應該能適應不斷變化的需求

某段程式只寫一次就不用再修改的情況非常罕見。軟體的持續開發可以維持幾個月、幾年，有時甚至是幾十年。在整個過程中，需求可能發生了變化：

- 商業現況變生轉變。
- 消費者偏好發生變化。
- 假設失效。
- 不斷添加新功能。

決定投入多少資源來讓程式碼具有適應性是個棘手的平衡取捨議題。一方面，我們知道軟體的需求會隨著時間的推移而演變（很少不會發生變化）。但另一方面，我們又無法確定會怎麼演變。我們不太可能精準預測出某段程式碼或軟體是怎麼隨時間演變的。但是我們不能因為不知道某些東西會如何演變，就完全忽略它會演變這個事實。為了說明這一點，讓我們思考兩種極端設想場景：

場景 A——我們嘗試準確預測未來需求可能會的發展，並設計程式碼能支持這些潛在的演變。這樣可能會花費數天或數週的時間來規劃出程式碼和軟體可能演變發展的所有方式。隨後還必須仔細考量編寫程式碼的每一個細節，以確保它能支持所有潛在的未來需求。這樣會大幅拖慢開發的速度，一個可能只需三個月就完成的軟體現在可能需要一年或更長時間才能搞定。到最後還可能是一場空，只是在浪費時間，因為競爭對手早在幾個月前就擊敗我們進入市場了，而我們對未來的預測還有可能是錯誤的。

場景 B——我們完全忽略了需求可能會演變的事實。編寫的程式碼只滿足現在的需求，也不花心力讓程式碼具有適應性。程式中大都是脆弱的假設，子問題的解決方案都捆綁在一起成為不可分割的大型程式碼區塊。我們在三個月內推出了軟體的第一個版本，但初始使用者的反饋表明，如果想要讓軟體成功，需要修改一些功能並且還要添加新功能。雖然需求的變化並不大，但是因為在當初寫程式時沒有考慮到適應性，我們唯一的選擇就是扔掉一切重新開始，然後必須再花三個月的時間重新編寫軟體，如果需求又再次發生變化，我們又不得不再花三個月的時間重新來過。當我們在開發出滿足使用者需求的軟體時，競爭對手早就再次擊敗我們了。

情景 A 和情景 B 分別代表了兩個相反的極端情況。這兩種情況的結果都很糟糕，而且都不是建構軟體的有效方法。我們需要在這兩個極端中間找出一種平衡的方法。場景 A 與場景 B 之間的頻譜上的哪一點才是最佳的，並沒有單一的標準答案，這要取決於我們從事的專案類型以及公司的組織文化。

幸運的是，我們可以採用一些普遍適用的技術來確保程式碼具備適應性，而且無須確切知道未來會如何調整。我們會在本書介紹其中的各種技術。

1.2.4 不用重新發明輪子

當我們編寫程式碼來解決某個問題時，通常會把一個大問題分解成多個較小的子問題。舉例來說，假設我們編寫的程式是要載入某個影像檔，將其轉換為灰階影像，然後再儲存起來，我們需要解決的子問題如下：

- 從檔案載入一些位元組的資料。
- 把資料位元組解析為影像格式。
- 把影像轉換為灰階格式。
- 把影像轉換回位元組。
- 把這些位元組儲存回檔案。

上述的多個問題已經有其他人解決過了，舉例來說，從檔案載入一些位元組的處理可能是程式語言內建的功能。我們不用編寫自己的程式碼來與檔案系統進行低階處理。同樣地，只需匯入某個現有的程式庫就能取用現有功能來把位元組解析成影像。

如果我們真的去編寫自己的程式碼來與檔案系統進行低階處理，或是把位元組解析為影像，實際上就等於在重新發明輪子。使用現有解決方案而不是重新再發明一次，其理由有下列幾個：

- **節省時間和精力**——如果我們使用內建的檔案載入功能，可能只需幾行程式碼和幾分鐘的時間就搞定了。相比之下，重新編寫自己的程式碼來執行此項操作可能需要閱讀大量的檔案系統標準文件並寫出數千行程式碼，就算不花上幾週時間，也得要花上很多天才能完成。
- **降低出錯的機會**——如果已存在解決某個問題的現有程式碼，那麼這些程式應該已經過徹底測試，甚至已經被廣泛使用，所以程式碼中含有錯誤的可能性很低，就算有，也很可能已經被發現並修復了。
- **運用現有的專業知識**——把位元組解析為影像之程式碼的維護團隊可能是影像處理方面的專家。如果出現新版本的 JPEG 格式，他們會知道並更新其程式碼。重複使用他們已寫好的程式碼，我們能受益於他們的專業知識和未來的更新。
- **讓程式碼更容易理解**——如果有一套標準化的做事方法，那麼其他工程師很可能以前也見識過。大多數工程師都會在某個時間點進行讀取檔案的處理，此時能立即識別出程式內建的執行方式並了解其功能。如果我們為此編寫自訂的處理邏輯，那其他工程師不可能熟悉其作法，也無法立即知道我們自訂的程式是怎麼運作的。

不用重新發明輪子這個概念在相對的兩個面向都適用。如果有其他工程師已經編寫了解決子問題的程式碼，那麼我們應該呼叫此程式碼來用而不是再編寫自己的程式碼來解決問題。但同樣地，如果我們已編寫了程式碼來解決子問題，那麼我們在建構程式時應該要用便於其他工程師可重複使用的方式來編寫，如此一來，其他程式師就不需要重新再發明輪子了。

相同類型的子問題常會一直出現，因此在不同工程師和團隊之間分享程式碼的好處是顯而易見的。

➢1.3 程式碼品質的支柱

在前面內容看到的四個目標能協助我們把焦點放在怎麼從根本上去達成，但這裡並沒有提供關於日常編寫程式碼時該做什麼的具體建議。明確定出更具體的策略來幫助我們寫出滿足這些目標的程式碼是很有用的。本書就以六個策略來展開，我稱之為「程式碼品質的六大支柱」。我們會從每個支柱的高層次綜觀描述開始，並在後面的章節提供具體的範例，展示如何把這些內容應用到日常編寫程式碼的工作中。

程式碼品質的六大支柱：

1. 讓程式碼可讀。
2. 避免意外驚訝。
3. 讓程式碼不會被誤用。
4. 讓程式碼模組化。
5. 讓程式碼可重用（reuse）和可泛化（generalizable）。
6. 讓程式碼可測試（testable）且能正確測試。

1.3.1 讓程式碼可讀

請看下面這段文字。故意寫得難以閱讀，所以不要浪費太多時間來了解。略讀一下看看您能吸收多少：

> 「取一個碗；我們現在將其稱為 A。拿一個平底鍋；現在稱為 B。將 B 裝滿水並放在爐灶上。取 A 放入奶油和巧克力，前者 100 克，後者 185 克，巧克力應該是 70%的黑巧克力。把 A 放在 B 上；再把 B 放在爐子上，直到 A 的內容物融化，然後從 B 取下 A。再拿一個碗；現在將其稱為 C。取 C 並在其中放入雞蛋、糖和香草精，第一個 2 個、第二個 185 克、第三個半茶匙。混合 C 的內容。等 A 的內容物冷卻後，將 A 的內容物加到 C 中並混合。取一碗；稱為 D。取 D 並將麵粉、可可粉和鹽放入其中，第一個 50 克、第二個 35 克，第三個半茶匙。將 D 的內容物徹底混合，然後過篩混入 C 中。將 D 的內容物充分混合。順便說一下，這是在製作巧克力布朗尼；我忘記先說明了嗎？取 D 加入 70 克巧克力片，將 D 的內容物適當混合好。拿出烤盤；稱為 E。在 E 上使用烘焙紙塗上油並排成一行。把 D 的內容物放入 E。我們將烤箱稱為 F。順便說一下，您應該將 F 預熱到 160° C。將 E 放入 F 中 20 分鐘，然後從 F 中取出 E。讓 E 冷卻幾個小時。」

現在有幾個問題要問：

- 這段文章的在說明什麼內容？

■ 遵循這些說明後，我們最後會做出什麼東西？

■ 製作的成分是什麼，需要的量又是多少？

這些問題都可以在上述文章中找到答案，但不容易找出，因為文字的可讀性很差。歸納出來的幾點是降低文字可讀性的理由：

■ 沒有標題，所以我們必須通讀整篇文章才能弄清楚它是在談什麼內容。

■ 這篇文章並沒有好好呈現一系列步驟（或子問題），反而是以一大堆文字來呈現。

■ 談論之事物被無益且模糊的名稱來代替，例如用「A」這種名稱而不是「裝有融化奶油和巧克力的碗」。

■ 資訊項目都放在遠離需要的地方：配料成分和數量分開列出、烤箱需要預熱這種重要說明卻只在最後才提到。

（如果您不想再看這段文字，沒關係，這是份巧克力布朗尼的食譜。附錄 A 中有一個更具可讀性的版本，如果您真的想要製作時可參考。）

閱讀一段寫得很糟糕的程式碼並試圖解決問題與剛剛閱讀布朗尼食譜的經歷很相像。尤其是我們可能很難理解程式碼的以下內容：

■ 它能做什麼。

■ 它是怎麼做到的。

■ 它需要什麼成分（輸入或狀態）。

■ 執行這段程式碼後我們會得到什麼。

在某個時機下，別的工程師很可能需要閱讀我們的程式碼並理解怎麼用它。如果我們的程式碼在提交之前必須經過程式碼審查，那表示馬上就需要審閱程式內容了。就算忽略程式碼審查，也可能在某個時間點有人會需要查閱我們的程式碼並試圖弄清楚它的功用。當需求發生變化或程式碼需要除錯時，查閱程式碼的動作就會發生。

如果我們的程式碼可讀性差，其他工程師不得不花費大量時間來解譯其內容。別人很有可能誤解其作用或錯過某些重要的細節。如果發生這種情況，那麼在程式碼審查期間可能無法發現錯誤，更有可能的是在其他人修改我們的程式碼以加入新功能時引入新的錯誤。軟體能運作的每項功能都是由很多程式碼一起合作達成的。如果工程師無法理解其中某些程式碼的作用，那要怎麼確保整套軟體能正常運作呢？就像上述料理食譜一樣，程式碼需要具備可讀性。

在第 2 章的內容會看到定義正確的抽象層是怎麼協助我們解決這個問題。而在第 5 章則是介紹一些讓程式碼更具可讀性的特定技術。

1.3.2 避免意外驚訝

在生日時收到禮物或中獎是「驚喜」的例子。然而，當我們試圖完成一項特定的任務時，驚喜通常會變成「驚嚇」。

請想像一下，在您餓了的時候想要點一些披薩來吃。您拿出手機，找到披薩餐廳的號碼，然後撥號。線路沉默了很長一段時間，但最終接起來，另一端的聲音問您想要點什麼。

「請送一份大的瑪格麗特。」

「哦，好的，您的地址是什麼？」

半小時後，您的訂單送達，您打開袋子發現以下內容（圖 1.3）。

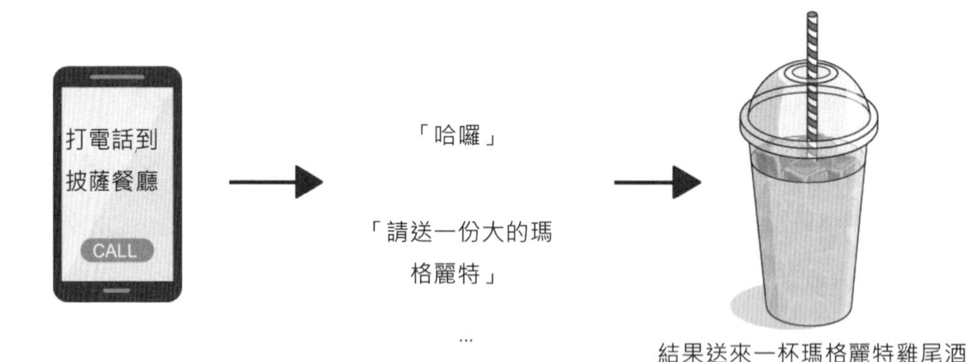

圖 1.3：如果您認為打電話過去的是一家披薩餐廳，但實際上卻是一家墨西哥餐廳，那麼您下的訂單可能仍然有效，但在交付時您會嚇到。

哇，這太令人驚訝了！顯然有人把這個「瑪格麗特」（比薩）誤認為那個「瑪格麗特」（雞尾酒），但這有點奇怪，因為披薩餐廳並不提供雞尾酒。

事實上，您在手機上使用的自訂撥號 App 增加了一個新的「聰明」功能。App 的開發者觀察到，當使用者打去的餐廳忙線時，80% 的使用會立即撥打別的餐廳，因此內建了一個方便、省時的功能：當您撥打後識別為餐廳且正在忙線，它會無縫接著撥打手機中的下一間餐廳號碼。

在上述的案例中，碰巧是接著撥打到您最喜歡的墨西哥餐廳，而不是您原本認定的披薩餐廳。這家墨西哥餐廳絕對有提供瑪格麗特雞尾酒，但沒有披薩。這套 App 的開發者立意良好，認為能讓使用者更輕鬆，但卻弄出令人驚訝的結果。打電話的心理狀況是根據聽到的內容來確定要發生的事情。如果我們聽到電話語音應答，這時的認知心理模型會認定是已經接通了原本撥打的號碼。

撥號 App 中的新功能超出了我們預期的認知，它打破了我們認知心理模型的假設，也就是如果有聲音接聽，表示已經接通了我們要撥打的號碼。自動在忙線時接著撥打很可能是個有用的功能，但因為它的行為超出了正常人的心理認知，所以這項功能需要明確指出發生了什麼情況，比如有一個音訊告知原本撥打的號碼忙線中，並詢問是否改撥到另一家餐廳。

把撥號 App 想像成是某段程式碼。另一位使用這段程式碼的工程師也會有一個認知心理模型，會用程式中的名稱、資料型別和通用慣例等線索來建構一個預期以什麼當作輸入、做什麼處理，以及會返回什麼的程式碼。如果我們的程式碼跳脫了這種認知心理模型，那麼它導致的錯誤會蔓延在軟體中。

在撥打電話到披薩餐廳的例子中，即使出現了意外，但訂餐的處理一切似乎都在進行：您點了一分瑪格麗特，餐廳很樂意送餐。直到經過一段時間的送餐之後，您才發現自己無意中點了雞尾酒而不是披薩。這類似於軟體系統中某些程式碼做了一些令人驚訝的事情：因為程式碼的呼叫方沒想到會這樣，所以也不知道導致的結果。一般來說，程式有一段時間會沒問題，但後來當發現程式處於無效狀態或向使用者返回奇怪的值時，事情早就不可收拾了。

即使立意良善美好，編寫出來的有用或聰明程式碼也可能有造成意外驚訝的風險。如果程式碼會引發令人驚訝的事情，那麼工程師就可能在無知或不預期的情況下誤用這些程式碼，這樣會導致系統手痾腳跛，出現一些奇怪的行為。出現的錯誤或許只是煩人的小問題，但也可能會導致破壞重要資料的災難性狀況。我們要警惕在程式碼中引起的意外驚訝狀況，並儘可能避免。

在第 3 章會說明如何考量程式碼契約，這是一種可以協助解決此問題的基本技術。第 4 章介紹了錯誤的狀況，如果出錯時沒有發出適當的信號或進行後續處理，這些錯誤可能就會導致意外和驚嚇。第 6 章的內容則著眼於一些更具體能避免意外驚訝的技巧。

1.3.3 讓程式碼不會被誤用

如果我們看電視背面的一些插孔，它可能看起來像圖 1.4 的樣子，會有一堆不同的插槽來讓我們插入相關功能的纜線。重要的是，插槽會以不同的形狀呈現，電視製造商的這種作法不會讓電源線誤插進 HDMI 插槽。

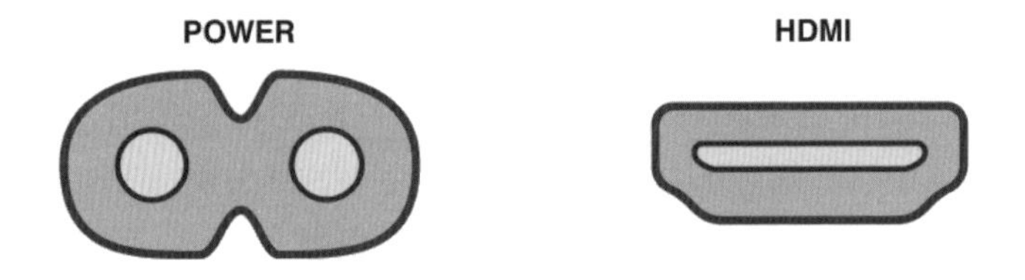

圖 1.4：電視背面有一堆不同形狀的插槽，不同功用的纜線不會插錯插槽

請想像一下，如果製造商沒有這樣做，而是讓每個插槽都製成相同的形狀。您認為會有多少人在電視背面摸索時不小心插錯纜線呢？如果有人錯把 HDMI 纜線插入電源插槽，結果也許還能運作，雖然很煩，但沒什麼大災難發生。但如果有人把電源線錯插入 HDMI 插槽，那就有可能會引發爆炸。

我們寫的程式碼經常被其他程式碼呼叫使用，有點像電視背面的情況。我們期望其他程式碼「插入」某些東西，例如輸入參數或在呼叫之前把系統置於某種狀態。如果把錯的東西插入我們的程式碼中，那麼程式有可能會當掉、讓系統崩潰、資料庫永久損壞或某些重要資料丟失。就算沒有當掉，程式碼也可能無法執行。我們的程式碼會被呼叫是有其緣由的，插入錯誤的東西那就有可能讓想要處理的重要工作無法執行，或是發生了一些奇怪的行為但沒有引起注意。

我們可以要讓程式碼難以或不可能被誤用來儘量提高其運作執行和持續能運作的機會。有許多實務方法可以做到這一點，第 3 章介紹了程式碼契約，是一種協助讓程式碼難以被誤用的基本技術（類似於避免意外驚訝中談到的內容）。第 7 章則介紹了許多讓程式碼難以誤用的更具體技術。

1.3.4 讓程式碼模組化

模組化（modularity）意味著某個物件或系統是由獨立交換或可替代的較小元件所組成。為了證明這一點以及說明模組化的好處，請參閱和思考圖 1.5 中的兩個玩具。

左邊的玩具是高度模組化的。頭部、手臂、手掌和腳都可以輕鬆獨立地交換或替代，而且不會影響玩具的其他部分。相反地，右邊的玩具是高度非模組化，不容易交換或替代這個玩具的頭部、手臂、手掌或腳。

模組化的玩具

非模組化的玩具

圖 1.5：模組化的玩具可以輕鬆重新配置。縫合的布玩具則很難重新配置。

模組化系統（如左側的玩具）的主要特徵之一是不同的元件會有定義明確的介面，相互交流的點盡可能少。如果我們把手掌視為一個元件，左側的玩具則只有一個與介面相互交流的點：一個栓釘和一個適合它的孔洞。右側玩具在手掌和玩具相連處是個非常複雜的介面：手掌和手臂上相連處是由 20 多圈織線交互連結在一起。

現在請想像一下，假設我們的工作是維護這些玩具，有一天經理告訴我們，現在有一項新的需求，手掌要有手指。那我們會更願意使用哪種玩具結構系統來完成工作呢？

對於左側的玩具，我們只要製造出新設計的手掌，隨後很容易就能把新手掌換接到玩具的手臂上。就算經理在兩週後又改變了主意，我們一樣可以輕鬆地把玩具恢復回以前原本的手掌配置。

以右側的玩具來看，我們可能需要用到剪刀，剪下 20 多圈線，然後再把新的手掌縫到玩具上。在此過程中有可能剪壞玩具，如果經理在兩週後又改變主意，我們需要以經歷相同的過程，花費同樣多的力氣來把玩具恢復到以前的配置狀態。

軟體系統和程式碼庫的關係與這些玩具的狀況非常相似。把一段程式碼分解為獨立的模組是很有益處的，兩個相鄰模組之間相互交流的地方只有一處，而且這裡使用的是定義良好的介面。這樣有助於確保程式碼更容易適應不斷變化的需求，因為對某項功能的更改不需要在整支程式中進行大量的更改。

模組化系統通常也更容易理解和推理，因為功能被分解成可管理的區塊，而且功能區塊之間的相互交流有很好地的定義和記錄。這樣增加了程式碼可以先運作並在未來持續能運作的機會，因為工程師不太可能誤解程式碼的作用。

在第 2 章會介紹建構清晰抽象層的基本技術是怎麼引導我們實現更模組化的程式碼。在第 8 章則會研究探討一些讓程式碼更加模組化的特定技術。

1.3.5 讓程式碼可重用和可泛化

可重用性和可泛化性是兩個相似但略有不同的概念：

- **可重用性**（**reusability**）是指某些東西可以在多種設想場景下用來解決相同的問題。手用電鑽可重複使用，可在牆壁、地板和天花板等不同場景進行鑽孔。問題都是一樣的（都想要鑽一個洞），但場景不同（鑽入牆壁、鑽入地板、鑽入天花板）。
- **可泛化性**（**generalizability**）是指某些東西可用於解決多個概念上相似但略有不同的問題。手用電鑽也具有可泛化通用性，因為它不僅可以用來鑽孔，還可以當作電動起子用來栓螺釘。鑽頭製造商認知到「旋轉」某物品這樣的動作是能適用在鑽孔和栓螺釘這種普遍狀況，因此開發了一種通用工具來解決這兩個狀況。

在以下狀況中，我們會馬上認識到這樣做的好處。請想像一下，如果我們需要用四種不同的工具：

- 一種只能在保持水平鑽孔的鑽頭，這表示它僅能用來鑽牆壁。
- 一種只能以 90° 角向下鑽孔的鑽頭，這表示它僅能用來鑽地板。
- 一種只能以 90° 角向上鑽孔的鑽頭，這表示它僅能用來鑽天花板。
- 一種只能當作電動起子把螺釘旋入物體。

我們需要花更多的錢來購買這四種工具，還必須隨身攜帶更多的東西，也必須為四種電池充電——這是一種浪費。值得慶幸的是，有人發明了一個既可重用又能可通用的電鑽，而我們只需要一個就能完成上述這些不同的工作。您應該已經猜到這裡所說的手用電鑽就是用來比喻程式碼的情況吧！

程式碼需要時間和精力來建立，一旦建立完成，它也需要持續的時間和精力來維護。建構程式碼也不是沒有風險的：無論我們多麼小心，寫出來的程式碼也都可能會含有些許錯誤，而且寫的程式碼愈多，錯誤就可能就愈多。這裡的重點是在程式碼庫中的程式行數越少越好。當工作似乎涉及到編寫程式碼的報酬時，這樣的說法似乎有點奇怪，但實際上我們是解決問題來獲得報酬的，而程式碼只是實現這個目標的一種手段。如果能以更少的精力來解決該問題，且減少無意間引入錯誤而造成其他問題的機會，那就更好了。

讓程式碼可重用和可泛化，這樣能讓我們（和其他人）在不同地方、不同場景中透過程式碼庫來使用它，並解決不同的問題。這樣的程式碼節省了時間和精力，並讓程式更可靠，若我們重用已經在自然狀態下測試過的邏輯，這也代表就算有任何錯誤也可能已經被發現和修復了。

更模組化的程式碼也更容易重用和泛化。模組化相關的章節內容也和可重用性和可泛化性主題有密切相關。此外，第 9 章的內容涵蓋了許多專門用於讓程式碼更具可重用性和可泛化通用性的技術和注意事項。

1.3.6 讓程式碼可測試且能正確測試

正如我們之前在軟體開發和部署圖（圖 1.2）中所看到的那樣，測試是確保錯誤和損壞的功能最後不會在外面執行的重要過程。測試是開發流程中兩個關鍵點的主要防禦機制（如圖 1.6）：

- 防止錯誤或損壞的功能提交到程式碼庫。
- 確保具有錯誤或損壞功能的版本會被阻止並且不會在最後釋出。

因此，測試是確保程式碼能正常運作且持續能運作的重要處理過程。

程式碼庫
如果測試沒通過，程式碼會
被阻止提交到程式碼庫。
如果品質保證檢查沒通過，
就會阻止釋出。品質保證檢
查常有幾種測試的型式。

圖 1.6：測試可以最大程度地減少錯誤和損壞的功能進入程式碼庫的機會，也是確保有問題程式碼不會被釋出到外面是重要的過程。

「測試」在軟體開發過程中的重要性是毫無疑問的，在這之前已經講述過很多次了，很容易視為陳腔濫調，但測試真的十分重要。正如在整本書中很多地方都會看到這樣的觀點：

- 軟體系統和程式碼庫往往過於龐大和複雜，一個人無法了解每一個細節，
- 而人（就算是非常聰明的工程師）都會犯錯。

這或多或少是日常生活中的事實，除非我們用測試完全鎖定程式碼的功能，否則上述的問題會習慣性聯合起來影響我們（和我們的程式碼）。

程式碼品質支柱有兩個重要概念：讓程式碼「可測試」和「正確測試」。測試（testing）和可測試性（testability）是相關的，但兩者有不同的考量：

- **測試**——顧名思義，與測試程式碼或整個軟體有關。測試可以是手動的，也可以是自動的。身為工程師，我們通常會透過編寫測試程式碼來處理「真實」程式碼並檢查一切行為是否正常，這樣的方式能讓測試自動化。測試有分不同的等級，最常見的三個如下所示（請注意，下面並不是詳盡

的列表，測試的分類也有很多種方式，而且在不同的組織使用名稱也可能不同）。

- **單元測試（Unit tests）**——這些通常用來測試小型程式碼單元，例如單個函式或類別。單元測試是工程師在日常編寫程式碼中最常使用的測試級別，也是本書唯一會詳細介紹的測試級別。
- **整合測試（Integration tests）**——系統通常由多個元件、模組或子系統所組成。把這些元件和子系統連接在一起的過程稱為**整合**。整合測試就要確保這些連接整合後能正確運作且持續能運作。
- **端對端測試（End-to-end tests）**——這些測試會從頭到尾貫穿整套軟體系統的典型流程（或工作流程）。如果線上購物商店的軟體有問題要測試，那麼其中一個端對端測試的例子可能是確認自動驅動 Web 網路瀏覽器來讓使用者順利完成購買的流程。

■ **可測試性**——這是指「真實的」程式碼（不是指測試程式碼），可測試性描述了程式碼適合被測試的程度。可測試性的概念也套用到子系統或系統等級。可測試性通常與模組化高度相關，愈模組化的程式碼（或系統）是愈容易測試。請想像一下，某家汽車製造商正在開發行人緊急煞停系統。如果系統不夠模組化，那麼測試它的唯一方法可能是要把它安裝在真實的汽車中，駕駛汽車到真正的行人前，然後檢查汽車是否自動煞停。如果是這種情況，那麼系統可以測試的場景是有限的，因為每次測試的成本都非常高：要先造一整台車、租用測試跑道、以真人假裝路上的行人。如果緊急煞停系統是一套可以在真實汽車之外執行的獨立模組，那麼它的可測試性就會大幅提高。這樣就可以透過行人走動的預錄視訊來進行測試，然後檢查系統是否正確輸出了用來煞停的信號。在這種情況下，以千百種不同行人走動的場景來測試就變得非常容易、便宜且安全。

如果程式碼不可測試，那就不太可能正確地測試它了。為了確保我們編寫的程式碼是可測試的，最好在寫程式時要不斷提醒自己「我們會如何測試它？」。因此，不應該把測試視為事後才要考量的事情：它在編寫程式的所有階段中都是不可少的基本部分。第 10 章和第 11 章都是討論關於測試的內容，但因為測試在編寫程式碼的各個階段都是不可或缺的，您會發現在本書的很多地方會一直提到「測試」這項工作。

> NOTE **測試驅動開發** 因為測試是編寫程式碼時不可或缺的考量之一，所以有些工程師主張應該在編寫程式碼之前先寫出測試，這是測試驅動開發（Test-Driven Development，TDD）流程所倡導的實務之一。我們會在第 10 章（10.5 小節）對此進行更多討論。

軟體測試是個巨大的主題，坦白說，本書篇幅有限，其內容只能盡量說明和討論。在本書中，我們會介紹單元測試程式碼中一些最重要但經常被忽視的內容，因為這些內容通常在日常編寫程式碼的過程中最有用。但請注意，就算讀完整本書，所談到的也只是觸及軟體測試的一些皮毛而已。

1.4 編寫高品質的程式碼會拖慢開發的速度嗎？

這個問題的答案是，從短期來看，編寫高品質的程式碼似乎會減慢開發的速度。編寫高品質程式碼通常需要花費更多的思考和精力，而不僅僅是寫出我們腦中想到的第一件事。但是，如果我們編寫的不是小型、執行一次就扔掉的工具程式，那麼編寫高品質的程式碼一般都會加快中長期的開發時間。

請想像一下，假設我們想要在家中放一個架子。會有一種「正確」的方式可以做到這一點，另外也有一種「速成」的方式來做到這一點：

- **正確（proper）方式**——我們會鑽孔和以牆釘栓入磚牆的方式把支架固定到牆面上，然後再把架子的擱板安裝在支架上。耗時約 30 分鐘。
- **速成（hacky）方式**——我們買一些膠水，直接把架子黏在牆面上。耗時約 10 分鐘。

似乎以速成方式來放置架子可以節省 20 分鐘，也能省去使用鑽頭和起子的額外工作。我們選擇了使用速成的方式，現在讓我們考慮之後會發生什麼。

我們把架子黏在牆的表面，而這個牆面可能是一層石膏而已。石膏並不牢固，很容易開裂和大面積脫落。一旦開始使用架子，架子上放置的物品重量很可能會讓石膏開裂，架子掉落也會讓牆面的石膏大面積脫落。發生這種情況時就沒有架子可用了，另外還要重新粉刷和裝修牆面（這些工作就算不用幾天也可能需要幾個小時才能完成)。就算出現某種奇蹟，架子沒有脫落，這種以快速方式黏上去的架子也可能為未來潛藏了問題。請想像以下幾個場景：

- 當發現架子沒有放得很平(發現錯誤)時：
  - 以支架式擱板來說，我們可以在支架和擱板之間加個較小的墊片來修正。耗時大約 5 分鐘。
  - 以膠水黏合的架子來說，我們需要把它從牆上拔下來，牆面一大塊石膏會脫落。我們現在補上石膏並重新粉刷牆面，然後再把架子黏回去。花費的時間：就算不花費幾天時間也要花費幾個小時。
- 我們決定要重新裝修房間(有新需求)：
  - 取下螺絲後再取下擱板和分開支架。重新裝修房間之後再把架子擱板裝回去。與架子相關的處理工作所用時間約 15 分鐘。
  - 若是以膠水黏合的架子，第一種選擇是把架子留在原位，然後冒著油漆滴在上面的風險來裝修房間，而且架子的邊緣油漆一定不會太整齊，必須在周圍修補或貼上壁紙。或者把架子從牆上拔下來，然後才重新粉刷裝修房間。這兩種選擇變成是隨便弄一下的重新裝修，或花費數小時或數天時間重新粉刷牆面。

您看明白了吧！乍看之下，把支架釘在牆面再放架子是浪費 20 分鐘沒必要的做法，但從長遠來看，這種方式很可能為我們節省了更多時間和麻煩。以未來重新裝修的案例來看，我們還能了解到若是從速成取巧的方案開始時，需要推動工作會更多，例如在重新裝修時要在架子周圍補漆或貼壁紙，而不是取下螺絲就能拆解架子。

編寫程式碼與這裡談的例子很相似。在不考慮程式碼品質的情況下，編寫程式時第一個想到的可能是要節省一些時間。雖然可以很快就得到一個程式碼庫，但它是脆弱且複雜的，也會變得越來越難以理解或推斷。想要在其中加入新功能或修復錯誤就變得越來越困難和緩慢，因為我們必須先損壞原本的東西和重新設計才能搞定。

您以前聽過「欲速則不達」這句話吧！這是生活中觀察許多事物得到的參考，過於倉促行事而沒有仔細考慮或正確處理事情，往往就會導致錯誤，反而降低整體的速度。「欲速則不達」詮釋了為什麼編寫高品質的程式碼反而能加快速度的原由，請不要把「匆忙」誤認為「速度」。

➢總結

- 要建立好的軟體，我們需要編寫高品質的程式碼。
- 在程式碼成為外面執行的軟體之前，通常必須通過幾個階段的檢查和測試（有時是手動的，有時是自動的）。
- 這些檢查有助於防止錯誤和把損壞的功能送到使用者或關鍵業務系統中。
- 在編寫程式碼的每個階段都要考量測試是很好的習慣，不應把測試看作是將來才要處理的工作。
- 編寫高品質的程式碼最初可能會減慢開發的速度，但從中長期來看，通常能加快開發時間。

抽象層

本章內容

- 如何利用清晰的抽象層把問題分解成多個子問題
- 抽象層是怎麼幫助我們實現程式碼品質的多個支柱
- API 和實作細節
- 如何利用函式、類別和介面把程式碼分解成不同的抽象層編寫程式碼是為了解決問題，這些問題可以是高層次的問題，例如「我們需要一個功能來讓使用者分享照片」；也可以是低層次的問題，例如「我們需要一些程式碼來把兩個數字相加」。就算我們沒有意識到正在處理的是什麼類型的事情，當我們解決高層次的問題時，通常會把問題分解成多個更小的子問題。諸如「我們需要一個讓使用者分享照片的系統」之類的問題陳述，其中可能表示我們需要解決：儲存照片、讓它們與使用者關聯，以及顯示照片等子問題。

如何解決問題和子問題是很重要，但同樣重要的是如何建構解決問題的程式碼。舉例來說，我們應該把所有內容都轉存到一個巨大的函式或類別中，還是要把它分解到多個函式或類別呢？而我們又應該怎麼做呢？

我們建構程式碼的方式是程式碼品質最基礎的基石，能打好基礎通常要歸功於建立乾淨的**抽象層**。本章會解釋這是什麼意義，並示範如何把問題分解為不同的抽象層，並建構程式碼來反映這些分解出來的抽象層，這樣可以大幅提高程式碼的可讀性、模組化、可重用、可泛化和可測試。

本章和後續章節的內容提供了大量的虛擬程式碼範例來示範這裡討論的主題。在深入研究這些範例之前，我們需要花點時間解釋說明書中的虛擬程式碼處理 null 值的約定慣例，這是很重要的前提。2.1 小節會先討論 null 值的處理，而 2.2 小節之後的內容就開始探討本章的主要主題。

➢2.1 書中的 null 值和虛擬程式碼慣例

在開始研究編寫程式碼範例之前，有個重要的前提是先解釋書中的虛擬程式碼處理空值的約定慣例。

許多程式語言都具有「沒有值（或參照／指標）」這個概念，其內建處理方式通常是用「null（空）」值來代表。從過去歷史來看，對 null 的看法常被分成二種，有人認為非常有用，但也有人認為非常有問題。

- 認為很有用，因為沒有某些東西的概念經常出現，例如：尚未提供值、或者函式沒有提供想要的結果。
- 認為很有問題，因為一個值可以或不可以為「null」的時機並不是那麼明顯，而且工程師常常忘記在存取變數之前先檢查它是否為 null。這樣常會引

> 發錯誤，您之前可能已經見過「NullPointerException、NullReferenceException 或 Cannot read property of null」之類錯誤，這類錯誤可能比您想像的多很多。

null 能引發多大的問題呢？有時會看到某些建議希望都不要使用，或者至少不要讓函式返回 null。這麼做當然有助於避免 null 的問題，但在實務中遵循此建議可能需要編寫出大量程式碼來配合。

幸運的是，近年來「**null safety**（**空值安全**，也有人稱為 **void safety**）」的想法越來越受到關注。這樣確保了任何可以為 null 的變數或返回值都會統一被標記成這樣，而且編譯器會先強制檢查是否不為 null 的情況下才使用。

近年來出現的大多數重要新語言都支援空值安全。null 也可以在 C# 等較新版本的程式語言中選擇性啟用，甚至有方法把它改造成像 Java 語言。如果我們使用的程式語言有支援空值安全，那麼使用 null 就沒什麼問題。

如果使用的語言不支援空值安全，那麼最好的替代方案是使用 optional type（選項型別），包括 Java、Rust（稱為 Option）和 C++（雖然 C++ 中有些細微差異，附錄 B 有說明）等許多語言都有支援。即使是標準功能不支援 null 的程式語言中，也會有第三方工具程式能加入對它的支援。

本書的虛擬程式碼編寫慣例是假設有支援空值安全。在預設情況下，變數、函式參數和返回型別都是不能為 null 的。但是，如果型別後置為「?」時，則表示它可以為 null，而且編譯器會強制先檢查是否為 null，否則就不能使用它。以下程式碼段示範了一些使用空值安全的虛擬程式碼的實例：

```
Element? getFifthElement(List<Element> elements) {
  if (elements.size() < 5) {
    return null;
  }
  return elements[4];
}
```

在 Element? 中的 ? 號指出返回的型別可以是 null

當取不到值時返回 null

如果我們使用的語言不支援空值安全，而且我們想要用選項型別來編寫此函式，那麼以下的例子示範了如何改寫前面的程式碼：

```
Optional<Element> getFifthElement(List<Element> elements) {
  if (elements.size() < 5) {
```

返回的是 Optional 元素

```
    return Optional.empty();
  }
  return Optional.of(elements[4]);
}
```

返回的是 Optional.empty() 而不是 null

如果您想了解更多關於 null safety 和 optional 的資訊，請參考附錄 B。

➢2.2 為什麼要建立抽象層？

編寫程式碼通常是在處理某個複雜的問題，並不斷地將其分解為更小的子問題。為了示範這個觀點，假設我們正在設計編寫在使用者裝置上執行的程式碼，而且會向伺服器發送訊息。我們可能希望寫出類似 Listing 2.1 中的程式碼。有留意到這段程式碼是多麼簡捷，它只有三行，只處理四個簡單的概念：

- 伺服器的 URL
- 連線
- 傳送訊息字串
- 關閉連線

Listing 2.1　傳送訊息到伺服器

```
HttpConnection connection =
    HttpConnection.connect("http:/./example.com/server");
connection.send("Hello server");
connection.close();
```

從高層次來看，這似乎是個很簡單的問題，而解決它的方法確實看起來也很簡單。但這顯然不是個簡單的問題：從客戶端裝置把字串「Hello server」傳送到伺服器牽涉很廣，實際處理並沒有那麼簡單，其工作包括以下內容：

- 把字串序列化成可以傳輸的格式
- HTTP 協定錯綜複雜
- TCP 連線
- 使用者使用的是 WiFi 還是電信行動網路
- 把資料調變到無線電訊號
- 資料傳輸錯誤與修正

在這個範例中，我們關心的高層次問題是：向伺服器傳送訊息。但想要做到這一點，需要解決許多子問題（例如前面列出的所有子問題）。對我們來說幸運的是，其他工程師已經解決了所有這些子問題。他們不僅解決了問題，而且還以一種我們甚至不需要意識到它們的方式來幫我們處理了這些工作。

我們可以把思考「問題」和「子問題」的解決方案的過程看成為是在形成一系列的「層（layer）」。在最頂層，我們關心的向伺服務器傳送訊息功能，在編寫程式碼執行此操作時無須了解 HTTP 協定內部是怎麼實作的。同樣地，編寫程式碼來實作 HTTP 協定的工程師可能不需要知道如何把資料調變到無線電訊號上。實作 HttpConnection 程式碼的工程師可以把「實體資料傳輸」視為一個「抽象概念」，反過來說，我們也能夠把「HTTP 連線」視為一個抽象概念，這些就是所謂的「**抽象層（ layers of abstraction**）」。圖 2.1 顯示了向伺服器傳送訊息所牽涉的一些抽象層概念。

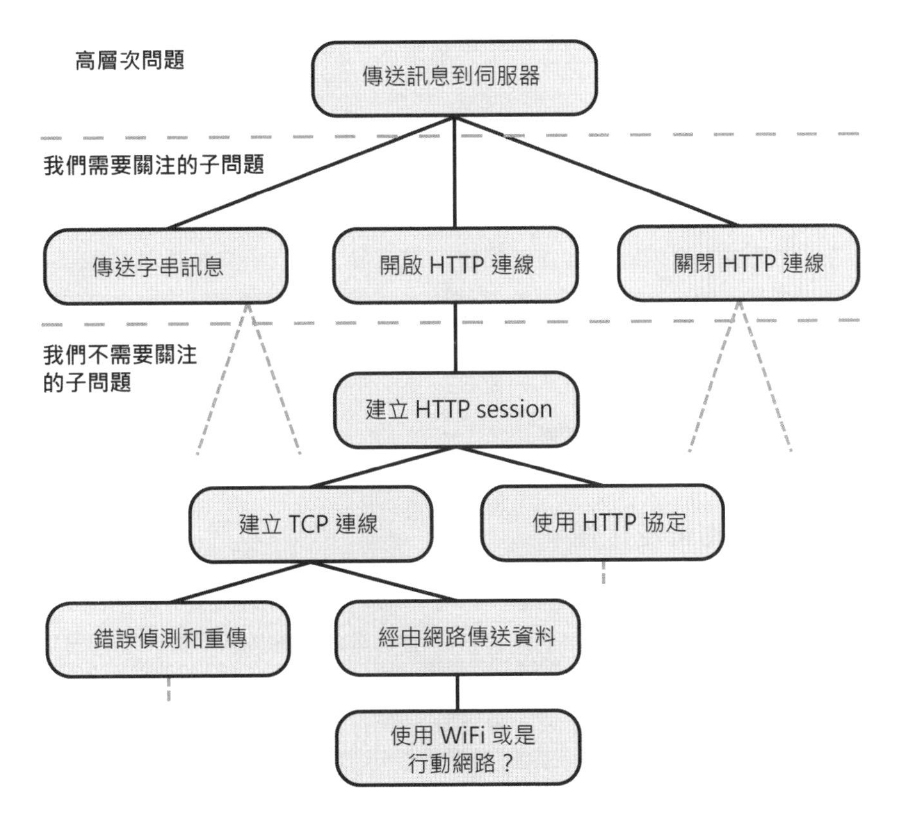

圖 2.1：向伺服器傳送訊息時，可以重用其他人已經建好的子問題解決方案。乾淨的抽象層也意味著只需了解幾個概念就可解決我們關心的高層次問題。

一般來說，如果我們能夠很好地把問題遞迴分解為子問題並建立抽象層，那麼任何單獨的程式碼都不會顯得特別複雜，因為它一次只處理幾個容易理解的概念。這應該就是作為軟體工程師解決問題時的目標：即使問題非常複雜，我們也可以透過識別子問題並建立正確的抽象層來解決它。

2.2.1 抽象層和程式碼品質的支柱

建構乾淨與獨特的抽象層對於實現我們在第 1 章中提到程式碼品質的四個支柱有很大的幫助。以下解釋說明其原由。

可讀性

工程師不可能理解程式碼庫中每段程式的所有細節，但很容易一次理解和使用一些高層次的抽象概念。建立乾淨且獨特的抽象層意味著工程師一次只需要處理一兩層的工作和幾個概念。這大幅增加了程式碼的可讀性。

模組化

當抽象層把解決方案清晰地劃分為子問題，並確保彼此之間不會洩漏實作細節時，那麼在一層內互動實作就變得非常容易，而且不會影響其他層或某部分的程式碼。在 HttpConnection 的範例中，系統處理實體資料傳輸的部分可能已模組化。如果使用者用 WiFi 網路，則使用某個模組；如果使用者用行動網路，則使用另一個不同的模組。在更高層次的程式碼中我們不需做任何特別的事情來適應這些不同的設想場景。

可重用性和可泛化性

如果子問題的解決方案呈現為一個乾淨的抽象層，那麼重複使用這個子問題的解決方案就很容易了。如果問題被分解為適當的抽象子問題，那麼解決方案很容易泛化通用到多種不同設想場景中。在 HttpConnection 範例中，系統內處理 TCP/IP 和網路連線的大部分功能也都能泛化通用於解決其他類型的連線（例如 WebSockets）所需處理的子問題。

可測試性

如果您在買房子時想確保其結構完好，您不會只看了房子的外觀就說：「嗯！看起來像房子，我買了」。您會希望測量師檢查房子地基沒有下沉、牆壁沒有漏水龜裂、所有木製結構都沒有蛀蟲腐爛。同樣的道理，如果我們想要寫出可靠的程式碼，那就需要確保每個子問題的解決方案都是合理且有效的。如果程式碼被清晰地劃分成抽象層，那麼對每個子問題的解決方案進行全面測試就會變得很容易。

2.3 程式碼層

在實務中，我們建立抽象層的方式是把程式碼劃分為不同的單元，單元與單元相互依賴，建立出如圖 2.2 的依賴圖（dependency graph）。在大多數的程式語言中，有很多種建構方式可以把程式碼分解成不同的單元。一般情況下，我們會有下列的選擇：

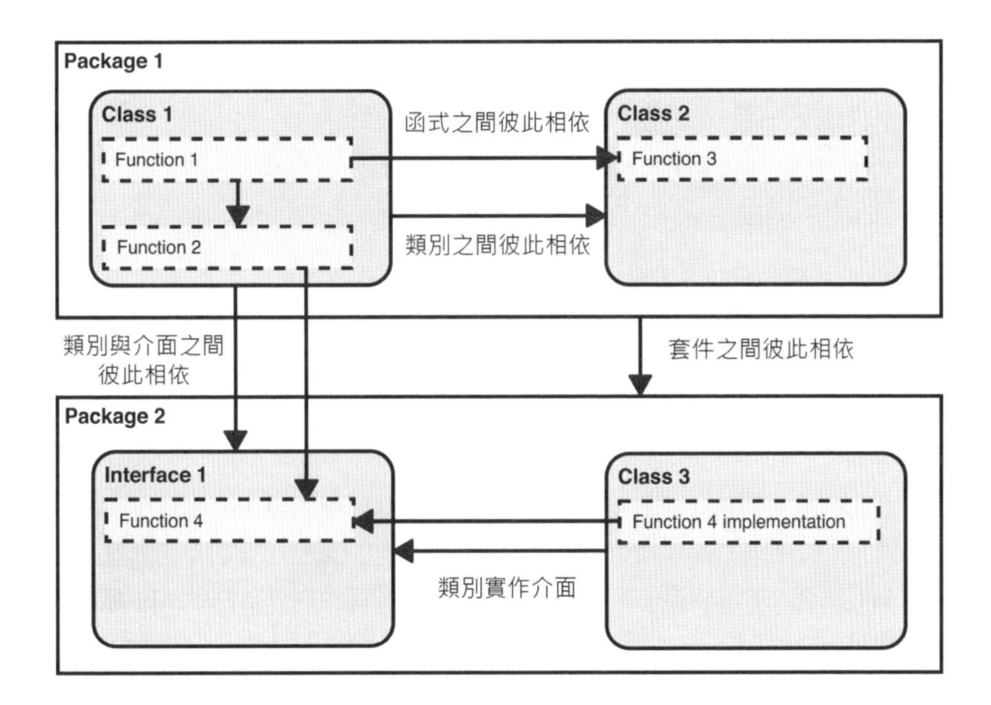

圖 2.2：程式碼單元之間相互依賴，形成了依賴圖。

- 函式（Functions）
- 類別（Classes），也可能還有其他類似的東西，例如 structs 和 mixins）
- 介面（Interfaces），或相等的結構
- 套件（Packages）、命名空間（namespaces）或模組（modules）
    - 筆者提到這些內容是為了完整性，但實際上不會在本書中介紹，因為這些更高層次的程式碼結構通常會由組織和系統設計來考慮決定，這兩者都不在本書討論的範圍內。

接下來的幾個小節會探討怎樣使用函式、類別和介面好好地把程式碼分解成乾淨的抽象層。

2.3.1 API 和實作細節

在編寫程式碼時，我們往往需要考量以下兩個面向：

- 程式碼的呼叫方會看到的內容：
    - 我們公開了哪些類別、介面和函式
    - 名稱、輸入參數和返回型別中暴露了哪些概念
    - 呼叫方需要知道以正確使用程式碼的任何額外資訊（例如呼叫的順序）
- 程式碼的呼叫方不會看到的東西：實作細節。

如果您曾經使用過服務（建構或呼叫它們），那您可能已經熟悉「**應用程式設計介面（API）**」這個術語。這樣就能正式有條理地提供服務呼叫方所需知道的相關概念，而且服務的所有實作細節都隱藏在 API 後面。

把我們編寫的程式碼展示為迷你 API 並讓其他程式使用的是很有用的處理方式。工程師通常都這樣做，您可能常聽到他們把類別、介面和函式等「展示成 API」。圖 2.3 這個範例說明如何把類別的不同面向劃分為公用 API 部分和實作細節。

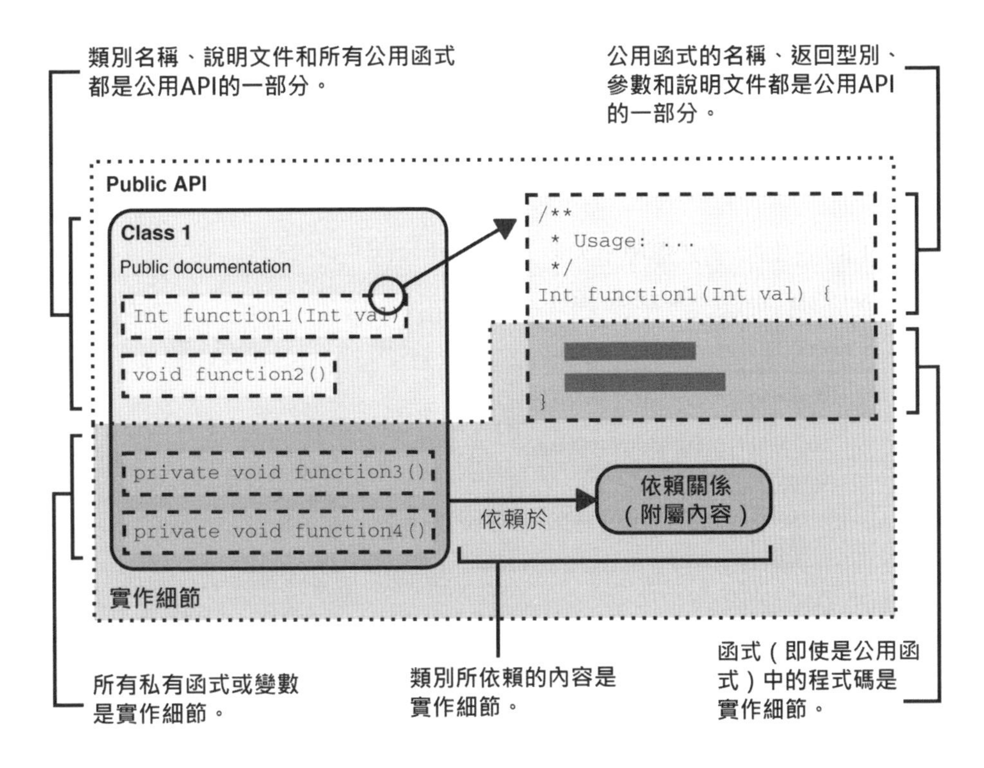

圖 2.3：我們可以把呼叫方應該知道的程式碼部分展示為公用 API。而公用 API 中未公開的所有內容則都是實作細節。

從 API 角度來思考程式碼有助於建立清晰的抽象層，因為 API 定義了要向呼叫方公開的概念，而其他一切則是實作細節。如果我們正在編寫或修改某些程式碼，把應該是實作細節的東西洩漏到 API 中（透過輸入參數、返回型別或公用函式），那麼抽象層很明顯會變得不夠清晰和獨特。

在本書中，我們會在很多地方把程式碼概念展示為 API，因為這是一種有用且簡潔的方式來參照引用到某段程式碼所提供的抽象層。

2.3.2 函式

把某些邏輯分解為新函式的好處門檻通常很低。理想情況下，函式內的程式碼應該像是個讀起簡短且寫得很好的句子。為了示範這一點，請思考下面的範例，這是個試圖做太多事情的函式（Listing 2.2）。這個函式是用來查尋車主的地址，如果找到時向他們發送一封信。該函式包含用來查詢車主地址的所有基本邏輯，以及發送信件的函式呼叫。這樣的安排使得它很難理解，因為一次處理太多的概念了。在 Listing 2.2 中，我們還能看到在單個函式中執行過多操作所導致其他問題，例如深度巢狀嵌套的 if 語法（第 5 章會對此進行更詳細的介紹），這些都會讓程式難以閱讀和理解。

Listing 2.2　函式處理了太多工作

```
SentConfirmation? sendOwnerALetter(
    Vehicle vehicle, Letter letter) {
  Address? ownersAddress = null;
  if (vehicle.hasBeenScraped()) {
    ownersAddress = SCRAPYARD_ADDRESS;
  } else {
    Purchase? mostRecentPurchase =
        vehicle.getMostRecentPurchase();
    if (mostRecentPurchase == null) {
      ownersAddress = SHOWROOM_ADDRESS;
    } else {
      ownersAddress = mostRecentPurchase.getBuyersAddress();
    }
  }
  if (ownersAddress == null) {
    return null;
  }
  return sendLetter(ownersAddress, letter);
}
```

查詢車主地址的基本邏輯

依條件發送信件的處理邏輯

如果把 sendOwnerALetter() 函式用句子來解譯，應該會這樣寫：「找到車主的地址（如果車輛已報廢，則為報廢場地址，如果車輛尚未售出，則為車商陳列室地址或登記買家的地址（如果有地址）），當找到車主，則發一封信給他們。」上述內容不是一個好句子：句中需要一次處理幾個不同的概念，而且使用的單字量太多，這表示可能需要多讀幾次才能確保我們有正確理解。

如果解譯的句子變成類似「查詢車主的地址（內部有更多詳細訊息），如果找到，就發一封信給他們」的函式會更好。試著把函式解譯成這樣的好句子，其正確的策略是讓單個函式限制於以下條件：

- 執行單一任務。
- 透過呼叫其他命名良好的函式來組合處理更複雜的行為。

這不是一門精確的科學，因為「單一任務」的解釋很開放，就算透過呼叫其他函式來組成更複雜的行為，我們可能仍可能需要用到一些控制流程（如 if 語法或 for 迴圈）。因此，在編寫函式時，值得把其作用解譯成一個句子來閱讀。如果很難做到，或是句子變得冗長笨拙，那就表示函式內容太多了，將其分解為較小的函式會更好。

以前面提到的 sendOwnerALetter() 為例，我們已經確定它不能解譯成好句子了，而且這個函式顯然也沒有遵循剛才提到的策略。該函式執行了兩項任務：查詢車主地址和發送信件，它不是透過呼叫他函式來組合處理複雜的工作，其本身就含有用來查詢車主地址的基本邏輯。

更好的做法是把查詢車主地址的邏輯拆分為一個單獨的函式，如此一來，send OwnerALetter() 函式就能轉換為更理想的句子。Listing 2.3 展示了程式碼的理想樣貌。更改之後的函式在閱讀時，任何人都能輕鬆理解它是怎麼解決給定的子問題：

1. 取得車主地址。
2. 如果找到地址，向車主發送一封信。

Listing 2.3 中的新程式碼有另一個優勢，查詢車主地址的處理邏輯現在更容易重複使用。在未來有可能被要求建構僅顯示車主地址但不發送信件的函式。建構這個新需求的工程師可以在同一個類別中重用 getOwnersAddress() 函式，或者將其移動到適當的輔助類別，這樣相對容易公開讓別人取用。

Listing 2.3　分解成更小的函式

```
SentConfirmation? sendOwnerALetter(Vehicle vehicle, Letter letter) {
  Address? ownersAddress = getOwnersAddress(vehicle);        取得車主地址
  if (ownersAddress == null) {
    return null;                                              如果找到地址則發
  }                                                           送一封信件給車主
  return sendLetter(ownersAddress, letter);
}

private Address? getOwnersAddress(Vehicle vehicle) {          查詢車地址這個函式
  if (vehicle.hasBeenScraped()) {                             很容易重複使用
    return SCRAPYARD_ADDRESS;
  }
  Purchase? mostRecentPurchase = vehicle.getMostRecentPurchase();
  if (mostRecentPurchase == null) {
    return SHOWROOM_ADDRESS;
  }
  return mostRecentPurchase.getBuyersAddress();
}
```

縮小函式和專注焦點是確保程式碼可讀和可重用的最佳作法之一。在設計編寫程式碼時，很容易到最後寫出太長且可讀性差的函式。因此，在編寫第一段之後，在送去審查之前，很值得對其進行探究。每當我們閱讀到難以解譯成好句子的函式時，就應該考慮將部分處理邏輯分解為命名良好的輔助函式。

2.3.3 類別

工程師經常爭論一個類別的理想大小應該是多大，並且提出了許多理論和經驗法則，例如：

- **行數**——有時您會聽到像「一個類別不應超過 300 行程式碼」之類的建議。
  - 一個超過 300 行的類別大都（但不一定）處理太多的概念，應該將其分解。這個經驗法則並不是說少於 300 行的類別就是合適的大小。它只是一個警示提醒，但並不保證一定是正確。因此，像這樣的經驗法則在真實情況中用途有限。
- **內聚（Cohesion）**[1]——這是衡量一個類別中事物「歸屬」在一起的程度，其理念是一個好的類別，它會是個高度內聚的類別。有很多方法可以將事物歸類凝聚在一起。以下有幾個例子：
  - **循序內聚（Sequential cohesion）**——當需要把某件事物的輸出作為另一事物的輸入時，就會發生這種情況。以製作一杯新鮮咖啡這個實例來說，在磨豆之前，我們不能煮咖啡，磨豆處理的輸出是咖啡沖泡處理的輸入。因此，我們得出結論，磨豆和沖泡是循序內聚。
  - **功能內聚（Functional cohesion）**——當某組事物能協助完成某項任務時，就會發生這種情況。這裡提到的某項任務的定義可能很主觀的，以現實世界的實例來說，如果您要把製作蛋糕的設備放在廚房的一個專用抽屜中，您認定攪拌碗、木勺和蛋糕烤模應該放置在一起，因為它們彼此會協助完成相同的任務：製作蛋糕。
- **關注點分離（Separation of concerns）**[2]——這是個設計原則，主張系統應該被分成單獨的元件，每個元件都處理一個不同的問題（或關注點）。以遊戲機與電視為例，這兩者不是捆綁成一個不可分割的裝置。遊戲機與執行遊戲有關，而電視與顯示動態影像有關。分開成兩個裝置允許有更多的可配置性：購買遊戲機的人可能住在小公寓裡，所以搭配一台小電視；而其他居住空間較大的人則可能希望連接到 292 英寸的壁掛式電視。項目的分離允許我們單獨為其中一個進行升級，當有更新、更快的遊戲機問世時，我們不必再去購買新電視。

---

1. 以「內聚」程度作為評估軟體結構的指標是由 Larry L. Constantine 在 1960 年代首先提出，後來由 Wayne P. Stevens、Glenford J. Myers 和 Larry L. Constantine 在 1970 年代繼續擴展延伸。
2. 大家普遍認為「關注點分離」一詞是 Edsger W. Dijkstra 在 1970 年代創造的。

內聚和關注點分離的想法通常是讓我們對「某組相關事物視為一件事」的有用程度來做出決策，這並不簡單，因為這樣的決策可能非常主觀。對某個人來說，把咖啡的「研磨和沖泡」組合在一起可能很有意義，但對於另一個只想把香料研磨來進行烹飪的人來說，這種組合方式似乎沒有益處，因為他們顯然不想「沖泡」香料。

我遇到過很多工程師完全不知道這些經驗法則，或者不同意「類別應該要內聚，且理想情況下只關注一件事」這樣的說法。就算知道這個建議，許多工程師仍然寫出超大的類別。當工程師沒有仔細思考在單個類別中引入了多少不同的概念，以及哪些處理邏輯適合重複使用或重新配置時，寫出的類別通常會變得太大。有時在剛開始編寫類別就發生這種情況，但隨著時間推移，類別也會有機地增長，因此無論是在修改現有程式碼或是編寫全新的程式碼，考量類別是否變得太大是很重要的工作。

諸如「一個類別應該只關注一件事」或「一個類別應該是內聚的」等這種經驗法則是為了嘗試和指導工程師建立更高品質的程式碼。但仍然需要仔細思考我們從根本上想要實現的目標。關於程式碼層和建立類別的說明，第 1 章中定義的四個支柱列出了我們應該努力實現的目標：

- **讓程式碼可讀**——捆綁在一個類別中的不同概念之數量越多，該類別的可讀性就越低。人類的大腦不擅長同時思考太多事情。對試圖讀懂我們程式碼的其他工程師加入愈多的認知負擔，他們需花費的時間就愈長，且越有可能誤解程式的原意。

- **讓程式碼模組化**——使用類別和介面是讓程式碼模組化的最佳方法之一。如果子問題的解決方案內建在其自己的類別中，其他類別僅透過一些經過深思熟慮的公用函式就能與之互動，那麼在有需要時，很容易完成另一個實作。

- **讓程式碼可重用和可泛化**——如果解決某個問題需要用到兩個子問題的解決方案，那麼其他人將來也可能會用到其中某個子問題的解決方案。如果我們把兩個子問題的解決方案都捆綁在一個類別中，這樣就會降低其他人能重複使用其中某個解決方案的機會。

- **讓程式碼可測試且正確測試**——上一小節使用房屋來比喻，我們在購買房屋之前希望能檢查整間屋子的可靠性，而不僅僅是看一看房子外觀而已。同樣的道理，如果把處理邏輯分解到類別中，那麼正確測試類別的各個部分就變容易多了。

圖 2.4 展示了一個過大的類別，這個類別最後形成了與程式碼品質四個支柱相反的結果。

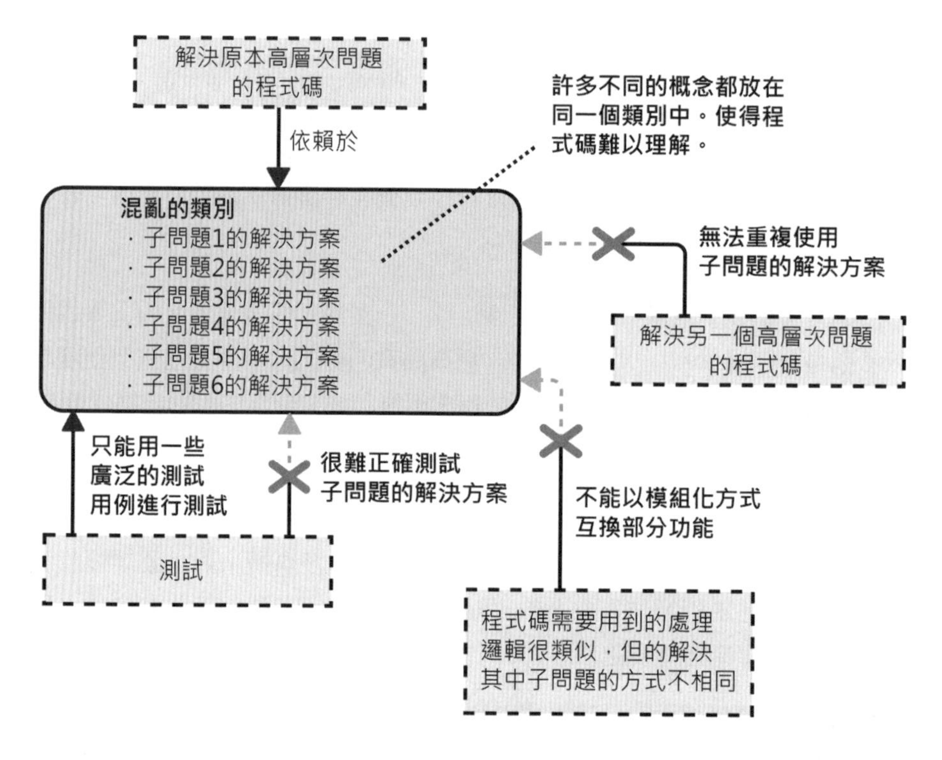

圖 2.4：程式碼沒有分解成適當大小的類別，通常會導致程式一次處理太多概念，這種程式碼的可讀性、模組化、可重用、可泛化和可測試性都較差。

為了示範這些支柱是怎麼協助我們建構類別，接下來讓我們看一些程式碼實例。Listing 2.4 中的這個類別的功用是用來總結摘要一段文字，它透過把文字進行分段並過濾掉重要性分數低的段落來達到總結摘要的效果。在解決總結文字問題時，類別的作者也是需要解決其子問題。這裡透過把事物劃分為單獨的函式來建立一些抽象層，但這仍然只是把所有內容都轉存到一個類別中而已，這表示抽象層之間的分離並不明顯。

Listing 2.4　類別太過巨大

```
class TextSummarizer {
  ...
  String summarizeText(String text) {
    return splitIntoParagraphs(text)
        .filter(paragraph -> calculateImportance(paragraph) >=
            IMPORTANCE_THRESHOLD)
        .join("\n\n");
  }

  private Double calculateImportance(String paragraph) {
    List<String> nouns = extractImportantNouns(paragraph);
    List<String> verbs = extractImportantVerbs(paragraph);
    List<String> adjectives = extractImportantAdjectives(paragraph);
    ... a complicated equation ...
    return importanceScore;
  }

  private List<String> extractImportantNouns(String text) { ... }
  private List<String> extractImportantVerbs(String text) { ... }
  private List<String> extractImportantAdjectives(String text) { ... }

  private List<String> splitIntoParagraphs(String text) {
    List<String> paragraphs = [];
    Int? start = detectParagraphStartOffset(text, 0);
    while (start != null) {
      Int? end = detectParagraphEndOffset(text, start);
      if (end == null) {
        break;
      }
      paragraphs.add(text.subString(start, end));
      start = detectParagraphStartOffset(text, end);
    }
    return paragraphs;
  }

  private Int? detectParagraphStartOffset(
    String text, Int fromOffset) { ... }

  private Int? detectParagraphEndOffset(
    String text, Int fromOffset) { ... }
}
```

如果我們與這個類別的開發者交流，您可能會聽到作者聲稱此類別只關注一件事：總結摘要一段文字。從高層次來看，這個開發者是對的，但這個類別中顯然含有解決一堆子問題的程式碼：

- 把文字分段。
- 計算一串文字重要性的分數。
    - 進一步需劃分為尋找重要名詞、動詞和形容詞的子問題。

基於這種觀察，另一位工程師可能會反駁說：「不對，這個類別涉及多種不同的工作，它應該要再分解」。在這個範例中，兩位工程師都同意類別應該要內聚且只關注一件事，但他們有意見的地方是解決相關子問題是否算作主要問題的不同關注點或是內在組成。為了更好地判斷這個類別是否應該再分解，最好了解它是如何與剛剛提到的支柱一起比較的。如果我們這樣比較，就會得出結論，目前這個類別是低品質的程式碼，其理由如下（也在圖 2.5 中說明）：

- **程式碼不具備應有的可讀性**。當我們最初閱讀這段程式碼時，可看出它是由幾個不同概念組成，例如把文字分段、提取重要名詞等內容以及計算重要性分數等。需要花一些時間來弄清楚解決哪些子問題是用到哪些概念。
- **程式碼並不模組化**。將來要重新配置或修改程式碼會變得困難。毫無疑問，這裡總結摘要文字的方法是一種不太成熟的演算法，工程師可能會隨著時間的推移進行修正更換。如果不為呼叫方修改程式碼，很難拿來重新配置以嘗試新事物。如果把程式碼模組化會更好，這樣我們隨時可以換一種新方式來計算重要性的分數。
- **程式碼不能重複使用**。在解決另一個不同的問題時，我們有可能會用到這裡解決某些子問題的解決方案。假設我們要建構一個函式來計算某段文字含有多少個段落，如果能重複使用 splitInto-Paragraphs() 函式就太好了。以目前的這個例子來看，我們不能這樣重用，還是必須重新編寫解決子問題的方案，或者重構 TextSummarizer 類別。要讓 splitIntoParagraphs() 函式變成公用，允許重複使用似乎是很誘人的做法，但不是個好主意：這是用無關的概念弄亂了 TextSummarizer 類別的公用 API，而且在未來修改 TextSum marizer 類別時會很尷尬，因為有其他外部程式碼已開始依賴 splitIntoPara graphs() 函式。
- **程式碼不能通用泛化**。整個解決方案假定輸入的文字是純文字，但我們希望在不久的將來可以開始處理網頁內容。在這種情況下，我們可能會輸入一段 HTML 而不是純文字。如果程式碼更模組化，那也許可以把處理 HTML 拆分為段落的邏輯來替換原本文字拆分為段落的邏輯。
- **程式碼很難正確測試**。這裡的子問題解決方案實際上都相當複雜，把文字拆分成段落看起來是個很重要且不簡單的問題，而計算重要性分數又是個特別複雜的演算法。就目前來看，所有可以測試的都是透過 summarise Text() 函式的整體行為，但很難透過呼叫 summariseText() 來測試計算重要

性分數的程式碼，好好測試其中複雜的演算法是否正常運作。我們可以讓其他函式（例如 calculateImportance()）變公用的，這樣就可以適切地測試了，但這樣會讓 TextSummarizer 的公用 API 變得混亂。我們可以加一條注釋說明：「函式變公用僅是為了測試」，但這只會進一步增加其他工程師的認知負擔。

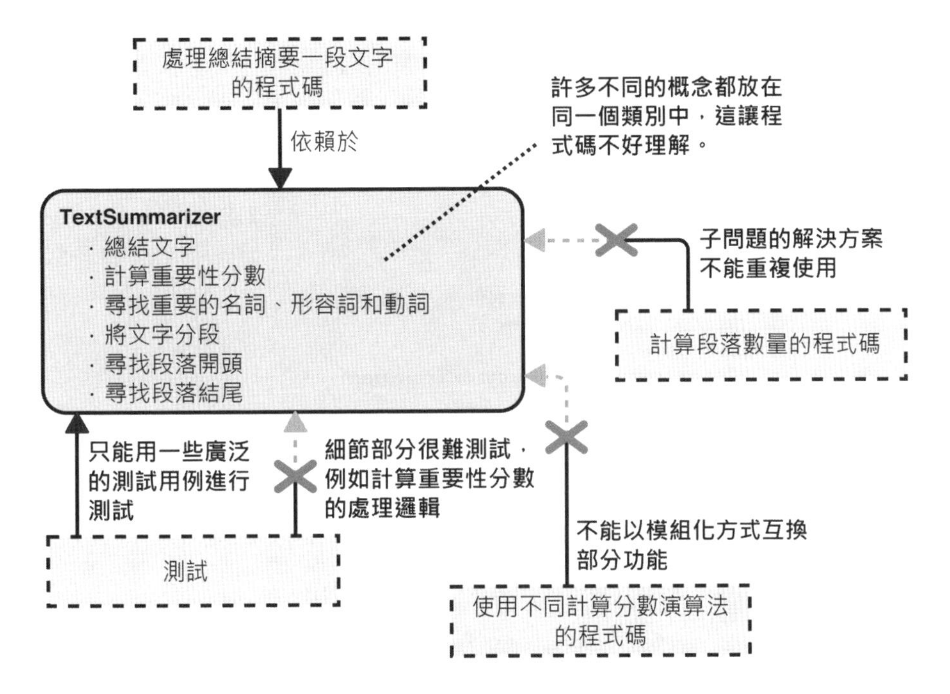

圖 2.5：TextSummarizer 類別中含有太多不同的概念，導致程式碼的可讀性、模組化、可重用、可泛化和可測試性降低。

TextSummarizer 類別顯然太大了，處理了太多不同的概念，這樣降低了程式碼品質。下一小節會展示如何改進這段程式碼。

如何改進程式碼

改進程式碼的方法是透過把每個子問題的解決方案分成其各自的類別，如下面的 Listing 2.5 所示。解決子問題的類別可當作其建構函式（constructor）中的參數提供給 TextSummarizer 類別，這種模式就稱之為**依賴注入**（**dependency injection**），將在第 8 章中詳細介紹。

Listing 2.5　類別中的各個概念

```
class TextSummarizer {
  private final ParagraphFinder paragraphFinder;
  private final TextImportanceScorer importanceScorer;

  TextSummarizer(
      ParagraphFinder paragraphFinder,
      TextImportanceScorer importanceScorer) {
    this.paragraphFinder = paragraphFinder;
    this.importanceScorer = importanceScorer;
  }

  static TextSummarizer createDefault() {
    return new TextSummarizer(
        new ParagraphFinder(),
        new TextImportanceScorer());
  }

  String summarizeText(String text) {
    return paragraphFinder.find(text)
        .filter(paragraph ->
            importanceScorer.isImportant(paragraph))
        .join("\n\n");
  }
}

class ParagraphFinder {
  List<String> find(String text) {
    List<String> paragraphs = [];
    Int? start = detectParagraphStartOffset(text, 0);
    while (start != null) {
      Int? end = detectParagraphEndOffset(text, start);
      if (end == null) {
        break;
      }
      paragraphs.add(text.subString(start, end));
      start = detectParagraphStartOffset(text, end);
    }
    return paragraphs;
  }

  private Int? detectParagraphStartOffset(
      String text, Int fromOffset) { ... }

  private Int? detectParagraphEndOffset(
      String text, Int fromOffset) { ... }
}

class TextImportanceScorer {
  ...
  Boolean isImportant(String text) {
    return calculateImportance(text) >=
        IMPORTANCE_THRESHOLD;
  }
```

類別的依賴項目是透過其建構函式注入的，這就稱為依賴注入。

靜態工廠函式，讓呼叫方可以輕鬆建立類別的預設實例

子問題的解決方案分割成為自己的類別。

```
  private Double calculateImportance(String text) {
    List<String> nouns = extractImportantNouns(text);
    List<String> verbs = extractImportantVerbs(text);
    List<String> adjectives = extractImportantAdjectives(text);
    ... a complicated equation ...
    return importanceScore;
  }

  private List<String> extractImportantNouns(String text) { ... }
  private List<String> extractImportantVerbs(String text) { ... }
  private List<String> extractImportantAdjectives(String text) { ... }
}
```

程式碼現在更具可讀性了，因為每個類別一次要了解的相關概念不多。我們可以 TextSummarizer 類別為例，幾秒鐘內就能了解其構成高層次演算邏輯的所有概念和步驟：

- 找出段落。
- 過濾掉不重要的段落。
- 結合剩下的段落。

如果這些內容就是我們想知道的，那就太好了，任務完成！如果我們並不真的關心分數是如何計算，而是想知道段落是怎麼被找到的，那麼直接移到 ParagraphFinder 類別並快速了解這個子問題是如何處理的。

如圖 2.6 所示，其好處如下所示：

- **程式碼現在更模組化和可重新配置**。如果想嘗試一種不同的文字計分方式，那麼把 TextImportanceScorer 提取到介面中並建立它的替代實作是十分容易的。我們會在下一小節討論。
- **程式碼可重用性更強**。如果有需要，很容易在其他場景中運用 Paragraph Finder 類別。
- **程式碼更容易測試**。為每個子問題的類別程式碼編寫全面且焦點集中的測試變得很容易。

在許多程式碼庫中，很常見到做過多事情的巨大類別，正如本節所展示的，這往往會導致程式碼品質下降。在設計類別層次結構時，最好仔細思考它是否符合剛才討論的程式碼品質支柱。類別通常會隨著時間的推移有機地增長，類別也會變得太大，因此在修改現有類別以及編寫新類別時思考品質支柱會有所幫助。將程式碼分解為適當大小的類別是確保我們擁有良好抽象層的最有效工具之一，值得我們花時間和心思好好處理。

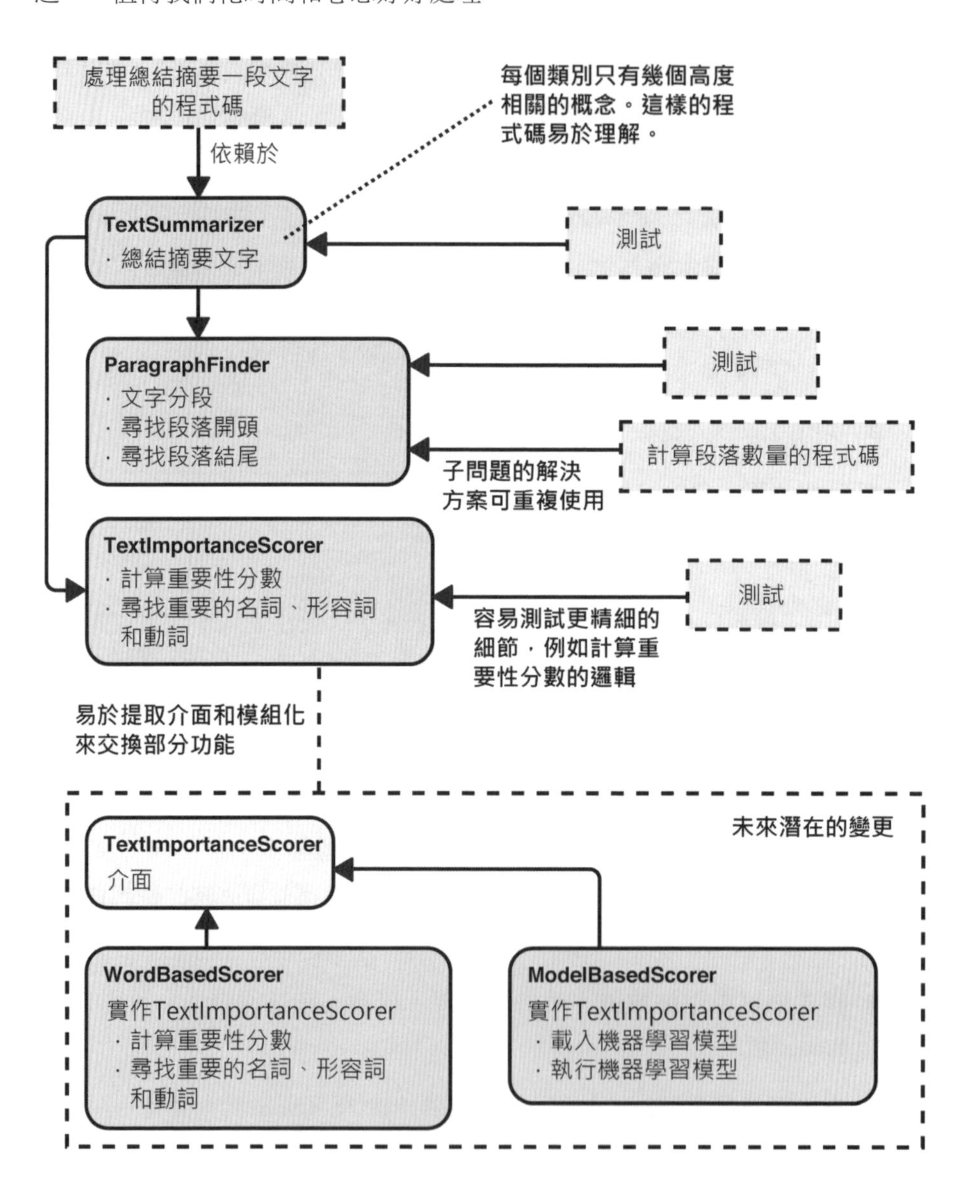

圖 2.6：把程式碼分解成適當大小的抽象層會讓程式碼一次只處理幾個概念。這樣讓程式碼更具可讀性、模組化、可重用、可泛化和可測試。

2.3.4 介面

強制以「層」來區分並確保實作細節不會洩漏的方法之一是定義「介面」，這個介面決定「層」要公開哪些公用函式。隨後針對「層」的實際類別所含有的程式碼會實作介面。這個之上的程式碼層只依賴於介面，而不依賴於實作邏輯的具體類別。

如果給定的抽象層有多個實作，或者我們認為將來可能會新增更多實作，那麼定義介面是不錯的選擇。為了證明這一點，我們以上一小節中用來總結摘要文字的範例來說明。其中一個重要的子問題是對文字片段（在本例中為段落）計算分數，用來判定是否可以省略刪除。原本程式碼使用的是以尋找重要的名詞、形容詞和動詞為基礎來計分和判定，這是個不太成熟的解決方案。

更穩健的方法可能是使用機器學習的訓練模型來判定某段文字的重要程度。這是我們想要嘗試的新方法，首先在開發模式試驗，然後以 beta 版本發布釋出。我們不想直接就用這個新模型來替換舊的處理邏輯，不管是新模型或是舊邏輯，我們都需要一種作法來配置程式碼。

最好的作法之一是把 TextImportanceScorer 類別提取到介面中，然後為解決子問題的每種方法提供一個實作類別。TextSummarizer 類別永遠只依賴於 Text ImportanceScorer 介面，但不依賴於任何具體的實作。圖 2.7 顯示了不同類別和介面之間的依賴關係。

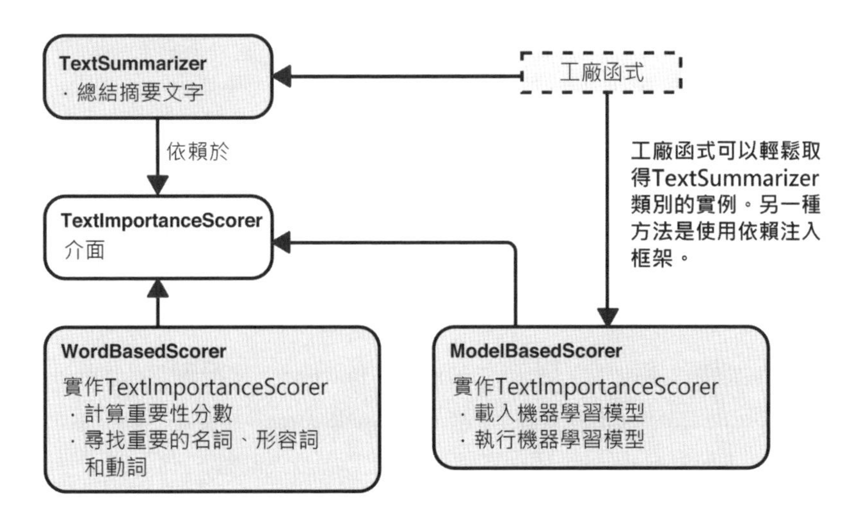

圖 2.7：透過定義介面來表示抽象層，我們可以很容易交換實作來解決給定的子問題。這樣讓程式碼更模組化和可配置。

以下 Listing 中的程式碼展示了新介面和實作類別的內容。

Listing 2.6　介面和實作

```
interface TextImportanceScorer {
  Boolean isImportant(String text);
}

class WordBasedScorer implements TextImportanceScorer {
  ...
  override Boolean isImportant(String text) {
    return calculateImportance(text) >=
        IMPORTANCE_THRESHOLD;
  }

  private Double calculateImportance(String text) {
    List<String> nouns = extractImportantNouns(text);
    List<String> verbs = extractImportantVerbs(text);
    List<String> adjectives = extractImportantAdjectives(text);
    ... a complicated equation ...
    return importanceScore;
  }

  private List<String> extractImportantNouns(String text) { ... }
  private List<String> extractImportantVerbs(String text) { ... }
  private List<String> extractImportantAdjectives(String text)  { ... }
}

class ModelBasedScorer implements TextImportanceScorer {
  private final TextPredictionModel model;
    ...

  static ModelBasedScorer create() {
    return new ModelBasedScorer(
    TextPredictionModel.load(MODEL_FILE));
  }

  override Boolean isImportant(String text) {
    return model.predict(text) >=
        MODEL_THRESHOLD;
  }
}
```

TextImportanceScorer 現在是個介面而不是類別

原來的 TextImportanceScorer 類別被重新命名並實作了新的介面

標有「override」的函式，表示它從介面覆寫了該函式

新的 ModelBasedScorer 也實作了該介面

現在可以直接使用兩個工廠函式（factory function）來配置 TextSummarizer 是使用 WordBasedScorer 或是使用 ModelBasedScorer。下面的 Listing 2.7 展示了用來建立 TextSummarizer 類別實例的兩個工廠函式的程式碼內容。

Listing 2.7　工廠函式

```
TextSummarizer createWordBasedSummarizer() {
  return new TextSummarizer(
      new ParagraphFinder(), new WordBasedScorer());
}

TextSummarizer createModelBasedSummarizer() {
  return new TextSummarizer(
      new ParagraphFinder(), ModelBasedScorer.create());
}
```

介面是非常有用的工具，可用來建立提供乾淨抽象層的程式碼。每當我們需要為給定的子問題在兩個或多個不同的具體實作之間切換時，最好定義一個介面來表示抽象層。這會讓我們的程式碼更模組化且更容易重新配置。

所有程式都要加介面嗎？

如果您只有一個抽象層的實作，而且在未來不打算新增加更多的實作，那麼您（和您的團隊）真的要考量是否值得把抽象層隱藏在介面後面。有些軟體工程理論強調並鼓勵這麼做。如果我們按照這一點把前面的 TextSummarizer 類別隱藏在一個介面後面，那麼它看起來會像是 Listing 2.8 的內容。在這樣的作法下，上面的程式碼層所依賴的是 TextSummarizer 介面，永遠不會直接依賴於 TextSummarizerImpl 實作類別。

Listing 2.8　介面和實作

```
interface TextSummarizer {
  String summarizeText(String text);
}

class TextSummarizerImpl implements TextSummarizer {
  . . .

  override String summarizeText(String text) {
    return paragraphFinder.find(text)
        .filter(paragraph ->
            importanceScorer.isImportant(paragraph))
        .join("\n\n");
  }
}
```

只有在介面中定義的函式對這個抽象層的使用者是公開可見的

TextSummarizerImpl 是唯一實作 TextSummarizer 介面的類別

雖然 TextSummarizer 只有一個實作，而且就算將來不一定會新增另一個實作，這樣的作法也有一些好處：

- **它讓公用 API 非常清晰**——對於使用該層的工程師應該或不應該使用哪些功能不會產生混淆。如果工程師對 TextSummarizerImpl 類別加入一個新的公用函式，那麼它不會暴露在上面的程式碼層，因為它們只依賴於 TextSummarizer 介面。

- **有可能猜錯只需要一個實作**——在最初編寫程式碼時，我們可能確定真的不需要第二個實作，但經過一兩個月後，這個假設可能被證明是錯誤的。也許我們意識到僅透過省略幾個段落來總結摘要文字並不是很有效果，然後決定嘗試另一種完全不同的的演算法來總結摘要文字。

- **它可以使測試更容易**——舉例來說，如果實作類別處理了一些特別複雜的事情或需要依賴於網路 I/O，那麼我們可能希望在測試期間使用 mock 模擬或 fake 假的實作來代替。根據其使用的程式語言，我們可能需要定義一個介面來執行此操作。

- **同一個類別可以解決兩個子問題**——有時某個類別可以為兩個或多個不同的抽象層提供實作。這方面的例子是 LinkedList 實作類別可以實作 List 和 Queue 介面，這表示它可以在某個應用場景中的程式碼不允許當作串列時，可改用當作佇列來使用。這樣能大幅增加程式碼的可泛化通用性。

另一方面，定義介面也是有其缺點的，列示如下：

- **需要付出更多努力**——我們必須多寫幾行程式碼（可能還需要一個新檔案）來定義介面。

- **它會讓程式碼變得更複雜**——當其他工程師想要理解程式碼時，可能更難以駕馭其中的處理邏輯。如果他們想了解某個子問題是怎麼被解決的，就不能直接進入到層下的實作類別，而是必須先到介面，然後找到實作該介面的具體類別。

以我個人的經驗來說，採取極端立場將所有類別都隱藏在介面後面通常會失控，這樣也會寫出不必要的複雜程式碼，讓人難以理解和修改。我的建議是有明顯好處時就使用介面，但不要盲目使用。儘管如此，專注於建立乾淨和獨特的抽象層仍然很重要。就算不定義介面，我們仍然應該非常仔細地思考類別公開了哪些公用函式，並確保沒有洩露實作細節。一般來說，每當我們編寫或修改某個類別時，都應該確保在以後有需要時很容易加上介面。

2.3.5 當「層」變得太薄時

儘管有好處，但把程式碼分成不同的層也會產生一些負擔，例如：

- 由於需要定義類別或將依賴項目匯入新檔案所需的所有樣板，所以要寫更多程式碼。
- 在依循處理邏輯鏈時，多了檔案或類別之間切換的工作量。
- 如果我們在介面後面隱藏了一個邏輯層，那就要花多一點心思來確定在哪些應用場景可使用這個實作，這樣在理解程式邏輯或除錯時就會變得比較困難。

與將程式碼拆分為不同層的所有好處相比，這些負擔成本其實很低，但值得留意的是，不要只為了拆分程式碼而去拆分，這是沒有意義的，並可能出現成本超過收益的情況，因此最好保持理智遵循常理。

Listing 2.9 展示了如果前面的 ParagraphFinder 類別拆分為更多層，把 offset finder 程式的開始和結束分解成各自的類別，放在一個公用介面後面，這樣的程式碼可能就會像下列這般，但這樣的程式碼層變得太薄了，因為很難想像 ParagraphStartOffsetDetector 和 ParagraphEndOffsetDetector 類別會被 Paragraph Finder 類別以外的其他東西使用。

Listing 2.9　程式碼層變得太薄

```
class ParagraphFinder {
  private final OffsetDetector startDetector;
  private final OffsetDetector endDetector;
  ...

  List<String> find(String text) {
    List<String> paragraphs = [];
    Int? start = startDetector.detectOffset(text, 0);
    while (start != null) {
      Int? end = endDetector.detectOffset(text, start);
      if (end == null) {
        break;
      }
      paragraphs.add(text.subString(start, end));
      start = startDetector.detectOffset(text, end);
    }
    return paragraphs;
  }
}
```

```
interface OffsetDetector {
  Int? detectOffset(String text, Int fromOffset);
}

class ParagraphStartOffsetDetector implements OffsetDetector {
  override Int? detectOffset(String text, Int fromOffset) { ... }
}

class ParagraphEndOffsetDetector implements OffsetDetector {
  override Int? detectOffset(String text, Int fromOffset) { ... }
}
```

就算 ParagraphFinder 類別在其他地方有用，但也很難想像有人會單獨只用 ParagraphStartOffsetDetector 或 ParagraphEndOffsetDetector，因為其實作處理分別是檢測段落的開頭和結尾，兩者需要搭配使用才有效果。

決定好程式碼層的正確厚度是很重要的，如果分拆出沒有有意義的抽象層，程式碼庫就會變得難以管理。如果讓「層」太厚，那麼最後會合併太多抽象概念，使程式碼不夠模組化、難以重複使用或不好閱讀。如果把「層」分拆得太薄，那麼最後可能會把應該只是單層的抽象概念分拆成兩層，導致不必要的複雜性，也意味著相鄰層的去耦合效果不如應有的好。一般來說，層太厚所導致的問題比層太薄更嚴重，如果還不能確定分層的效果，那最好選擇把層分拆薄一些是比較好的做法。

正如之前看過的類別範例，很難定出一條規則或建議可以明確告知「層」是否太厚，因為這取決於我們要解決之現實問題的本質。這裡能給出的最佳建議是善用判斷思考，仔細考量建立的層是否讓能程式碼具備可讀、可重用、可泛化、模組化和可測試。請記住：就算是有數十年經驗的工程師，在把程式碼提交到程式碼庫之前，通常都還是需要進行幾次來回往返的設計或修改，最後才能正確地獲得抽象層。

➢2.4 微服務好用嗎？

在微服務（microservices）架構中，單一問題的解決方案會部署成獨立的服務，而不會只是編譯成單支程式的程式庫。這表示系統被分解成許多較小的程式，每支程式都專用於一組任務。這些較小的程式被部署為可以透過 API 遠端呼叫的專用服務。微服務有很多好處，近年來也變得越來越流行。微服務是現在許多組織和團隊的首選架構。

您有時會聽到一種論點是，在使用微服務時，程式碼的結構和在程式碼中建立抽象層並不重要，原因是微服務本身就是乾淨的抽象層，因此內部程式碼的結構或分拆方式並不重要。雖然微服務提供了相對乾淨的抽象層，而它們還是有不同的大小和範圍，所以適切考量其中的抽象層仍然是有用的。

舉個例子來證明這一點，假設我們在某個團隊中為一家線上銷售商開發程式，這個團隊開發和維護的微服務是用來檢查與修改庫存量。每當發生以下這些情況時都會呼叫我們開發的微服務：

- 新的庫存貨物到達倉庫。
- 商店前端需要知道商品是否有庫存，以便顯示給使用者知道。
- 顧客購買商品後。

名義上，這個微服務只做一件事：管理庫存量。但很明顯的，要完成這裡所謂的「一件事」需要解決多個子問題：

- 處理商品項目的概念（實際要追蹤的內容）。
- 處理庫存可能存在不同的倉庫和位置的事實。
- 商品可能在某個國家/地區有庫存，但在另一個國家/地區沒有庫存，這取決於客戶在哪個倉庫的交貨範圍內。
- 與儲存實際庫存量的資料庫連接。
- 解譯資料庫返回的資料。

前面說明過「把問題分解為子問題來解決」的相關內容仍然適用，即使在開發微服務時也是如此。舉例來說，為客戶確定某件商品是否有庫存，需要完成以下處理：

- 確定客戶所在的出貨範圍內有哪些倉庫。
- 查詢資料儲存體，找出所有倉庫中該項目的庫存量。
- 解譯資料庫返回的資料格式。
- 把答案返回給服務的呼叫方。

更重要的是，其他工程師很可能想要重複使用其中的某些處理邏輯。公司內可能還有其他團隊在追蹤分析和了解趨勢，以確定公司對某些商品項目停產、加大庫存量或提供特別優惠。出於效率和延遲的原因，他們很可能會使用管線運輸方式（pipeline）直接掃描庫存資料庫，而不是呼叫我們的服務，但他們可能仍需要一些處理邏輯來協助他們解譯資料庫返回的資料，所以如果他們可以重複使用我們進行這些處理的程式碼，那就太好了。

微服務可能是分解系統並使其更模組化的極好方法，但它不會改變仍然需要解決多個子問題來實作服務的事實。建立正確的抽象層和程式碼層仍然很重要。

總結

- 把程式碼分解為乾淨和不同的抽象層，使其更具備可讀性、模組化、可重用、可泛化和可測試。
- 我們可以使用函式、類別和介面（以及其他語言的類似的功能），把程式碼分解為抽象層。
- 把程式碼分解為抽象層的作法需要用到我們對正在解決的問題判斷力和相關知識。
- 「層」太厚帶來的問題通常比「層」太薄帶來的問題更嚴重。如果我們不確定分解的程度，還是選擇讓「層」薄一點比較好。

3 其他工程師與程式碼契約

本章內容

- 其他工程師會怎麼與我們的程式碼互動
- 程式碼契約和其附屬細則
- 盡量減少附屬細則會有助於防止誤用和意外
- 如果不能避免加入附屬細則，要怎麼使用檢查和斷言來強化它編寫和維護軟體通常是由團隊合作一起完成的。開發軟體的公司通常會僱用多名工程師：可能是由兩人組成的團隊來開發單一產品，也可能是數千名工程師在數百種不同的產品中合作。確切的數量並不重要，關鍵是其他工程師最終都要與我們編寫的程式碼進行互動，反過來看，我們其實也必需與其他工程師編寫的程式碼互動。

第 1 章有提到程式碼品質的兩個支柱是「避免意外驚訝」和「讓程式碼不會被誤用」。兩者所牽扯的就是其他工程師與我們的程式碼互動時可能發生的事情（可能出現的問題）。本章所討論的是把程式碼的重要細節傳達給其他工程師的各種技術（其中有些技術更可靠），然後會用程式碼契約（code contract）和附屬細節（small print）的概念正式呈現。本章的最後兩小節會介紹一些容易被誤用和誤解的程式碼範例，並展示如何修調改進。第 6 章和第 7 章還會提供更多以本章為基礎所建立的具體範例。

➢3.1 您的程式碼和其他工程師的程式碼

如果您是作為團隊一份子來編寫程式碼，那麼您所寫的程式碼可能會建構在其他工程師所寫的程式碼層之上，而其他人也可能會在您的程式碼之上建構程式碼層。如果您在這個過程中解決了各種子問題並把它們分解為乾淨的抽象層，那麼其他工程師很可能會把您建構的某些東西拿來重複使用，用來解決您從沒想到過的不同問題。

接下來以實例說明，假設您任職於一家經營線上雜誌的公司，其使用者可以在線上雜誌查詢和閱讀文章。您的任務是編寫一個文字總結摘要的功能，以便在使用者嘗試查詢要閱讀的內容時為他們總結摘要文章內容。您最終會寫出如上一章中看到的程式碼，其中包含 TextSummarizer 和相關的類別（如果您不記得確切的程式碼或跳過了前一章，也不用擔心）。圖 3.1 顯示了您所寫的文字總結摘要程式最終可能在軟體中是怎麼被使用的情況。您會看到這個程式碼依賴於其他工程師所寫的較低層程式碼，而有些工程師又依賴您的程式碼來解決更高層的問題。您還會看到這支程式正被運用在多項功能中，最初只預計它用於總結摘要文章內容，但其他工程師則繼續重用（或其中的一部分）來總結某些注釋評論和評估文章的閱讀時間。

請記住需求一直在變化和發展：優先等級改變了、需要加入新功能、以及系統需要移植新技術等，這些都代表著程式碼和軟體是一直在變化。圖 3.1 是某個時間點的快照，該軟體不太可能在幾個月甚至一年後看起來都不變。

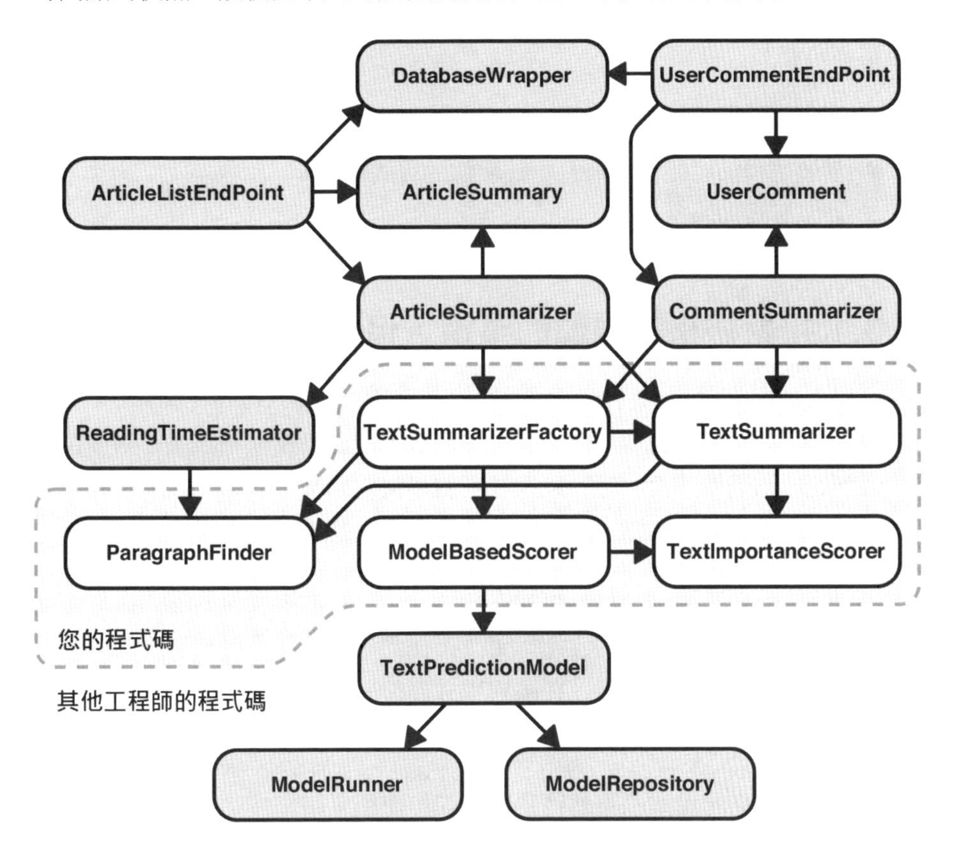

圖 3.1：您編寫的程式碼很少獨立存在，它會依賴於其他工程師編寫的程式碼，反過來說，其他工程師在編寫時也可能會依賴於您寫的程式碼。

一群工程師不斷地對程式碼庫進行修改，這樣讓程式碼庫變得很繁忙。和其他任何繁忙的地方一樣，如果東西很脆弱，就容易損壞，就像您在開辦大型聚會時不會想要拿出精美的玻璃器皿一樣，此外在體育場上的障礙圍欄都是用金屬製成並用螺栓固定在地上，其原因都相同：易碎的東西和繁忙的地方是很難相融在一起的。

為了承受和適應其他工程師的「腳步」，程式碼必需要健壯且易於使用。編寫高品質程式碼時的主要考量因素之一是了解並搞定當其他工程師進行更改或需要與您的程式碼互動時可能發生的壞事，以及如何緩解這些情況。除非您真的在一家只有一名工程師的公司工作，而且您不會忘記所有事情，否則您無法在不考慮其他工程師的情況下寫出高品質的程式碼。

編寫程式碼時，考量以下三件事是很有用（接下來的三個小節會更詳細地探討這些內容）：

- 對您來說顯而易見的事情，但對其他人來說可能並不明顯。
- 其他工程師可能會在無意中破壞您的程式碼。
- 經過一般時間後，您會忘掉自己寫過的程式碼。

3.1.1 對您來說很顯的事情，但對其他人可能並不明顯

在您開始編寫程式碼時，您可能已經花費數小時或數天時間思考要解決的問題。您可能經歷過設計、使用者體驗測試、產品反饋或錯誤報告的多個階段。您對處理的邏輯非常熟悉，以至於所有事情看起來很明顯，幾乎不需要考慮為什麼某件事要這樣處理，也不用考量為什麼要以這種方式解決問題。

但請記住，在某個時間點，可能會有另一位工程師要與您的程式碼進行互動和修改，或對其所依賴的內容進行更改。他們不會有您之前經歷過的經驗來理解問題並思考如何解決，所以在編寫程式碼時對您來說顯而易見的事情，但對他們來說可能並不明顯。

始終要確保您的程式碼有解釋了應該如何使用、用來做什麼和為什麼這樣做。正如您會在本章後面和後續章節中所學習的作法，這並不表示要寫出大量注釋說明文字，其更好的作法應該是讓程式碼易於理解和不言自明。

3.1.2 其他工程師可能會在無意中破壞您的程式碼

「其他工程師會不小心破壞您的程式碼」這種假設看起來好像有點過於憤世嫉俗，但正如我們前面所提到的，您的程式碼不會獨立存在，它可能依賴於多個別的程式碼，而這些程式碼又依賴於更多其他的程式碼，此外也有可能會有許多程式依賴於您的程式碼。隨著其他工程師加入功能、重構和修改，其中一些程式碼會不斷變化。因此，您的程式碼絕不是放在真空中獨立存在，事實上，您的程式碼是在建立在不斷變化的基礎上，而且還會有以您的程式碼為基礎，在其之上又建構了更多不斷變化的部分。

您的程式碼對您來說可能就代表了全部，但對公司的大多數其他工程師來說，它是陌生而了解不多的，當他們遇到您的程式時，不一定事先知道這些程式為什麼存在，也不了解它的作用。在某個時間點，其他工程師很可能會新增或修改其中某些程式碼，因而無意中破壞或濫用了您的程式。

正如我們在第 1 章中看到的，工程師通常是在本機副本中對程式碼庫進行更改，然後再提交到主程式碼庫。如果程式碼無法編譯，或者測試失敗，那麼他們將無法提交修改的內容。如果另一位工程師所做的修改破壞或濫用了您的程式碼，那麼您需要確保這些修改不會被提交到主程式碼庫，直到他們解決了修改造成的問題。做到這一點的唯二方法是確保在出現問題時，讓程式碼無法編譯或讓某些測試開始失效。在討論寫出高品質程式碼的許多考量中，最重要的結論是在某些事情發生故障時要能確保上述兩個方法之一會發生。

3.1.3 經過一般時間後，您會忘掉自己寫過的程式碼

程式碼細節現在在您的腦海中可能很清晰，所以您覺得不會忘記，但隨著時間的推移，它們在您腦海中就不再新鮮，您會開始遺忘一些事情。當有個新功能要加入，或是一年後有個錯誤給您修改時，您就要面對您以前寫過的程式碼，此時您可能早就忘光了所有細節。

前面所提到的關於對其他人不明顯或可能不小心破壞您程式碼的所有內容，其實在某個時間點也全都適用於您自己。查看您一兩年前自己編寫的程式碼與查看其他人編寫的程式碼並沒有什麼太大的區別。請確保您所寫的程式就算注釋很少或沒有上下文脈提示，其他人也能理解且難以破壞。這麼做不僅是在幫別人也是在幫自己。

➢3.2 其他人怎麼知道要如何使用您的程式碼？

當另一位工程師需要使用您的程式或修改一些依賴於您程式的程式碼時，他們需要弄清楚如何使用您的程式碼及其作用。具體來說，他們需要了解以下的這些內容：

- 在什麼應用場景下應該呼叫您提供的各種函式。
- 您建立的類別所代表的什麼以及應該在什麼時候使用。

- 他們在呼叫時應該用什麼值配合。
- 您的程式碼會執行哪些操作。
- 您的程式碼會返回什麼值。

正如您剛才在上一小節中所讀到的，一年之後您有可能已經忘光了關於程式碼的所有細節，因此您可以把「未來的自己」看成是書中所寫的「另一位工程師」。

為了弄清楚如何使用您的程式碼，其他工程師可以進行下列這些事情：

- 查看名稱（函式、類別、列舉成員等）。
- 查看資料型別（函式和建構函式參數型別和返回值的型別）。
- 閱讀所有說明文件或函式/類別層級的注釋。
- 親自或透過聊天室/電子郵件向您詢問。
- 查看您的程式碼（您編寫的函式和類別的具體實作細節）。

正如我們會在後續小節中說明的，只有前三項最為實用的，而在這三項中，使用的名稱和資料型別往往又比說明文件更可靠。

3.2.1 查看名稱

在實務中，查看名稱是工程師弄清楚如何使用新程式碼的主要方法之一。套件、類別和函式的名稱讀起來有點像書的目錄：它們是找出解決子問題程式碼的便捷方法。在使用程式碼時，很難忽略事物的名稱：如果有個函式名稱為 removeEntry()，就很難與名為 addEntry() 的函式搞混。

因此，「取好的名稱」是向另一位工程師傳達程式碼應該如何使用的最佳方式之一。

3.2.2 查看資料型別

如果處理得當，查看資料型別是確定程式碼能正確使用的可靠方法。在任何已編譯的靜態型別語言中，工程師都必須了解事物的資料型別並正確使用，否則程式碼是無法編譯的。因此，強制讓您的程式碼有正確使用型別系統是確保其他工程師不會誤用或錯置您程式碼的最佳方法之一。

3.2.3 閱讀說明文件

關於如何使用您的程式碼的說明文件會以多種形式存在，如下所示：

- 非正式較簡短的函式和類別層級的注釋。
- 程式碼內較正式的說明文件（如 JavaDoc）。
- 外部說明文件（例如 README.md、網頁或隨附說明的文檔）。

這些可能都很有用，是確保其他人知道要怎麼正確使用您的程式碼的一種方式，但這些內容的效用也有受限：

- 無法保證其他工程師會閱讀這些內容，事實上大都懶得看，或者沒有完全閱讀。
- 即使他們閱讀過這些內容，也可能會誤解其意義。這些內容可能使用了他們不熟悉的術語，或者錯誤假設其他工程師對程式碼所解決之問題的熟悉程度。
- 您的說明文件可能已過期。工程師在更改程式碼時經常忘記更新說明文件，不可避免地會有一些說明文件過時且不正確。

3.2.4 親自向您詢問

如果您是團隊中的一份子，就會發現其他工程師經常會向您詢問怎麼使用您的程式碼，如果您剛完成程式碼且腦中還很清晰，那麼這種方式會很有效，但不能完全依賴這種方式來解釋怎麼使用一段程式碼：

- 您寫的程式碼越多，花在回答問題上的時間就越多，搞到最後，有可能一整天都在回答問題。
- 您可能會休假兩週，這表示其他人都不能向您詢問了。
- 一年後您自己可能會忘掉了怎麼用了，實際上這種方法是有時限。
- 您可能會離開公司，然後有關如何使用程式碼的知識就永遠遺失了。

3.2.5 查看您的程式碼

如果另一位工程師要查看程式碼的具體實作細節，就能得到關於怎麼使用的最明確答案，但這種方法不好衡量規模且很快變得不切實際。當另一位工程師決定以您的程式碼用作依賴項目時，這可能只是他們所依賴的許多程式片段之一。如果都必須查看每個依賴項目的實作細節才能弄清楚如何使用，那就要在在每次實作功能時閱讀數千行的程式碼。

情況還會變得更糟，這些依賴項目會有自己所依賴的程式，如果每位參與程式碼庫工作的工程師都採取這樣的態度：「您必須閱讀我的程式碼才能理解如何使用」，那麼要閱讀的部分或全部子依賴項目可能有數百個。在不知不覺中，每位工程師都要閱讀數十萬行程式碼才能實作一個中等大小的功能。

建立抽象層的重點是確保工程師一次只需要處理幾個概念，而且不必確切知道該問題是如何解決的情況下直接使用子問題的解決方案。要求工程師閱讀實作細節以了解如何使用某段程式碼顯然否定了抽象層的許多好處。

➢3.3 程式碼契約

您以前可能已經遇過「**按照契約進行程式設計（programming by contract）**」或「**按照契約進行設計（design by contract）**[1]」這個術語。這個原則把上一小節討論的一些概念正式形成規範了，就是要讓其他人知道怎麼使用您的程式碼以及了解您的程式能做什麼。在這種理念下，工程師把不同程式碼段彼此的互動視為契約：要求呼叫方履行某些義務，而得到的回報是被呼叫的程式碼會返回所需的值或修改某些狀態。不會出現不清楚或令人驚訝的情況，因為一切都應該在契約中定義了。

工程師把程式碼契約中的條款正式劃分為不同的分類會很有用：

- **前提條件（Preconditions）**——在呼叫程式碼之前應該為「真（true）」的事情，例如系統應該處於什麼狀態以及應該向程式碼提供什麼輸入。

1. 按照契約進行設計（design by contract）一詞是由 Bertrand Meyer 在 1980 年代首次引入，是 Eiffel 程式語言和方法論的主要特徵。

- **後置條件（Postconditions）**——在程式碼被呼叫之後應該為「真（true）」的事情，例如系統被置於一個新的狀態或某些值被返回。
- **不變量（Invariants）**——在比較程式碼呼叫前後的系統狀態時應該保持不變的東西。

即使您沒有要按照契約進行程式設計，或者您以前從未聽說過這個術語，您所編寫的程式碼幾乎還是會遵循某種契約規範。如果您編寫的函式具有輸入參數、返回值或修改某些狀態，那就表示您已建立了一個契約，因為您會要求程式碼呼叫方設定某些內容或提供輸入（前提條件），並讓他們對將要完成的事情或返回的內容有個期望（後置條件）。

當工程師不了解程式碼契約其中的部分或全部條款時，就會出現問題。在編寫程式碼時有件很重要的事情要一起思考，那就是要考量程式的契約規範是什麼以及如何確保使用您的程式碼的所有人都能了解並遵循。

3.3.1 契約中的附屬細則

在現實生活中，契約中往往混合了明確無誤的東西和相關的附屬細則，混合在一起之後有些內容就不太明顯。大家都知道應該要仔細閱讀每份契約中的附屬細則，但大多數人會偷懶略過。您是否有仔細閱讀契約的每個條款和條件文字中的每一個句子呢？

為了證明「明顯的大標」和「附屬細則」之間在閱讀時的區別，讓我們以一個現實世界的契約範例來說明：電動滑板車租賃應用程式的使用契約規範。在登錄註冊並輸入您的信用卡號後，該應用程式會讓您找到附近的滑板車，然後可以預訂、騎行，並在歸還後結束租賃。電動滑板車預訂租賃的螢幕畫面如圖 3.2 所示。當您點按「預訂」時，表示您同意進行一份契約。

我們可以將這份契約分解為明確無誤部分和附屬細則部分：

- 契約中明確無誤的部分：
  - 您正在租用一輛電動滑板車。
  - 租金為每小時 $10 元。

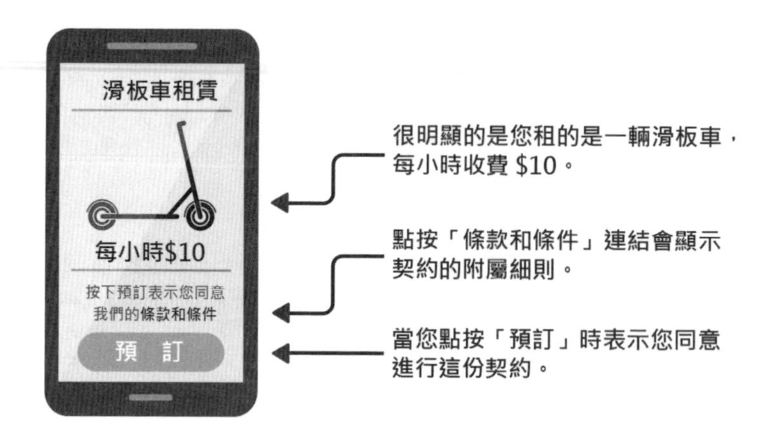

圖 3.2：使用應用程式租用電動滑板車就是個簽訂契約的實際範例。租用的物品和費用是契約中明確無誤的部分。

■ 契約中附屬細則部分。如果您點按「條款和條件」連結來閱讀附屬細則部分（圖 3.3），您會發現細則寫著以下內容：

◆ 如果您撞壞了滑板車要賠錢。

◆ 如果您將滑板車帶出城市範圍是要罰 $100 元。

◆ 如果您騎滑板車的速度超過 30 英里/小時會被罰 $300 元，因為這會損壞滑板車的馬達。滑板車沒有限速器，所以很容易超度，使用者要負責監控自己的速度，不要超過限速規定。

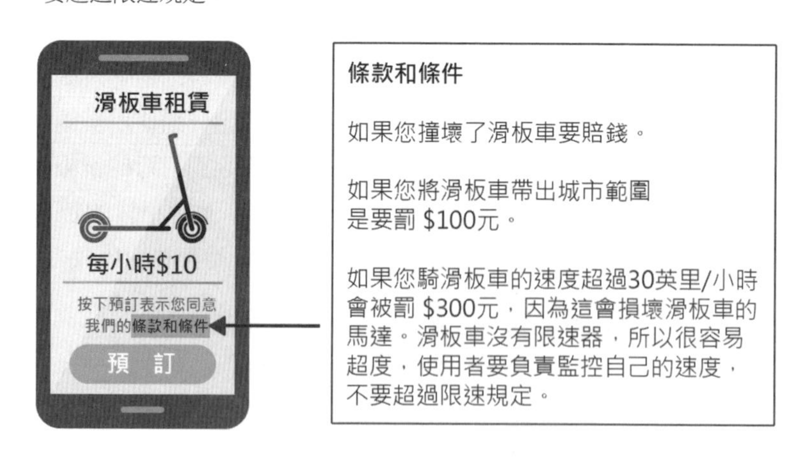

圖 3.3：契約中通常會含有附屬細則，就如這個範例中的「條款和條件」內的相關規定。

附屬細則中的前兩項規定並不令人驚訝，我們租用時可能有想到類似的規定。但是第三項關於時速不能超過 30 英里就可能被忽略掉，除非您有仔細閱讀所有的附屬細則才會知道這項規定，否則就有可能被罰巨款了。

在為一段程式碼定義使用契約時，會有明確無誤的部分，而其他部分則可能是附屬細則：

- 契約中明確無誤的部分：
    - **函式和類別名稱**——呼叫方如果不知道這些名稱就無法使用程式碼。
    - **參數型別**——如果呼叫方弄錯了，程式碼就無法成功編譯。
    - **返回型別**——呼叫方必須知道函式的返回型別才能使用，如果出錯，程式碼一樣無法編譯。
    - **所有檢測的例外（如果語言有支援）**——如果呼叫方沒有回應或處理這些例外，程式碼是無法編譯的。
- 附屬細則：
    - **注釋和說明文件**——就像現實中契約內的附屬細則，應該要確實閱讀這些內容（完整閱讀），但實際上大家都會忽略。工程師需要務實地看待和面對這種情況。
    - **所有未檢測的例外**——如果這些內容都列在注釋中，那就表示這些內容是附屬細則。有時它們甚至不會出現在附屬細則中，舉例來說，如果是隔了好幾層的函式，由於隔太遠而讓寫程式的人忘記在說明文件中提及。

讓程式碼契約的使用規範明確無誤比依賴附屬細則的提醒要好得多。大家都不喜歡閱讀附屬細則，就算閱讀了，也可能只是略讀而產生誤解。正如上一小節所討論的，說明文件常常忘了更新，所以附屬細則的內容並不都是正確的。

3.3.2 不要過分依賴附屬細則

注釋和說明文件形式的附屬細則經常被忽略。因此，使用某段程式碼的其他工程師很可能不會完全了解附屬細則所說明的所有內容。因此，使用附屬細則並不是傳達一段程式碼契約的可靠方式。過度依賴附屬細則可能會產生易被誤用的脆弱程式碼，這樣會導致意外，正如第 1 章中所討論的，誤用和意外都是高品質程式碼的敵人。

附屬細則還是會有需要用到的情況，有些問題總是會有一些需要解釋的提醒，或是我們可能別無選擇，只能依賴別人的糟糕程式碼，這迫使我們的程式碼做了一些有點奇怪的事情。在這些情況下，我們絕對應該編寫清晰的說明文件來向其他工程師解釋，並且儘可能鼓勵他們詳細閱讀。雖然說明文件很重要，但不幸的是，大家都不太會閱讀，或者隨著時間的推移而說明文件沒有更新，所以它並不是最理想的應用。第 5 章會更詳細地討論注釋和說明文件的相關內容。一般來說，記錄下別人可能不清楚明白的東西是很不錯的主意，但最好不要過分依賴別人會真的閱讀這份記錄。如果可以改用程式碼契約中明顯無誤的部分來展現說明問題，那就更合適了。

為了證明這一點，下面的範例程式碼（Listing 3.1）展示了一個類別，其功能是載入和存取使用者的設定。此類別定義了怎麼使用該類別的契約規範，但它在很大程度上依賴於類別的呼叫方有閱讀了所有附屬細則才能使用：在建構類別之後，呼叫方需要呼叫一個函式來載入設定，隨後是個初始化函式。如果沒有按照正確的順序處理這些事情，那這個類別就沒有作用。

Listing 3.1　有大量附屬細則的程式碼

```
class UserSettings {
  UserSettings() { ... }

  // Do not call any other functions until the settings have
  // been successfully loaded using this function.
  // Returns true if the settings were successfully loaded.
  Boolean loadSettings(File location) { ... }

  // init() must be called before calling any other functions, but
  // only after the settings have been loaded using loadSettings().
  void init() { ... }

  // Returns the user's chosen UI color, or null if they haven't
  // chosen one, or if the settings have not been loaded or
  // initialized.
  Color? getUiColor() { ... }
}
```

null 返回值在這裡可能代表兩件事：使用者沒有選擇色彩或是類別尚未完全初始化

像這樣的說明片段是程式碼契約中的附屬細則

讓我們在觀察上述程式所呈現出來的契約：

- 契約中明確無誤的部分：
  - 該類別名稱為 UserSettings，很顯然是含有使用者的設定。

- getUiColor() 是用來返回使用者選擇的 UI 色彩。可以返回色彩值或 null 值。如果不閱讀注釋內容，對於 null 的意義可能會產生歧義，但最有可能的猜測是它代表使用者沒有選擇色彩。
- loadSettings() 接受一個檔案並返回一個布林值。就算沒有閱讀注釋，看到返回 true 的可能的猜測是表示載入成功，而 false 表示載入失敗。

■ 附屬細則：

- 需要使用一系列非常具體的函式呼叫來設定這個該類別：首先需要呼叫 loadSettings()。如果返回 true，則需要呼叫 init()，然後才能使用該類別。
- 如果 loadSettings() 返回 false，則不應呼叫類別中的其他函式。
- getUiColor() 返回 null 實際上代表以下兩種情況之一：使用者沒有選擇色彩或尚未設定類別。

這份程式碼契約很可怕。如果使用這個類別的工程師沒有仔細閱讀所有附屬細則，就很可能無法正確設定這個類別。如果他們沒有正確設定類別，這裡並不太不明顯，getUiColor() 函式需要重載返回 null 的含義（除非有閱讀附屬細則，否則他們不會知道這一點）。

為了示範這可能產生的問題，請思考 Listing 3.2 中的程式碼。如果在呼叫 setUiColor() 函式之前 userSettings 沒有正確設定，程式雖然不會當掉，但會做出奇怪的事情，最顯然的錯誤是忽略了使用者選擇的 UI 色彩。

Listing 3.2　含有潛在錯誤的程式碼

```
void setUiColor(UserSettings userSettings) {
  Color? chosenColor = userSettings.getUiColor();
  if (chosenColor == null) {
    ui.setColor(DEFAULT_UI_COLOR);
    return;
  }
  ui.setColor(chosenColor);
}
```

如果 getUiColor() 返回 null，則使用預設的色彩。假如使用者沒有選擇色彩或 UserSettings 類別處於無效狀態，都可能會發生這種情況

圖 3.4 列舉了這段程式碼可能被錯誤配置且可能導致錯誤的所有情況。目前防止這種誤用的唯一方法是附屬細則，正如我們所知道的，附屬細則通常不是傳達程式碼契約規範的可靠方式。原本的程式碼很可能會把 bug 潛藏入軟體中。

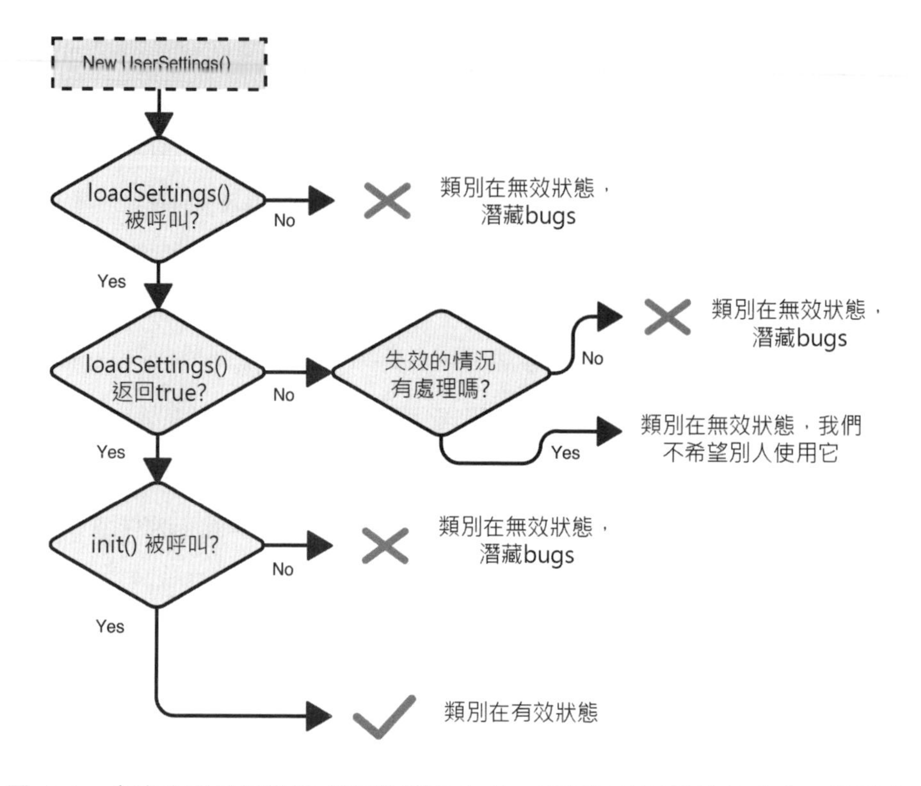

圖 3.4：會產生誤用某段程式碼的情況愈多，被誤用的可能性就愈大，軟體中出現 bug 的可能性就愈大。

如何消除附屬細則

從前面的範例中可看到依賴附屬細則是多麼不可靠的作法，因為它太容易被忽視了。在前面滑板車租用的範例中，如果有個功能能讓滑板車速度不會超過 30 英里/小時就更好了。滑板車公司可以安裝一個限速器，當速度接近 30 mph 時，馬達就停止供電，只有在速度下降時才重新供電。如果他們這樣做了，那麼契約附屬細則中的條款就不需要了，這樣也徹底消除了滑板車馬達超速損壞的問題。

我們可以把同樣的原則應用到程式碼中：最好是讓程式不會做錯事，而不是依靠附屬細則來提醒其他工程師去正確使用程式碼。透過仔細思考程式碼可進入的狀態或將哪些資料型別作為輸入或返回，通常可以把部分程式碼契約的附屬細則消除掉（或至少變成明確無誤的用法）。目的是確保如果程式碼被誤用或配置錯誤時是不會編譯成功的。

前面的 UserSettings 類別可以修改為使用靜態工廠函式，以確保它只能取得該類別的完全初始化實例。這表示其他任何地方使用 UserSettings 實例的程式碼都保證具有其完全初始化的版本。在以下範例（Listing 3.3）中，UserSettings 類別已做了下列的修改：

- 加了一個名為 create() 的靜態工廠函式。會處理載入設定和初始化，並且只在處於有效狀態時才返回類別的實例。
- 建構函式已設為私有，以強制類別外部的程式碼使用 create() 函式。
- 已將 loadSettings() 和 init() 函式設為私有，以防止類別外部的程式碼呼叫它們，這樣有可能讓類別的實例置於無效狀態。
- 因為現在保證類別的實例處於有效狀態，所以 getUiColor() 函式就不再需要重載 null 的含義。現在返回 null 值僅表示使用者沒有選擇色彩。

Listing 3.3　幾乎沒有附屬細則的程式碼

```
class UserSettings {

  private UserSettings() { ... }        // 建構函式是私有的。這迫使工程師改用 create() 函式

  static UserSettings? create(File location) {     // 呼叫此函式是建立 UserSettings 實例的唯一途徑
    UserSettings settings = new UserSettings();
    if (!settings.loadSettings(location)) {
      return null;         // 如果載入設定失敗，則返回 null。這樣可以防止別人取得此類別處於無效狀態的實例
    }
    settings.init();
    return settings;
  }

  private Boolean loadSettings(File location) { ... }   // 任何改變類別狀態的函式都是私有的

  private void init() { ... }

  // Returns the user's chosen UI color, or null if they haven't
  // chosen one.
  Color? getUiColor() { ... }     // 返回 null 值現在只表示：使用者沒有選擇色彩
}
```

這些修改成功地消除了 UserSettings 類別契約中絕大多數附屬細則，程式不會建立處於無效狀態的類別實例。剩下的一點附屬細則是解釋 getUiColor() 返回 null 值的含義，就算不寫，類別的大多數使用者都能猜到 null 的含義，而且不用再重載表明類別處於無效狀態的情況。

圖 3.5 展示了怎麼使用修改後的類別，值得一提的是現在不會取得處於無效狀態的類別實例。如果您熟悉了這裡的作法，那麼您可能已經發現這裡使用的技術是消除各種**狀態**（**state**）或**可變性**（**mutability**），以免暴露在類別之外。

NOTE **狀態和可變性？** 如果您不熟悉狀態或可變性這兩個術語，讀完本書後您就會了解了。許多提高程式碼品質的方法都圍繞著讓這兩種情況最小化。物件的狀態是指其中保存的所有值或資料。如果在建立物件後可以修改這些值中的任何內容，則該物件是可變的。相反地，如果在建立後無法修改這些值，則物件是不可變的。我們會在第 7 章詳細討論。

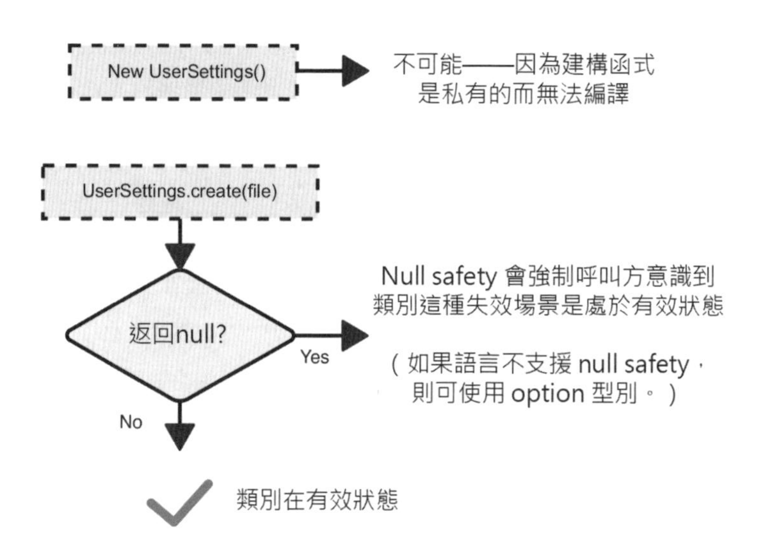

圖 3.5：如果程式碼不可能被誤用，那麼其他工程師在使用時，bug 潛入軟體的可能性就會大幅降低。

值得一提的是，UserSettings 類別還不夠完善。舉例來說，透過返回 null 來指出載入設定失敗不會讓程式碼變得可以除錯，若是取得有關失敗原因的錯誤訊息會更有用。下一章將探討處理錯誤的方法，我們就會看到在這裡可以使用的各種替代方案。

本節中的程式碼只是個範例，用來展示內容太多的附屬細則會導致程式碼品質變差，這樣的程式碼很容易被誤用並引起意外。附屬細則過多會讓程式碼變得脆弱且容易出錯，我們會在後面的章節中探討其中一些造成這種狀況的原因。

➤3.4 檢查和斷言

除了使用編譯器強制遵行程式碼契約之外，還有另一種方法是使用執行時期強制遵行（runtime enforcement）。這種方式一般不如編譯時期強制遵行那麼健壯，因為要發覺是否有違反程式碼契約是需要依賴執行程式時遇到問題的測試（或使用者）。與編譯時期強制遵行相比，編譯時期強制遵行會讓違反契約在邏輯上一開始就不可能出現。

儘管如此，在某些情況下是無法使用編譯器強制遵行契約。當發生這種情況時，透過執行時期檢查來強制遵行契約還是會比都不處理要好。

3.4.1 檢查

使用「**檢查（check）**」來處理是否有遵行程式碼契約是很常見的方法。這些附加的處理邏輯是用來檢查是否有遵守程式碼契約（例如對輸入參數的限制，或應該完成的設定），如果沒有遵守，則檢查會拋出一個錯誤（或類似的東西），引發明顯且不會錯過的失效（「檢查」處理與「**快速失效（failing fast）**」有密切相關，這會在下一章中討論。）

繼續以電動滑板車來比喻，加入檢查處理有點像在滑板車的韌體中新增故障保險（failsafe），這表示如果騎速到達 30 英里/小時，滑板車會完全關閉，然後騎的人必須靠邊停下並按下重置鈕，等待滑板車重新啟動才能繼續騎行。雖然這樣可以防止馬達損壞，但會讓滑板車突然關閉，好的情況是讓人覺得很煩，最壞的還會危險，例如騎在繁忙道路的車陣中突然關閉是很可怕的。這種作法仍然可能比損壞馬達並被罰 $300 元要好，但使用限速器的解決方案更好，因為限速器讓最壞的情況一開始就不可能發生。

檢查的命名通常根據它們遵行的契約條件類型來劃分成下列的子類別：

- **前置條件檢查（Precondition checks）**——例如，檢查輸入參數是否正確、是否執行了某些初始化，或是系統在執行某些程式碼之前處於有效狀態。
- **後置條件檢查（Postcondition checks）**——例如，檢查返回值是否正確或系統在執行某些程式碼後處於有效狀態。

我們看到 UserSettings 類別可以透過防止錯誤配置來減少出錯的可能性。另一種處理方法是使用前置條件檢查，如果編寫類別時已經加入檢查處理，那麼程式碼看起來會很像下面 Listing 3.4 的範例。

Listing 3.4　使用檢查來遵行程式碼契約

```
class UserSettings {
  UserSettings() { ... }

  // Do not call any other functions until the settings have
  // been successfully loaded using this function.
  // Returns true if the settings were successfully loaded.
  bool loadSettings(File location) { ... }

  // init() must be called before calling any other functions, but
  // only after the settings have been loaded using loadSettings().
  void init() {
    if (!haveSettingsBeenLoaded()) {
      throw new StateException("Settings not loaded");
    }
    ...
  }

  // Returns the user's chosen UI color, or null if they haven't
  // chosen one.
  Color? getUiColor() {
    if (!hasBeenInitialized()) {
      throw new StateException("Settings not initialized");
    }
    ...
  }
}
```

如果以無效的方式使用該類別，就會引發例外

這是對帶有大量附屬細則的程式碼所進行改進，因為錯誤不太可能被忽視；如果在設定之前使用該類別，則會發生失效，但這比前面不可能誤用的解決方案更不理想。

NOTE　**不同程式語言中的檢查處理**。Listing 3.4 是透過拋出 StateException 例外，以自訂方式實作了前置條件檢查。有些程式語言內建支援這樣的處理，因此檢查語法更好，而有些程式語言則需要自己手動或使用第三方程式庫來配合。如果您決定使用檢查來處理，不管您用什麼程式語言，請找出實作的最佳方法。

檢查的目的是，如果有人誤用程式碼，這樣的誤用能在開發或測試期間被揭露出來，並且在程式碼交付給客戶或釋出使用之前會被注意到並修復。這比程式默默地進入奇怪錯誤不會立即出現且不太明顯的狀態要好得多。但「檢查」的效用並不保證，原因如下：

- 如果檢查的條件只是在一些沒有人想測試的模糊場景中才會出現破壞（或者模糊測試沒有模擬），那麼直到程式碼釋出到實際使用者之前，錯誤還是不會被發現。
- 雖然檢查能引發失效，但還是會存在沒有人注意到的風險。例外可能在程式中的某個更高層被捕捉並記錄下來而防止完全崩潰，但如果編寫程式碼的工程師沒有花心思檢查這些記錄，那就不會注意到並進行處置。如果發生這種情況，則表明團隊的開發作業（或例外處理）存有相當嚴重的問題，很不幸的是這種事確實很頻繁發生。

有時在某段程式碼契約中加上附屬細則是不可避免的，在這些情況下，添加檢查以確保有遵行契約是個好的處理方式。不過，如果有可能的話，最好還是避免使用附屬細則。如果發現自己在某段程式碼中加了很多檢查，那就代表我們應該思考怎麼消除附屬細則了。

模糊測試

模糊測試（Fuzz testing）是一種嘗試生成可以揭露程式或軟體中錯誤或錯誤配置的輸入之測試。舉例來說，如果有一套軟體接受使用者提供的輸入是字串的形式，那麼模糊測試可能會生成許多不同的隨機字串並將它們作為輸入，逐個進行測試以查看是否失效或拋出例外。例如，如果含有某個字元的字串會導致程式崩潰，那麼我們希望模糊測試能揭露出來。

如果我們使用模糊測試，那麼在我們的程式碼中放入檢查（或斷言，請參閱下一小節）能幫助增加模糊測試揭露所有錯誤配置或 bugs 的機會，因為模糊測試通常依賴於拋出的錯誤或例外來揭露，並不能捕捉引發奇怪的行為的隱蔽型 bugs。

3.4.2 斷言

許多程式語言都內建支援**斷言**（**assertions**）功能。斷言在概念上與檢查非常相似，因為都是嘗試強制遵行程式碼契約的方法。在開發模式下編譯程式碼或執行測試時，斷言的行為方式與檢查非常相似：如果條件被破壞，則會拋出錯誤或例外。斷言和檢查之間的主要區別在於，斷言通常是在為釋出而建置程式碼所編譯一次，這表示當程式碼上線使用時不會發生高調失效。在發布釋出程式碼時編譯斷言的原因有兩個：

- **提高效能**——運算某個條件是否被破壞顯然需要花費一些 CPU 的處理週期。如果在某段經常執行的程式碼中加一個斷言，那麼它會顯著降低軟體的整體效能。
- **降低程式碼失效的可能性**——這是否有效在不同的應用程式會有不同的結果。斷言可能會增加潛在錯誤被忽視的機會，但如果我們正在開發的系統比較要求可用性而不太在意潛在錯誤行為，那麼使用斷言可能是正確的取捨和權衡。

即使在程式碼的釋出版本中也有方法可以停用斷言功能，許多開發團隊通常都這樣做。在這種情況下，除了拋出的錯誤或例外的細節些許不同外，斷言與檢查並沒有什麼不同。

如果編寫 UserSettings 類別的人使用斷言而不是檢查，那麼 getUiColor() 函式會呈現如下列這般的樣貌。

Listing 3.5　使用斷言來遵行程式碼契約

```
class UserSettings {
  ...

  // Returns the user's chosen UI color, or null if they haven't
  // chosen one.
  Color? getUiColor() {
    assert(hasBeenInitialized(), "Settings not initialized");
    ...
  }
}
```

如果以無效的方式（沒有初始化）來使用該類別，則斷言將導致拋出錯誤或例外

對於檢查的某些說法也適用於斷言：當我們的程式碼契約中不得已加入附屬細則，最好是遵行這些細則，但更好的是一開始就避免用到附屬細則。

總結

- 程式碼庫是處於不斷變化的狀態，通常由多名工程師進行更新修改。
- 考量到其他工程師可能會破壞或誤用程式碼，在設計時請試著把這種可能性降至最低或使其成為不可能發生是很重要的。
- 我們在編寫程式碼時，其實就是在建立某種程式碼契約，其中含有明確無誤的東西和附屬細則。
- 程式碼契約中的加入附屬細則不是確保其他工程師遵行契約的可靠方法。讓事情明確無誤才是更好的方法。
- 使用編譯器強制遵行契約是最可靠的方法。當編譯器不支援時，另一種方法是在執行時期使用檢查或斷言來強制遵行程式碼契約。

4 錯誤

本章內容

- 系統可以恢復的錯誤和不能恢復的錯誤兩者有何區別
- 快速失效和高調失效
- 錯誤發生時發信號的不同技術以及選用技術時要考量的事項

我們的程式碼執行的環境往往是不完美的：使用者會提供無效的輸入、外部系統會崩潰當掉、我們的程式碼和它周圍的其他程式碼通常會含有些許錯誤。有鑑於此，「錯誤（error）」是很難避免的，事情可能正在或將要出錯，因此如果不仔細思考錯誤的情況，我們就無法寫出強固可靠的程式碼。在考量錯誤的情況時，最好是區分為軟體可以恢復的錯誤和不太能恢復的錯誤。本章首先探討其區別，然後再探究可以用來確保錯誤不會被忽視並得到適當處置的技術。

在討論錯誤時，好像都會把它看成蠕蟲，我們必須面對它，所以一定會談到如何發出信號和處理它們。軟體工程師或程式語言的設計師對於程式碼應該如何發出信號及如何處置錯誤有著不同的（有時甚至是強烈不同的）觀點。本章的後半部會談到您可能遇到的主要技術以及使用的爭議。但先提醒您，這是個範圍很大且有些分歧的話題，因此本章的內容相對較長。

➢4.1 可恢復性

在談到軟體與錯誤時，通常會考量是否有一種實際的方法可以讓軟體執行時從特定的錯誤場景中恢復。本節將說明可以恢復或不能恢復的錯誤是什麼意思，隨後繼續解釋這種區分是怎麼依附於程式的上下脈絡，這表示工程師在決定錯誤發生後要做什麼時必須仔細考量程式碼是怎麼被使用的。

4.1.1 可以恢復的錯誤

很多錯誤對於軟體來說並不是致命的，而且有一些合理的方法可以優雅地處理並恢復。舉個例子來說明，如果使用者提供了無效的輸入（例如錯的電話號碼），而輸入無效的電話號碼後整個應用程式會崩潰當掉（可能會遺失未存檔的工作），這就不是個很好的使用者體驗。相反地，最好能向使用者提出好的錯誤訊息說明，告知電話號碼無效並要求輸入正確的號碼。

除了無效的使用者輸入之外，我們可能希望軟體能恢復的其他錯誤範例如下：

- **網路錯誤**——若我們依賴的服務無法存取，最好等待幾秒鐘然後重試，或是如果我們的程式在使用者的裝置上執行時，則要求使用者檢查他們的網路連線是否正常。

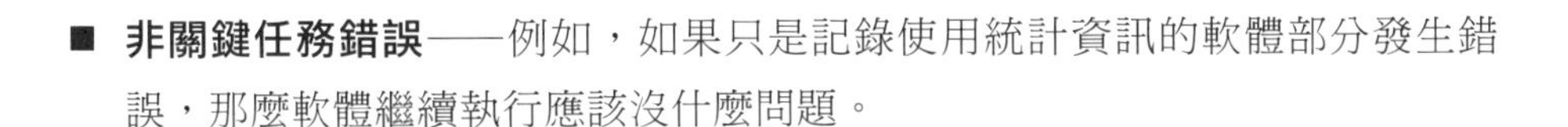

- **非關鍵任務錯誤**——例如，如果只是記錄使用統計資訊的軟體部分發生錯誤，那麼軟體繼續執行應該沒什麼問題。

一般來說，由系統外部因素引起的大多數錯誤都應該看作是系統的整體，要設計成能優雅地恢復，因為這類錯誤是我們應該積極預想到會發生的事情：外部系統和網路出現故障、檔案損壞、使用者（或駭客）提供無效的輸入等。

請注意，這裡是指整個系統。正如稍後會提到的，低層的程式碼通常較難好好地從錯誤中恢復，而且需要向處理錯誤的較高層的程式碼發出信號。

4.1.2 無法恢復的錯誤

有時發生的錯誤會讓系統無法從錯誤中恢復，這類情況通常是由某個工程師「搞砸了」的程式錯誤所引發的。這類錯誤的範例如下所示：

- 與程式碼捆綁的資源不見了。
- 某些程式碼以不正確的方式使用了另一段程式，例如下面的例子：
  - 使用無效的輸入參數呼叫它。
  - 沒有預先初始化某些必需的狀態。

如果沒有想到可用的方法來從錯誤中恢復，那麼這段程式碼可以做的唯一明智處理就是把損壞程度降到最低，並盡量提高工程師的注意力，讓他們盡可能修復問題。第 4.2 節會討論**快速失效**和**高調失效**的概念，這是本章的核心內容。

4.1.3 通常只有呼叫方知道是否能從錯誤中恢復

大多數的錯誤型別會在某段程式碼呼叫另一段程式碼時顯現出來。因此在處理錯誤設想場景時，最重要的是要考量到其他程式碼可能正在呼叫我們的程式碼，特別是以下幾點：

- 呼叫方是否希望從錯誤中恢復？
- 如果是，呼叫方怎麼知道他們需要處理錯誤？

程式碼經常被重複使用和從多個地方呼叫，如果我們的目標是建立乾淨的抽象層，那麼最好對程式碼的潛在呼叫方做出最少的假設，這表示當我們編寫或修改函式時，我們不一定都知道錯誤狀態是否可以或應該從中恢復。

為了證明這一點，請思考 Listing 4.1 這個範例，這裡有一個能從字串中解析出電話號碼的函式。如果字串是無效的電話號碼，則構成錯誤，但某段程式碼呼叫這個函式（和程式合成一體）後真的能從這個錯誤中恢復嗎？

Listing 4.1　解析電話號碼

```
class PhoneNumber {
  ...
  static PhoneNumber parse(String number) {
    if (!isValidPhoneNumber(number)) {
      ... some code to handle the error ...
    }
    ...
  }
  ...
}
```

程式能否從這個錯誤中恢復？

「程式能否從這個錯誤中恢復？」這個問題的答案是「我們不知道」，除非我們知道這個函式是如何被使用的，以及它是從哪裡呼叫的。

如果函式呼叫時使用的寫入值不是有效的電話號碼，那這個就是程式設計的錯誤，這不是程式可以恢復的東西。請想像一下，若用在來電轉接軟體中，讓公司的每通電話都轉接到總公司，那這支程式絕對無法從中恢復：

```
PhoneNumber getHeadOfficeNumber() {
  return PhoneNumber.parse("01234typo56789");
}
```

相反地，如果利用使用者提供的值（如下面的程式碼片段）呼叫該函式，並且該輸入是無效的電話號碼，那麼程式可能可以並且應該從中恢復。最好在 UI 中顯示要求正確格式的錯誤訊息，告知使用者電話號碼無效。

```
PhoneNumber getUserPhoneNumber(UserInput input) {
  return PhoneNumber.parse(input.getPhoneNumber());
}
```

只有 PhoneNumber.parse() 函式的呼叫方才知道電話號碼無效時程式是否要恢復。在這種情況下，像 PhoneNumber.parse() 函式的開發者應該假設電話號碼無效是呼叫方可能想要恢復的東西。

一般來說，如果以下任何一項為真，那麼由提供給函式的任何內容所引起的錯誤可能要被視為呼叫方希望從中恢復的內容：

- 對於函式可能被呼叫的地方以及這些提供呼叫中值的來源，我們都沒有準確（和完整）的知識。
- 我們的程式碼在未來被重用的可能性很低，這表示我們對程式碼從哪裡呼叫以及值的來源之假設可能變得無效。

唯一真正的例外是程式碼的契約明確表明某個輸入是無效的，而且呼叫方在呼叫函式之前有簡明的方法來驗證輸入。這方面的例子是工程師呼叫 listgetter 時帶入負的索引值（在不支援此負索引值的程式語言中），很明顯就知道負索引值是無效的，如果存在索引值有變成負數的風險，呼叫方應該要有一種簡明的方法可以在呼叫函式之前檢查出來。對於這樣的設想，我們可以安全地假設它是個程式設計的錯誤，並將其視為無法恢復的東西。但是仍然很高興知道，從我們的角度來看程式碼應該怎麼用好像很明顯，但對其他人來說可能並不清楚要怎麼用。如果某個輸入無效的事實深埋在程式碼契約的附屬細則中，那其他工程師很可能會錯過它。

能確定呼叫方可能想要從錯誤中恢復是很好的事情，但如果呼叫方甚至不知道錯誤可能發生，那他們就不太可能正確地處理它。下一小節會更詳細地解釋這一點。

4.1.4 讓呼叫方意識某些錯誤是他們想要從中恢復的

當其他某些程式碼呼叫我們的程式時，通常無法正確地知道這樣的呼叫會可能引發錯誤。舉例來說，確定什麼是有效的或無效的電話號碼是一件相當複雜的工作。「01234typo56789」可能是個無效的電話號碼，而「1-800-I-LOVE-CODE」則可能是有效的，想要確定這一點的規則顯然有些複雜。

在前面的電話號碼範例中（程式碼列在 Listing 4.2），PhoneNumber 類別提供了一個抽象層來處理電話號碼的輸入和輸出；呼叫方不受實作細節的影響，從而避免了確定什麼是/不是有效電話號碼的規則的複雜性。因此，期望呼叫方只會用有效輸入來呼叫 PhoneNumber.parse() 是不合理的，PhoneNumber 類別的處理重點是讓呼叫方不必擔心確定電話號碼是否有效這個規則。

Listing 4.2　解析電話號碼

```
class PhoneNumber {
  ...
  static PhoneNumber parse(String number) {
    if (!isValidPhoneNumber(number)) {
      ... some code to handle the error ...
    }
    ...
  }
  ...
}
```

電話號碼的抽象層

此外，由於 PhoneNumber.parse() 的呼叫方不是電話號碼專家，他們甚至可能沒有意識到電話號碼無效的概念存在，或者即使他們意識到了，也可能不會想要在此時要驗證，舉例來說，他們可能只在撥打號碼時才去驗證電話號碼是否有效。

因此，開發 PhoneNumber.parse() 函式的人應該確保呼叫方會意識到發生錯誤的可能性。如果錯誤確實發生且無人編寫程式碼來進行處理，可能會引發意外的情況，導致關鍵業務邏輯中出現使用者看得見的錯誤或故障。第 4.3 和 4.5 節介紹了怎麼確保呼叫方了解可能發生錯誤之詳細資訊。

4.2 強固性與失效

發生錯誤時，通常需要在下列兩者之間做出選擇：

- 失效（failing），這可能需要讓更高層的程式碼處理錯誤或使整個程式崩潰，或者，
- 嘗試處理錯誤並繼續執行。

繼續執行有時可以讓程式碼更強固，但也可能讓錯誤被忽視而奇怪的事情開始發生。本節解釋為什麼選擇「失效（failure）」是最好的，以及怎麼在邏輯的適當層中建立強固性（robustness）。

4.2.1 快速失效

請想像一下，假設我們在尋找稀有的野生松露然後出售給高檔餐廳。現在想買一隻可以嗅出松露的狗來幫我們找松露。我們有兩種選擇：

1. 訓練有素的狗一發現松露就會停下來吠叫。每當它這樣做時，我們會看著它的鼻子指向的地方動手挖洞，然後很快就找到了松露。
2. 另一隻狗在找到一塊松露之後保持沉默，然後隨便亂走 10 米或更遠後才開始吠叫。

我們應該選擇哪一隻狗呢？在程式碼中尋找錯誤有點像利用狗來尋找松露，在某些時候，程式碼會透過表現出一些不良行為或拋出錯誤，就像小狗對我們吠叫。我們會知道程式碼在哪裡開始「吠叫」示警：我們就會查看出現不良行為的地方或是堆疊追蹤內的行號。但如果不是在錯誤的實際來源附近開始「吠叫」示警，那麼就沒什麼用了。

快速失效（failing fast，或譯快速故障、快速失敗）是為了確保在盡可能接近問題的真實位置發出信號。對於能從中恢復的錯誤，這種方式為呼叫方提供了很大的機會可以從錯誤中優雅且安全地恢復。對於無法恢復的錯誤，它給工程師最大的機會去快速識別和修復問題。在這兩種情況下，快速失效都還可以防止軟體最終進入意想不到和潛在的危險狀態。

有個常見的例子是使用了無效參數來呼叫函式。快速失效意味著一旦使用了無效輸入來呼叫該函式時就會拋出錯誤，而不是繼續執行然後才發現無效輸入導致後面程式碼的某個地方發生問題。

圖 4.1 說明了如果程式碼沒有快速失效會發生什麼情況：錯誤變成在遠離實際位置的地方出現，並需要大量的工作來回溯程式碼以找出和修復錯誤。

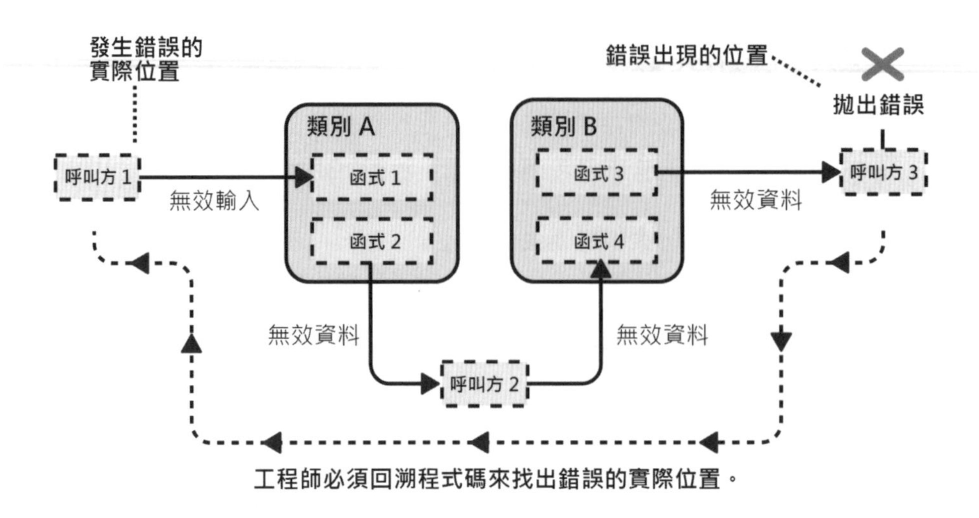

圖 4.1：如果程式碼在錯誤發生時沒有快速失效，那麼錯誤可能經過很久以後才在遠離實際位置的一些程式碼中出現，需要大量的工作來追蹤和修復問題。

相比之下，圖 4.2 展示了快速失效是怎麼明顯改善這種情況。當快速失效發生時，錯誤會出現在其實際位置附近，而且堆疊追蹤（stack trace）通常提供程式碼確切的行號。

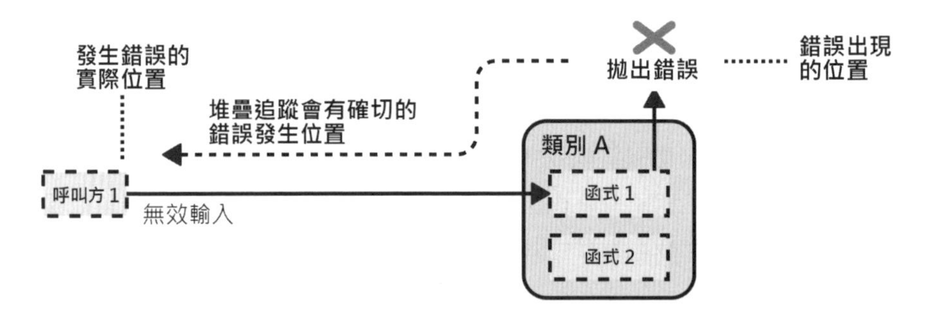

圖 4.2：如果程式碼在發生錯誤時快速失效，那麼錯誤的確切位置通常會立即顯現。

如果不進行快速失效，除了讓程式難以除錯之外，還會導致程式碼跛行且可能造成損壞。這裡有個例子說明，假設我們把一些損壞的資料儲存到資料庫中：錯誤可能在幾個月後才被發現，時間都過這麼久，很多重要的資料可能已經被永久銷毀了。

就以「狗和松露」的例子來說，如果程式碼示警出現在盡可能靠近問題的真正根源，這樣就很有用。假設無法從錯誤中恢復，當出現錯誤時確保程式碼確實有示警也很重要（高調吠叫），正如下一小節討論的內容，主題是**高調失效**（**failing loudly**）。

4.2.2 高調失效

如果出現程式無法恢復的錯誤，這很可能是由程式設計錯誤或工程師犯的錯誤所引起的。我們顯然不希望軟體中出現這樣的錯誤，並且很希望能修復它，但除非我們事先知道，否則無法修復。

高調失效（failing loudly，或譯大聲失效）只能確保錯誤不會被忽視。最明顯（和暴力）的方法是透過拋出例外（或類似的功能）讓程式崩潰停下。另一種方法是記錄錯誤訊息，雖然這些錯誤訊息可能會被忽略，具體取決於工程師檢查的勤奮程度以及記錄日誌中有多少內容干擾。如果程式碼在使用者的裝置上執行，那麼我們可能希望把錯誤訊息發送回伺服器來記錄發生的狀況（當然，我們需要擁有使用者的權限）。

如果程式碼快速失效且高調失效，那很有可能會在開發或測試期間發覺錯誤（在程式碼釋出之前）。就算不是，我們也會在釋出後很快看到錯誤報告，這樣有利於透過查看報告確切掌握程式碼中錯誤發生的位置。

4.2.3 可恢復的範圍

能或不能恢復某些東西的範圍可能會有所不同。舉例來說，如果我們編寫的是在伺服務器中執行以處理來自客戶端請求的程式碼，當某個請求因帶有 bug 的程式碼路徑而觸發了錯誤，導致錯誤在處理該請求的範圍內沒有合理的方法可以恢復，而這個錯誤並不會讓整個伺服務器崩潰停下。在這種情況下，錯誤無法從該請求的範圍內恢復，但可以由伺服器以一個整體來進行恢復。

嘗試讓軟體變得強固是好事，因為一個錯誤的請求而讓整個伺服器崩潰並不是個好主意，但確保錯誤不會被忽視也很重要，因此程式碼需要高調失效。這兩個目標有分歧的，最高調的失效方式是讓程式崩潰，但這樣顯然會降低軟體的強固性。

這種分歧的解決方案是確保如果捕捉到程式設計的錯誤，則以工程師會注意到的方式來記錄和監控它們。這牽涉到要記錄詳細的錯誤資訊，以便工程師可以除錯並確定錯誤發生率有受到監控，如果錯誤率太高，工程師會收到示警回報（圖 4.3 展示了這一點）。

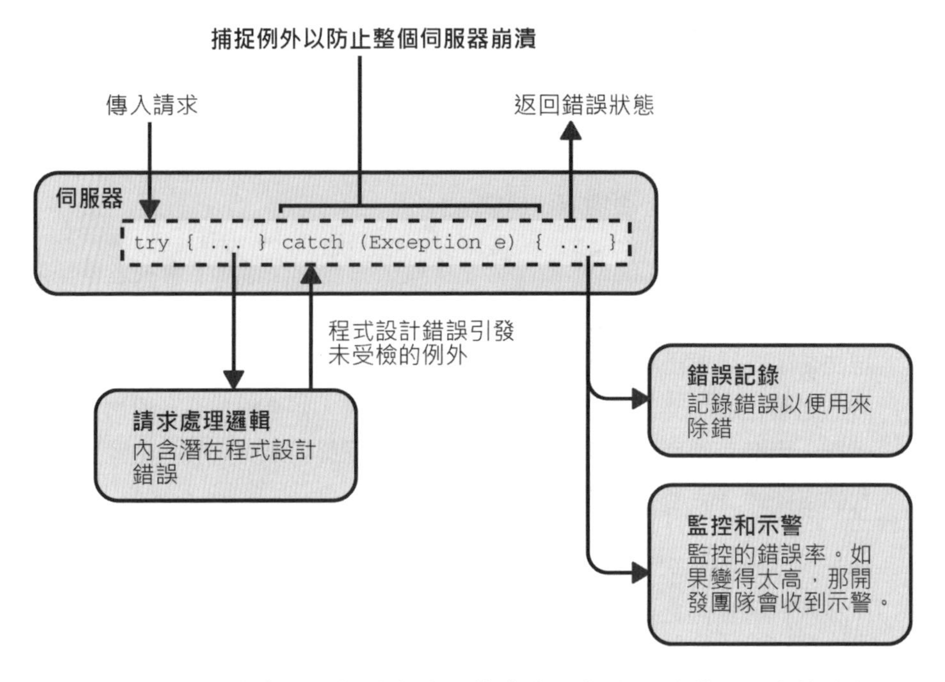

圖 4.3：在伺服器中處理單個請求時可能會出現程式設計錯誤。由於請求是獨立的事件，因此最好不要在單獨事件就讓整個伺服器崩潰。錯誤無法從單個請求的範圍內恢復，但可以從伺服器整體恢復。

> NOTE **伺服器框架（server frameworks）**。大多數伺服器框架都含有內建功能，可用來隔離單個請求的錯誤並將某類錯誤對應到不同的錯誤回應和處理。因此，我們不太需要編寫自己的 try-catch 語句，類似的處理概念會在伺服器框架內進行。

需要注意的是，這種捕捉所有型別的錯誤並記錄下來，而不是在程式中向更高層級發信號的技術在應用時要要非常小心。通常在程式中只有少數幾個地方（如果有的話）適合執行這種處理，例如在程式碼或邏輯分支的很高層入口點，這些入口點獨立於程式其餘部分的正確功能或是非關鍵的。正如我們會在下一小節說明的內容，捕捉和記錄錯誤（而不是發信號）可能會導致錯誤被隱藏，這樣會導致其他問題。

4.2.4 不要隱藏錯誤

前面有提過，可以透過隔離程式碼的獨立或非關鍵部分來建構強固性，以確保它們不會讓整個軟體崩潰，這需要謹慎地在合理的高層級程式碼中完成。從程式碼的非獨立、關鍵或低層部分捕捉錯誤，然後繼續執行，這樣通常會導致軟體無法正確執行其應有的工作。如果錯誤沒有適當地記錄或回報，那麼問題有可能被開發團隊忽視。

有時隱藏錯誤並假裝從未發生的作法很誘人，這樣的程式碼看起來更簡單並避開大量笨拙的錯誤處理，不過這並不是個好主意。隱藏錯誤的作法對於可以恢復的錯誤和無法恢復的錯誤都會造成大問題：

- 隱藏呼叫方可能希望從中恢復的錯誤會阻礙其恢復的機會。這樣就無法顯示精確且有意義的錯誤訊息或退回到某個處理，因而意識不到有問題發生，這表示該軟體可能無法正確處理它應該做的事情。
- 隱藏無法恢復的錯誤可能也隱藏了程式設計的錯誤。正如前面關於快速失效和高調失效的小節所述，這些是開發團隊真正需要了解的錯誤，以便可以修復改正。如果隱藏起來，則表示開發團隊可能永遠不會知道錯誤潛藏其中，而軟體也會在很長一段時間內潛藏了被忽視的錯誤。
- 在這兩種情況下，如果發生錯誤，通常表示程式碼無法完成呼叫方期望它達成的工作。若程式碼試圖隱藏錯誤，那麼呼叫方會假設一切正常，而實際上並非如此。程式碼的執行可能會不順，隨後還會輸出不正確的資料、損壞某些資料或者最終崩潰停下。

接下來的幾個小節介紹了程式碼可以隱藏錯誤的一些方法。其中有些技術在某些設想場景中很有用，但是在處理錯誤時，這樣的作法通常都不是好的主意。

返回預設值

當錯誤發生且函式無法返回所需的值時，只返回預設值似乎更簡單和容易。相比之下，新增程式碼來發出正確的錯誤訊號和進行處理似乎需要付出很多心力。但只返回預設值是會隱藏發生錯誤的事實，這表示程式碼的呼叫方可能會繼續執行，好像一切都很好，而錯誤卻潛藏其中。

Listing 4.3 中的程式碼是用來查詢客戶的帳戶餘額。如果在存取帳戶存款時發生錯誤，則該函式返回預設值 0。返回預設值 0 會隱藏發生錯誤的事實，如果某個客戶的餘額原本為 $10,000 元，在某天登入時發現餘額顯示為 0，他們可能會嚇壞了。最好把錯誤的訊號通知給呼叫方，這樣呼叫方就可以顯示錯誤訊息，對客戶說：「抱歉，我們現在無法存取資訊」。

Listing 4.3　返回預設值

```
class AccountManager {
  private final AccountStore accountStore;
  ...

  Double getAccountBalanceUsd(Int customerId) {
    AccountResult result = accountStore.lookup(customerId);
    if (!result.success()) {
      return 0.0;
    }
    return result.getAccount().getBalanceUsd();
  }
}
```

當錯誤發生時返回預設值 0

在某些情況下，程式碼中使用預設值可能很有用，但在處理錯誤時就不合適了。它們違反了快速失效和高調失效的原則，因為這樣會導致系統跛行而產生不正確的資訊，並且代表著錯誤稍後將以某種奇怪的方式出現。

Null 物件模式

Null 物件在概念上很類似預設值，但概念擴展延伸到更複雜的物件（如類別）。Null 物件看起來像個真正的返回值，但它的所有成員函式可能什麼都不做，或是返回一個預設值，其目的是無害的。

Null 物件模式（object pattern）的例子可以是簡單的返回一個空串列或是複雜的實作整個類別，在這裡我們列舉空串列的範例來說明。

Listing 4.4 中展示的程式碼是個查詢客戶所有未付清帳單的函式。如果 InvoiceStore 的查詢失效，則該函式返回一個空串列，這樣的作法很容易導致軟體出錯。客戶未付清的帳單可能有數千元，但如果 InvoiceStore 在查帳當天發生故障，則錯誤將導致呼叫方認為客戶沒有欠款。

Listing 4.4　返回空串列

```
class InvoiceManager {
  private final InvoiceStore invoiceStore;
  ...

  List<Invoice> getUnpaidInvoices(Int customerId) {
    InvoiceResult result = invoiceStore.query(customerId);
    if (!result.success()) {
      return [];
    }
    return result
        .getInvoices()
        .filter(invoice -> !invoice.isPaid());
  }
}
```

當錯誤發生時返回一個空串列

Null object pattern 在第 6 章中會有更詳細的介紹。就設計模式而言，Null 物件有點像一把雙面刃，在某些設想場景中可能非常有用，但正如前面的範例所示，在錯誤處理上，使用 Null 物件通常不是個好主意。

什麼都不做

如果有問題的程式碼是處理了某些事（而不是返回某些東西），那麼出問題時的處理選擇可能是不發出錯誤發生的訊號。但這樣的作法很糟糕，因為呼叫方會假設程式碼要執行的任務已經完成。這很可能讓工程師對程式碼的作用和實際作用產生心理上的落差，進而導致意外並在軟體中產生 bugs。

Listing 4.5 是把項目新增到 MutableInvoice 的程式碼範例。如果要新增之項目的價格與 MutableInvoice 的幣別不同，這會是個錯誤，該項目不會新增到帳單中。程式碼不會新增也沒有提出示警訊號，但這樣很可能會導致軟體出現 bugs，因為呼叫 addItem() 函式的人已預期該項目有新增到帳單內了。

Listing 4.5　錯誤發生後什麼都不做

```
class MutableInvoice {
  ...
  void addItem(InvoiceItem item) {
    if (item.getPrice().getCurrency() !=
        this.getCurrency()) {
      return;
    }
    this.items.add(item);
  }
  ...
}
```

如果幣別不相符，則函式直接返回

前面設想的場景是個不發信號直接返回的例子。我們可能遇到的另一種設想場景是程式碼主動抑制了另一段程式碼發出的錯誤訊號。Listing 4.6 展示了這種狀況的樣子。如果在發送電子郵件時發生錯誤，對 emailService.sendPlainText() 的呼叫可能會導致 EmailException 例外。如果發生此例外，則程式碼會抑制處理且不會向呼叫方發出任何訊號來指示這項操作失效，這種情況非常可能導致軟體中產生 bugs，因為此函式的呼叫方會假設電子郵件已發送，但實際上可能並未發送出去。

Listing 4.6　被例外抑制

```
class InvoiceSender {
  private final EmailService emailService;
  ...

  void emailInvoice(String emailAddress, Invoice invoice) {
    try {
      emailService.sendPlainText(
          emailAddress,
          InvoiceFormat.plainText(invoice));
    } catch (EmailException e) { }
  }
}
```

捕捉到 EmailException 後的處理被完全忽略

如果在發生故障時記錄錯誤（Listing 4.7），這算是有一點改進，但這仍然有可能與 Listing 4.6 中的程式碼一樣糟糕。這只能算是個輕微的改進，至少工程師在查看記錄時有可能注意到這些錯誤，但它仍然對呼叫方隱藏了錯誤，這表示他們會假設電子郵件已經發送，而實際上並沒有發送。

Listing 4.7　捕捉到例外並記錄錯誤

```
class InvoiceSender {
  private final EmailService emailService;
  ...

  void emailInvoice(String emailAddress, Invoice invoice) {
    try {
      emailService.sendPlainText(
          emailAddress,
          InvoiceFormat.plainText(invoice));
    } catch (EmailException e) {
      logger.logError(e);
    }
  }
}
```

有記錄下 EmailException

NOTE **請小心記錄的內容。**Listing 4.7 中的程式碼讓我們緊張的另一件事情是 EmailException 可能含有一個 email 地址，該地址是使用者的個人資訊並受特定資料處理策略的規範所限制。錯誤記錄日誌可能會破壞這些資料處理策略。

如範例所示，隱藏錯誤真的不是個好主意。如果有家公司的程式碼庫中有幾個像前面範例中的程式碼，公司可能會有很多未付的帳單和不太健全的資產負債表。隱藏錯誤可能會在現實世界造成不好的後果（有時甚至是嚴重的後果）。最好在發生錯誤時發信號，下一小節將介紹怎麼發信號。

4.3 錯誤信號的發出方式

當真的有錯誤發生時，通常需要向程式中某個更高層發出信號。如果無法從錯誤中恢復，就要讓程式中某個更高層中止執行並記錄錯誤，或者如果有可能從錯誤中恢復，則直接向呼叫方（或可能是呼叫鏈的上一層或兩層的呼叫方）發出信號，以便讓他們可以優雅地處理。

有很多方法可以做到上述的要求，我們可以選擇的方法取決於使用的程式語言有支援哪些錯誤處理功能。一般來說，當錯誤發生時發信號的方法分為兩類：

- **顯式（Explicit）**——程式碼的直接呼叫方會被迫意識到有錯誤發生。其處理方式是將其傳遞給下一個呼叫方或者是忽略它，則取決於他們自己的決定。無論要是選哪一種都會是較積極的選擇，而且不會遺忘：發生錯誤的機率有列在程式碼契約的明確部分。
- **隱式（Implicit）**——錯誤信號會發出去，但程式碼的呼叫方可以隨意忽略。要讓呼叫方體認到錯誤有可能發生還是需要更積極的提醒，比如閱讀說明文件或程式碼。如果說明文件中有提到了錯誤，那它就是程式碼契約中附屬細則的一部分，但有時並沒有提到錯誤，這種情況下就不是書面契約的一部分。

需要強調的是，在這種劃分是從使用程式碼的工程師角度來看，發生錯誤後發信號的方法可以是顯式或是隱式的。這不是指錯誤最終會導致高調失效或是安靜失效，這是為了確保呼叫方有了解其需要知道的設想場景（透過使用顯式技術），以及不必負擔無法做任何明智處理的設想場景（透過使用隱式技術）。表 4.1 列出了顯式和隱式錯誤訊號的技術範例。

表 4.1　顯式和隱式錯誤訊號的技術

	顯式錯誤訊號的技術	**隱式錯誤訊號的技術**
程式碼契約中的位置	在明確部分	在附屬細則或沒有放入
呼叫方知道可能會發生錯誤嗎？	是	可能
技術範例	受檢例外 可以是 null 的返回型別（如果是空值安全） Optional 返回型別 Result 返回型別 Outcome 返回型別（如果返回值強制檢查） 即時錯誤	非受檢例外 返回一個魔術值（應該避免） 承諾或未來的處理 斷言 檢查（取決於實作） 恐慌

以下小節將探討表 4.1 中列出的技術，然後舉例說明如何使用及解釋為什麼是顯式或隱式技術。

4.3.1 回顧：例外

許多程式語言都有**例外（exceptions）**這個概念，其功用被設計為一段程式碼在錯誤或例外情況時發信號的方式。當拋出例外時，它會展開呼叫堆疊（call stack），直到呼叫方處理了例外，或是呼叫堆疊完全展開，程式停止並輸出錯誤訊息。

例外的實作通常是個成熟的類別。程式語言中通常有一些現成可用的，但我們還是可以自由定義自己的類別，並在其中封裝關於錯誤的資訊。

Java 中有「受檢例外（checked exceptions）」和「非受檢例外（unchecked exceptions）」兩種，但目前支援例外處理的主流程式語言大多只有受檢例外，所以在談及 Java 以外的大都數程式語言時，例外一詞通常是指非受檢例外。

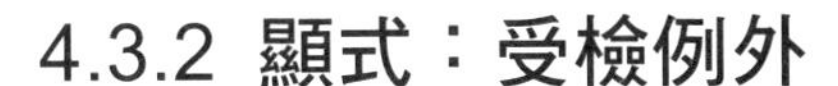

4.3.2 顯式：受檢例外

對於受檢例外（checked exceptions），編譯器強制呼叫方透過編寫程式碼來處理，或宣告可以在自己的函式簽章中拋出例外來確認它可能發生。因此，使用受檢例外是發生錯誤時顯式發信號的方式。

使用受檢例外來發信號

為了示範和對比不同的發出錯誤信號技術，我們會使用一個計算數字平方根的函式來當作範例。當函式以負數作為輸入時，就構成了需要以某種方式發出錯誤信號的情況。顯然大多數語言已經內建了計算平方根的方法，在現實中我們不會編寫自己的函式來做這種計算，但以示範來說，這是個很好的簡單範例。

Listing 4.8 中的程式碼展示了如果函式在提供負數時拋出一個名為 NegativeNumberException 的受檢例外會是什麼樣子。在 Java 中，擴展 Exception 類別使例外成為一個受檢例外（這個 Java 範例如 Listing 4.8 所示）。除了發出錯誤信號外，NegativeNumberException 還封裝了導致錯誤的錯誤值來協助除錯。getSquareRoot() 函式簽章含有拋出 NegativeNumberException 的程式碼，表示它可以拋出這個受檢例外。如果省略，程式碼就無法編譯。

Listing 4.8　拋出受檢例外

```
class NegativeNumberException extends Exception {
  private final Double erroneousNumber;

  NegativeNumberException(Double erroneousNumber) {
    this.erroneousNumber = erroneousNumber;
  }

  Double getErroneousNumber() {
    return erroneousNumber;
  }
}

Double getSquareRoot(Double value)
    throws NegativeNumberException {
  if (value < 0.0) {
    throw new NegativeNumberException(value);
  }
  return Math.sqrt(value);
}
```

此類別是受檢例外

封裝了額外資訊：導致錯誤的數值

函式必須宣告可以拋出哪些受檢例外

如果錯誤發生，就拋出一個受檢例外

處理受檢例外

所有其他呼叫 getSquareRoot() 的函式必須捕捉 NegativeNumberException，或是標記為可以在自己的函式簽章中拋出。

Listing 4.9 展示了一個函式，它是用一個值來呼叫 getSquareRoot() 並在 UI 中顯示結果。如果拋出 NegativeNumberException 例外，函式會捕捉它，並顯示一條錯誤訊息，說明是什麼數值導致了錯誤的發生。

Listing 4.9　捕捉受檢例外

```
void displaySquareRoot() {
  Double value = ui.getInputNumber();
  try {
    ui.setOutput("Square root is: " + getSquareRoot(value));
  } catch (NegativeNumberException e) {
    ui.setError("Can't get square root of negative number: " +
    e.getErroneousNumber());
  }
}
```

如果 getSquareRoot() 拋出 NegativeNumberException，則會被捕捉

顯示例外的錯誤資訊

如果 displaySquareRoot() 函式沒有捕捉 NegativeNumberException，那麼它必須宣告可以在其自己的函式簽章中拋出例外（下面 Listing 4.10 顯示了這個宣告）。隨後會把如何處理錯誤的決定權轉移到呼叫 displaySquareRoot() 函式的程式碼中。

Listing 4.10　沒有捕捉受檢例外

```
void displaySquareRoot() throws NegativeNumberException {
  Double value = ui.getInputNumber();
  ui.setOutput("Square root is: " + getSquareRoot(value));
}
```

NegativeNumberException 在 displaySquareRoot() 函式簽章中宣告

如果 displaySquareRoot() 函式沒有捕捉 NegativeNumberException 也沒有在它自己的函式簽名中宣告的話，程式碼就無法編譯。這就是受檢例外成為顯式發出錯誤信號的原因，因為呼叫方被迫以某種形式來確認這個例外。

4.3.3 隱式：非受檢例外

對於非受檢例外（unchecked exceptions），其他工程師可以完全忽略某段程式碼可能會拋出例外這件事。一般會建議記錄某個函式可能拋出哪些非受檢例外，但工程師通常會忘記要這樣做。就算記錄了，這也只是處理了程式碼契約中附屬細則的例外部分。正如我們之前看到的，附屬細則並不是傳達某段程式碼契約的可靠方式。因此，非受檢例外算是錯誤信號隱式的發出方式，因為不能保證呼叫方會意識到有錯誤可能發生。

使用非受檢例外來發信號

Listing 4.11 展示了上一小節修改後的 getSquareRoot() 函式和 NegativeNumberException，讓 NegativeNumberException 變成非受檢例外。如前所述，在大多數程式語言中的例外都是非受檢例外，但在 Java 中則可以擴展類別 RuntimeException 來讓例外變成非受檢（此 Java 範例如 Listing 4.11 所示）。getSquareRoot() 函式現在不需要宣告它可以拋出例外。函式說明文件中會提到 NegativeNumberException，但這只是建議而不強制處理。

Listing 4.11　丟出非受檢例外

```
class NegativeNumberException extends RuntimeException {    // 這是個非受檢例外的類別
  private final Double erroneousNumber;

  NegativeNumberException(Double erroneousNumber) {
    this.erroneousNumber = erroneousNumber;
  }

  Double getErroneousNumber() {
    return erroneousNumber;
  }
}

/**
* @throws NegativeNumberException if the value is negative    // 在函式說明文件中建議（但不強制）可以拋出哪些非受檢例外
*/
Double getSquareRoot(Double value) {
  if (value < 0.0) {
    throw new NegativeNumberException(value);    // 如果出現錯誤，則拋出非受檢例外
  }
  return Math.sqrt(value);
}
```

處理非受檢例外

另一個呼叫 getSquareRoot() 的函式可以選擇以與上一個範例完全相同的方式捕捉 NegativeNumberException，也把它當成受檢例外來處理（如下 Listing 4.12）。

Listing 4.12　捕捉非受檢例外

```
void displaySquareRoot() {
  Double value = ui.getInputNumber();
  try {
    ui.setOutput("Square root is: " + getSquareRoot(value));
  } catch (NegativeNumberException e) {
    ui.setError("Can't get square root of negative number: " +
        e.getErroneousNumber());
  }
}
```

如果 getSquareRoot() 拋出 NegativeNumberException，這個例外會被捕捉

重要的是，呼叫 getSquareRoot() 的函式不需要確認例外。如果它不捕捉例外，就不需要在自己的函式簽章中宣告，甚至連說明文件也不用描述。Listing 4.13 展示了另一個版本的 displaySquareRoot() 函式，它既不處理也不宣告 NegativeNumberException。因為 NegativeNumberException 是個非受檢例外，所以程式能順利編譯。如果 getSquareRoot() 拋出 NegativeNumberException，它會提示給呼叫方有捕捉到例外或是終止程式。

Listing 4.13　不捕捉非受檢例外

```
void displaySquareRoot() {
  Double value = ui.getInputNumber();
  ui.setOutput("Square root is: " + getSquareRoot(value));
}
```

正如我們所看到的，拋出非受檢例外的函式呼叫方可以完全不管可能拋出例外這件事。這樣就讓非受檢例外以隱式的方式來發出錯誤信號。

4.3.4 顯式：返回型別可以是 null

從函式中返回 null 是一種有效且簡單的方式來指出無法計算（或獲取）某個值。如果我們使用的程式語言支援「null safety（空值安全）」，那麼呼叫方將被迫意識到該值可能為 null 並處理它。因此，使用可以為 null 的返回型別（當有支援空值安全時）是一種顯式的錯誤信號發出方式。

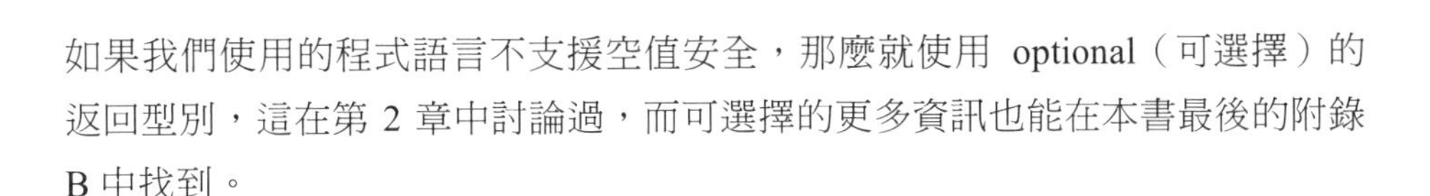

如果我們使用的程式語言不支援空值安全，那麼就使用 optional（可選擇）的返回型別，這在第 2 章中討論過，而可選擇的更多資訊也能在本書最後的附錄 B 中找到。

使用 null 來發出信號

Listing 4.14 展示了 getSquareRoot() 函式，但這裡修改為如果輸入值為負數則返回 null。返回 null 的問題是它沒有提供錯誤發生原因的相關資訊，因此需要加上注釋或說明文件來解釋 null 的含義。

Listing 4.14　返回 null

```
// Returns null if the supplied value is negative
Double? getSquareRoot(Double value) {
  if (value < 0.0) {
    return null;
  }
  return Math.sqrt(value);
}
```

需要加上注釋來說明何時可能返回 null

在 Double? 中的 ? 表示返回值可以為 null

如果發生錯誤則返回 null

處理 null

因為程式語言有支援空值安全，呼叫方在使用之前必須檢查 getSquareRoot() 返回的值是否為 null。下面 Listing 4.15 展示了 displaySquareRoot() 函式，而這裡處理的是一個可以為 null 的返回型別。

Listing 4.15　處理 null

```
void displaySquareRoot() {
  Double? squareRoot = getSquareRoot(ui.getInputNumber());
  if (squareRoot == null) {
    ui.setError("Can't get square root of a negative number");
  } else {
    ui.setOutput("Square root is: " + squareRoot);
  }
}
```

getSquareRoot() 的返回值需要檢查是否為 null

要說呼叫方被迫檢查返回值是否為 null 並不完全正確。因為還可以把值轉換為非 null，但使用 null 仍是個積極的決定，這樣做就必須要處置該值可能為 null 的情況。

4.3.5 顯式：Result 返回型別

返回 null 或可選擇的返回型別有個問題是無法傳達錯誤的相關資訊。除了通知呼叫方無法獲取某個值之外，如果能告知為什麼無法獲取該值是很有用的。若是這種情況，使用 Result（結果）型別就很合適。

Swift、Rust 和 F# 等程式語言都內建支援這種 Result 型別，並提供了一些很好的語法來讓我們輕鬆使用。我們可以用任何語言建立自己的結果型別，但如果沒有內建語法，使用時可能會有點笨拙。

Listing 4.16 展示了一個簡單的基本範例，說明怎麼利用沒有內建支援的程式語言來定義自己的結果型別。

Listing 4.16　一個簡單的 Result 型別

```
class Result<V, E> {
  private final Optional<V> value;
  private final Optional<E> error;

  private Result(Optional<V> value, Optional<E> error) {
    this.value = value;
    this.error = error;
  }

  static Result<V, E> ofValue(V value) {
    return new Result(Optional.of(value), Optional.empty());
  }

  static Result<V, E> ofError(E error) {
    return new Result(Optional.empty(), Optional.of(error));
  }

  Boolean hasError() {
    return error.isPresent();
  }

  V getValue() {
    return value.get();
  }

  E getError() {
    return error.get();
  }
}
```

使用通用/模板型別，以便類別可以與任何型別的值和錯誤搭配使用

私有建構函式強制呼叫方使用一種靜態工廠函式

靜態工廠函式，這表示只能使用值或錯誤之一來實例化該類別

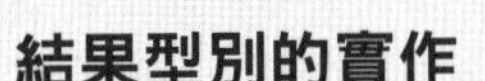

結果型別的實作

結果型別（result type）的真正的實作會比 Listing 4.16 中的範例更複雜。他們通常會很好地利用諸如列舉之類的語法結構，並提供 helper 函式來轉換結果。

Rust 和 Swift 語言的 Result 實作可以成為很好的靈感參考來源：
https://doc.rust-lang.org/beta/core/result/enum.Result.html
https://developer.apple.com/documentation/swift/result

如果我們定義自己的 Result 型別（若語言沒有內建支援），那就仰賴其他工程師去熟悉如何使用了。如果另一個工程師不知道在呼叫 getValue() 之前要先用 hasError() 函式檢查，那麼這個處理就失效了。就算以前沒用過結果型別，但勤快一點的工程師還是能很快地弄清楚要怎麼用。

假設程式語言有支援結果型別，或者其他工程師已熟悉使用方法（如果我們自己定義），那麼將其用作返回型別可以清楚地表明可能會發生錯誤。因此，使用結果返回型別是顯式的發出錯誤信號方式。

使用結果來發信號

Listing 4.17 展示了 getSquareRoot() 函式，但這裡修改為使用結果返回型別。NegativeNumberError 是自訂的錯誤，getSquareRoot() 的返回型別表示此錯誤有可能發生。NegativeNumberError 封裝了關於錯誤的額外資訊：導致錯誤的錯誤值。

Listing 4.17　返回一個結果類別

```
class NegativeNumberError extends Error {
  private final Double erroneousNumber;

  NegativeNumberError(Double erroneousNumber) {
    this.erroneousNumber = erroneousNumber;
  }

  Double getErroneousNumber() {
    return erroneousNumber;
```

表示特定型別錯誤的類別

封裝額外資訊：導致錯誤的數值

```
  }
}                                    返回型別指示有可能發生 NegativeNumberError

Result<Double, NegativeNumberError> getSquareRoot(Double value) {
  if (value < 0.0) {
    return Result.ofError(new NegativeNumberError(value));   如果發生錯誤，則
  }                                                          返回錯誤結果
  return Result.ofValue(Math.sqrt(value));
}
                          答案包含在結果中
```

處理 Result

對於呼叫 getSquareRoot() 的工程師來說，很明顯知道返回型別是 Result。假設他們熟悉 Result 的用法，就會知道必須先呼叫 hasError() 來檢查是否發生錯誤，如果沒有發生錯誤，則可以呼叫 getValue() 來存取該值。如果發生錯誤，則可透過對結果呼叫 getError() 來存取詳細資訊。以下 Listing 4.18 展示了這個處理。

Listing 4.18　返回結果型別

```
void displaySquareRoot() {
  Result<Double, NegativeNumberError> squareRoot =          必須檢查 squareRoot
      getSquareRoot(ui.getInputNumber());                   結果是否有錯誤
  if (squareRoot.hasError()) {
    ui.setError("Can't get square root of a negative number: " +
        squareRoot.getError().getErroneousNumber());          顯示給使用者的
  } else {                                                    詳細錯誤資訊
    ui.setOutput("Square root is: " + squareRoot.getValue());
  }
}
```

更好的語法

有內建支援「結果型別（result type）」的程式語言有時會使用比 Listing 4.18 更簡潔的語法來處理。我們還可以把許多 helper 函式加到結果型別的自訂實作中，用來建立更好的控制流程，例如在 Rust 實作中的 and_then() 函式：http://mng.bz/Jv5P。

4.3.6 顯式：執行成果返回型別

有些函式只是執行一些操作而不是取一個值來返回。如果在執行操作時發生錯誤馬上向呼叫方發信號是很有用，其作法是修改函式返回一個指出操作「執行成果（outcome）」的值。正如稍後會看到的範例，只要我們可以強制呼叫方檢查返回值，那執行成果的返回型別就算是一種顯式發出錯誤信號的處理方式。

使用執行成果來發信號

Listing 4.19 展示了在通道上發送訊息的程式碼。只有在通道打開的情況下才能發送訊息。如果通道未打開，這就是錯誤。若發生錯誤，sendMessage() 函式會透過返回布林值來發出錯誤信號。以這個程式範例來說，如果訊息已發送，則該函式返回 true。如果發生錯誤，則返回 false。

Listing 4.19　返回一個執行成果

```
Boolean sendMessage(Channel channel, String message) {   ← 此函式返回一個布林值
  if (channel.isOpen()) {
    channel.send(message);
    return true;        ← 如果訊息已發送，則返回 true
  }
  return false;         ← 如果發生錯誤，則返回 false
}
```

假如是更複雜的設想場景，使用更複雜的執行成果型別比使用簡單的布林值更合適。如果有兩個以上可能的執行成果狀態，或者從上下文脈中看不出真假的含義，列舉（enum）就很有用。如果我們需要更詳細的資訊，另一個不錯的作法是定義一個完整的類別來封裝。

處理執行成果

在使用布林值作為返回型別的範例中，處理結果非常簡單。函式呼叫可以放在 if-else 語法中，而對應的適當處理邏輯會放在分支中。以下 Listing 4.20 展示的程式碼功用是在通道上發送訊息「hello」，並在 UI 中顯示文字以指示訊息是否已發送。

Listing 4.20　處理執行成果

```
void sayHello(Channel channel) {
  if (sendMessage(channel, "hello")) {        成功時的處理
    ui.setOutput("Hello sent");
  } else {
    ui.setError("Unable to send hello");      失效時的處理
  }
}
```

確定執行成果沒有被忽略

執行成果返回型別的問題之一是呼叫方很容易忽略返回值，甚至不知道函式有返回值。這樣就限縮了執行成果返回型別以顯式來發出錯誤信號的效果。為了說明這一點，在呼叫方寫出像下面 Listing 4.21 的程式碼，這裡的程式碼完全忽略了 sendMessage() 的執行成果返回值，這樣的處理會告知使用者訊息已發送，但實際上有可能並沒有發送出去。

Listing 4.21　忽略執行成果返回值

```
void sayHello(Channel channel) {
  sendMessage(channel, "hello");      執行成果返回值被忽略
  ui.setOutput("Hello sent");
}
```

在某些程式語言中，有方法可以標記函式，以便在呼叫方忽略函式的返回值時生成編譯器警告。在不同的程式語言中這些名稱和用法可能不同，以下是一些範例：

- 在 Java 中的 CheckReturnValue annotation（javax.annotation 套件）。
- 在 C# 中可用 MustUseReturnValue annotation（https://www.jetbrains.com/help/resharper）。
- 在 C++ 中的 [[nodiscard]] 屬性。

如果 sendMessage() 函式被標記為其中之一，那麼 Listing 4.21 中的程式碼將產生編譯器警告，編寫程式碼的工程師可能會注意到該警告。以下的 Listing 4.22 中的程式碼展示了使用 @CheckReturnValue annotation 標記的 sendMessage() 函式。

Listing 4.22　使用 @CheckReturnValue annotation

```
@CheckReturnValue
Boolean sendMessage(Channel channel, String message) {
  ...
}
```

指出函式的返回值不應該被呼叫方忽略

Listing 4.21 中編寫程式碼的人可能會注意到編譯器警告並將其程式碼修改為之前看到會處理返回值的版本（如以下 Listing 4.23）。

Listing 4.23　強制檢查返回值

```
void sayHello(Channel channel) {
  if (sendMessage(channel, "hello")) {
    ui.setOutput("Hello sent");
  } else {
    ui.setError("Unable to send hello");
  }
}
```

成功時的處理

失效時的處理

4.3.7 隱式：承諾或未來

在編寫非同步執行的程式碼時，通常會建立一個返回**承諾**（**promise**）或**未來**（**future**）（或等效概念）的函式。在許多程式語言（但不是全部）中，承諾或未來也可以傳達錯誤狀態。

使用承諾或未來的工程師一般不會被迫處理可能發生的錯誤，除非他們熟悉相關函式的程式碼契約中的附屬細則，否則不會知道需要新增錯誤處理。因此，使用承諾或未來這種發出錯誤信號的方式是一種隱式的技術。

非同步？

如果一個處理程序是同步的（synchronous），這代表一次執行一個任務：在前一個任務完全完成之前後一個任務不會開始。假設我們在做蛋糕，在先把蛋糕原料混合之前，是不會開烤箱烘烤蛋糕的。這是個同步處理的範例：烘烤蛋糕的動作會被先混合蛋糕原料的需求所阻止。

如果一個處理程序是非同步的（asynchronous），這代表我們可以在等待其他任務完成的同時執行其他不同的任務。以製做蛋糕來比喻，當我們的蛋糕在烤箱中烘烤時，可能會利用這段時間來為製作糖霜，等烘烤完蛋糕後使用。這是個非同步處理的範例：我們製作糖霜時無須等待蛋糕烤好。

當程式碼必須等待某件事情發生時（例如伺服器返回一個回應），通常會以非同步方式來編寫。這表示程式碼可以在等待伺服器回應的同時可以做其他事情。

大多數程式語言都提供了非同步執行程式碼的方法。不同程式語言之間的具體操作方法可能會有很大的差異，因此對於您使用的任何程式語言，都值得花得時間查詢學習。以下程式碼範例中非同步函式和承諾的使用方式類似於 JavaScript 範式。如果您對此不熟悉並想了解更多資訊，以下網址中的範例提供了一個很好的概述說明：http://mng.bz/w0wW。

使用承諾來發信號

Listing 4.24 展示了 getSquareRoot() 函式的程式碼，但這裡修改為非同步函式，它會返回一個承諾並在執行前等待一秒鐘（您需要發揮想像力來了解為什麼有人會真的寫出這種特別的程式碼）。如果函式內部拋出錯誤，承諾會被拒絕，不然承諾會透過返回值來完成。

Listing 4.24　非同步函式

```
class NegativeNumberError extends Error {     // 表示特定型別錯誤的類別
  ...
}
                                               // async 把函式標記為非同步
Promise<Double> getSquareRoot(Double value) async {
  await Timer.wait(Duration.ofSeconds(1));    // 在實際執行前等待一秒鐘
  if (value < 0.0) {
    throw new NegativeNumberError(value);     // 函式內部拋出的錯誤表示 Promise 承諾被拒絕
  }
  return Math.sqrt(value);                    // 返回的值表示 Promise 承諾有完成
}
```

處理承諾

Listing 4.25 展示了 displaySquareRoot() 函式，其中修改為呼叫 getSquareRoot() 的非同步版本。getSquareRoot() 返回的承諾有兩個可用於設定回呼（call

back）的成員函式。then() 函式是承諾被滿足時呼叫的回呼處理，而 catch() 函式是在承諾被拒絕時呼叫的回呼處理。

Listing 4.25　處理承諾

```
void displaySquareRoot() {
  getSquareRoot(ui.getInputNumber())
      .then(squareRoot ->
          ui.setOutput("Square root is: " + squareRoot))
      .catch(error ->
          ui.setError("An error occurred: " + error.toString()));
}
```

then() 回呼函式是承諾被滿足時才呼叫

catch() 回呼函式是在承諾被拒絕時才呼叫

為什麼承諾是一種隱式的發信號技術

若想要知道有可能會發生錯誤以及承諾可能會被拒絕，我們需要了解生成該承諾的函式中所有附屬細則或實作細節。如果不知道這些內容，承諾的使用者很容易忽略掉潛在的錯誤狀態，並且可能只透過 then() 函式提供回呼處理。當沒有透過 catch() 函式提供回呼處理時，錯誤可能會在更高層級的錯誤處理程式中捕捉或者完全被忽視（取決於程式語言和設定）。

使用承諾（promise）和未來（future）是從非同步函式返回值的絕佳處理方式。但是因為呼叫方可以完全不知道潛在的錯誤設想場景，所以使用承諾或未來是一種隱式的發出錯誤信號方式。

讓承諾的變成顯式

如果我們要返回承諾或未來且想要以顯式的方式來發出錯誤信號，可以選擇使用返回一個結果型別的承諾。如果程式要這樣處理，getSquareRoot() 函式會改成像下面 Listing 4.26 所示的樣貌。這算是一種還不錯的技術，但程式碼就變得相對笨拙，因此並不適合所有人。

Listing 4.26　結果型別的承諾

```
Promise<Result<Double, NegativeNumberError>> getSquareRoot(
    Double value) async {
  await Timer.wait(Duration.ofSeconds(1));
  if (value < 0.0) {
    return Result.ofError(new NegativeNumberError(value));
  }
  return Result.ofValue(Math.sqrt(value));
}
```

返回型別變得很笨拙

4.3.8 隱式：返回一個魔術值

「**魔術值**（**magic value**）」或「**錯誤代碼**（**error code**）」還蠻適合當作函式的正常返回型別，但這種值具有特殊的意義。工程師必須閱讀說明文件或程式碼本身才會意識到可能返回一個魔術值，這就讓它們成為一種隱式發出錯誤信號的技術。

使用魔術值發出錯誤信號的常用方法是返回 -1。下面的 Listing 4.27 展示了 getSquareRoot() 函式的程式碼。

Listing 4.27　返回一個魔術值

```
// Returns -1 if a negative value is supplied
Double getSquareRoot(Double value) {
  if (value < 0.0) {
    return -1.0;
  }
  return Math.sqrt(value);
}
```

注釋提醒這個函式可能會返回 -1

如果發生錯誤，則返回 -1

魔術值很容易引起意外並導致錯誤，因為它們需要處理，但是程式碼契約中顯而易見的明確部分中沒有任何內容可以提醒呼叫方這一點。魔術值可能導致的問題在第 6 章中會詳細討論，因此我們不會在這裡贅述。但是在本章要提醒的重點是魔術值通常不是發出錯誤信號的好方法。

4.4 為無法恢復的錯誤發出信號

當錯誤發生而程式無法真切恢復，那麼最好讓程式快速失效並高調失效。要做到這一點，以下常見方法可參考：

- 拋出非受檢例外。
- 引發程式**恐慌**（**panic**）（使用有支援恐慌功能的程式語言）。
- 使用檢查或斷言（如第 3 章所述）。

這些作法都會讓程式（或不可恢復的範圍）結束退出，這表示工程師會注意到有問題發生，而產生的錯誤訊息通常會提供堆疊追蹤或行號，能清楚地指出錯誤發生的位置。

使用隱式的技術（如剛才提到的那些作法）就不用讓呼叫鏈上層的各個呼叫方自己編寫程式碼來確認或處理錯誤設想場景。如果想不出可以從錯誤中恢復的方法，這樣的處理方式是合理的，因為除了把錯誤傳給下一個呼叫的人之外也沒有什麼好的做法。

➢4.5 為呼叫方希望從中恢復的錯誤發出信號

軟體工程師（和程式設計師）對於呼叫方可能希望從中恢復的錯誤所發出信號的方法上意見並不相同，並不認同有最佳的實務做法。這裡的爭論通常是在使用非受檢例外與顯式的錯誤信號發出方式（例如檢查例外、空值安全、可選擇型別或結果型別等）。雙方都有其合理的論述和反駁的意見，我會在本節中嘗試對其整理和總結。

在我開始說明之前，請記住，您和團隊的想法理念能達成一致比這裡的論述更為重要。最糟糕的情況是在編寫程式碼時，有一半的團隊遵循一種發出錯誤信號的做法，而另一半卻遵循完全不同的做法。當團隊寫出來的程式碼必須相互交換使用時，您和團隊的夥伴會做噩夢的。

如前所述，下面的論點聽起來可能有點全有或全無，但請記住，如果您與另一位工程師討論，那麼您會發現大家對錯誤信號和處理的看法是多麼不同。

> NOTE **洩漏實作細節**。對於呼叫方可能希望從中恢復的錯誤上，還有另一件事要考量，那就是呼叫方最好不必知道正在呼叫的程式碼實作細節，如此就能處理它可能發出的錯誤信號。在第 8 章（第 8.6 節和第 8.7 節）的模組化相關內容中有討論和說明。

4.5.1 使用非受檢例外的引數

對於可能從中恢復的錯誤，最好是使用非受檢例外來處理，以下是一些常見的論點。

改善程式碼結構

有些工程師認為拋出非受檢例外（而不是使用顯式技術）可以改善程式碼結構，因為大多數錯誤處理可以在程式碼更高層的不同位置執行。錯誤浮出到一層，其間的程式碼就不必因為大量的錯誤處理邏輯而雜亂無章。圖 4.4 展示了這個概念。

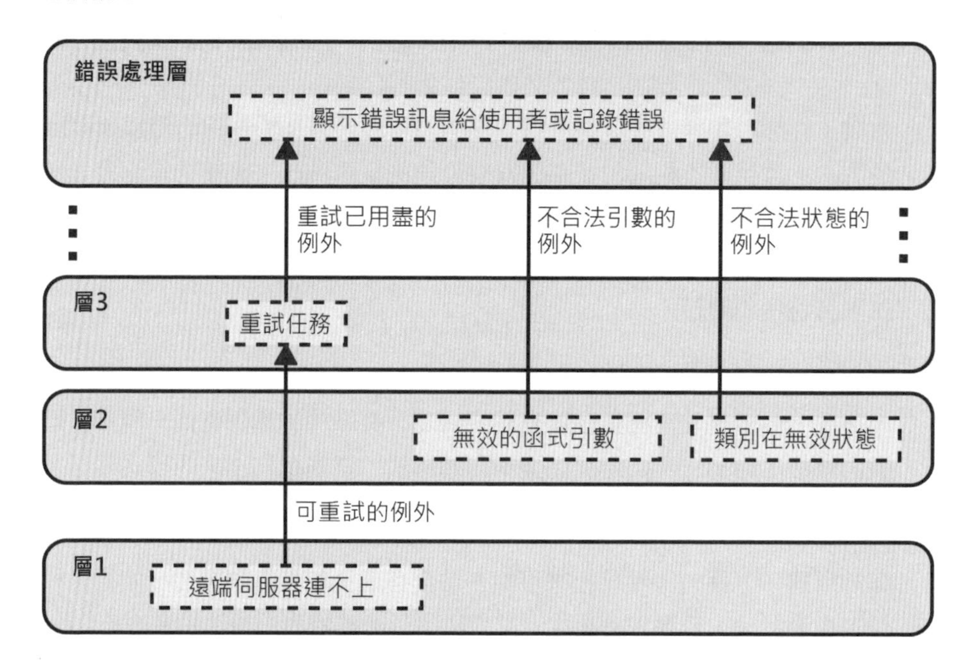

圖 4.4：有些工程師認為使用非受檢例外可以改善程式碼結構，因為大多數錯誤處理可以在幾個不同的層中執行。

如果需要，中間的層也是可以處理一些例外（例如重試某些任務），不然錯誤只會浮到最上端的錯誤處理層。如果這是個使用者應用程式，錯誤處理層可能會在 UI 上秀出覆蓋層來顯示錯誤訊息，又或者，如果這是個伺服器或後端處理程序，則錯誤訊息可能會記錄在某處。這種處理方式的主要優點是處理錯誤的邏輯可以放在幾個不同的層中，而不是分散在整個程式碼內。

工程師的務實觀點

有些人認為要使用顯式的錯誤信號技術（返回型別和受檢例外），工程師大都會疲乏和犯錯，例如捕捉了例外但又忘了要處理，或者沒有檢查就把可以為 null 的型別轉換為非 null。

為了證明上述論點，假設 Listing 4.28 中的程式碼存放在程式碼庫中的某個位置。這支程式含有將溫度資料記錄到資料記錄器的程式碼，而資料記錄器又使用 InMemoryDataStore 儲存記錄的資料。此程式碼的初始版本中沒有任何內容會引發錯誤，因此不需要發出錯誤信號或處理的技術。

Listing 4.28　初始程式碼中沒有設想錯誤的場景

```
class TemperatureLogger {
  private final Thermometer thermometer;
  private final DataLogger dataLogger;
  ...

  void logCurrentTemperature() {
    dataLogger.logDataPoint(
        Instant.now(),
        thermometer.getTemperature());
  }
}

class DataLogger {
  private final InMemoryDataStore dataStore;
  ...

  void logDataPoint(Instant time, Double value) {
    dataStore.store(new DataPoint(time.toMillis(), value));
  }
}
```

現在想像一下，有位工程師被要求修改上面的 DataLogger 類別，讓值不只存放在記憶體中，而是將其儲存到磁碟內，讓資料可以持久保存。工程師將 InMemoryDataStore 類別替換為 DiskDataStore 類別。由於寫入磁碟可能會失敗，因此現在可能會發生錯誤。如果使用了顯式的錯誤信號技術，那麼錯誤就需要被處理，或是以顯式的方式傳給呼叫鏈上的下一位呼叫方。

在這個例子中，我們會透過 DiskDataStore.store() 拋出受檢例外（IOException）來示範，其原理與其他顯式的錯誤信號技術相同。因為 IOException 是個受檢例外，它需要被處理或是要放到 DataLogger.logDataPoint() 函式的簽章中。在 DataLogger.logDataPoint() 函式中沒有合宜的方式來處理此錯誤，但將其加到函式簽章就需要修改所有的呼叫位置，而且還需要修改這些層之上的多個呼叫位置。工程師被大量的工作嚇倒了，所以決定隱藏錯誤，寫出如下面 Listing 4.29 中的程式碼。

Listing 4.29　隱藏受檢例外

```
class DataLogger {
  private final DiskDataStore dataStore;
  ...

  void logDataPoint(Instant time, Double value) {
    try {
      dataStore.store(new DataPoint(time.toMillis(), value));
    } catch (IOException e) {}
  }
}
```

IOException 錯誤從呼叫方隱藏起來了

正如本章前面所討論的，隱藏錯誤從來都不是個好主意。DataLogger.logDataPoint() 函式現在的作用不一定都如它聲稱的都可以完成，有時資料不會被儲存，但呼叫方不會意識到這一點。使用顯式的錯誤信號技術有時會導致需要完成一系列的修改工作來透過程式碼層重複發出錯誤信號，大量的工作可能會讓工程師想要偷工減料並做出錯誤的處理。就是這種務實的觀點，才會有支持使用非受檢例外的論點。

4.5.2 使用顯式技術的論據

最好使用「顯式的」發出錯誤信號技術來解決可能從中恢復的錯誤，其常見論點如下所示。

優雅地錯誤處理

如果使用非受檢例外，很難有一個可以優雅處理所有錯誤的程式層。舉例來說，如果使用者的輸入無效，在輸入欄位旁邊顯示好的錯誤訊息是有意義的。如果編寫處理輸入程式碼的工程師沒有意識到錯誤設想的場景，並讓它浮出到更高的程式層，這有可能導致覆蓋在 UI 上的通用訊息變成友好度較低的錯誤訊息。

強制呼叫方注意潛在的錯誤（透過使用返回型別或受檢例外），這樣能讓這些錯誤更有可能得到妥善的處理。若是使用隱式技術，呼叫方可能不知道發生錯誤的設想場景，那又怎麼能知道要如何處理呢？

錯誤不能意外忽略

有些錯誤確實需要由特定的呼叫方處理，如果使用非受檢例外，預設就是做了錯的處理（不處理錯誤），而不是積極主動的作為。這是因為工程師（和程式碼審查的人）很容易就完全忽略可能會發生某個錯誤。

如果使用顯式的發出錯誤信號技術，例如返回型別或受檢例外，工程師仍然可以做出錯事（例如捕捉了例外但忽略它），但通常要積極的動作才會導致程式碼明顯的違規。這樣的問題在程式碼審查時很可能被捉出而淘汰，因為這種程式對審查者來說是很明顯易見的。使用顯示的錯誤信號技術，才不會把錯的處理變成預設，而錯的處理也不會意外發生。

圖 4.5 對比了使用非受檢例外與受檢例外時程式碼的修改對程式審查者來說有何不同。在使用非受檢例外時，程式碼中發生的處理並不明顯，而在使用受檢例外時則非常明顯。其他顯式的錯誤信號技術（例如使用 @CheckReturnValue annotation 會強制返回型別為執行成果）也會讓工程師的偷工減料違規處理在程式碼修改中變得明顯。

務實面對工程師要處理的工作

工程師因為厭倦了錯誤處理而做了偷工減料的處理，這樣的論點也適用於使用非受檢例外。無法保證非受檢例外會在程式碼庫中有適當的說明文件記錄，根據筆者的個人經驗，通常還真的不會有。這表示無法確定哪些程式碼可能會拋出哪些非受檢例外，在這種情況下捕捉例外就變成令人沮喪的打地鼠遊戲。

使用非受檢例外時的程式碼修改

```
class TemperatureLogger {
  private final Thermometer thermometer;
  private final DataLogger dataLogger;
  ...

  void startLogging() {
    Timer.schedule(
        logCurrentTemperature,
        Duration.ofMinutes(1));
  }

  void logCurrentTemperature() {
+   dataLogger.logDataPoint(
+       Instant.now(),
+       thermometer.getTemperature());
  }
}

class DataLogger {
  ...

  /**
   * @throws UncheckedIOException if
   * saving data point fails.
   */
  void logDataPoint(
      Instant time,
      Double value) { ... }
}
```

UncheckedIOException 沒有處理，但是新的程式碼行看起來沒有明顯錯誤。

使用受檢例外時的程式碼修改

```
class TemperatureLogger {
  private final Thermometer thermometer;
  private final DataLogger dataLogger;
  ...

  void startLogging() {
    Timer.schedule(
        logCurrentTemperature,
        Duration.ofMinutes(1));
  }

  void logCurrentTemperature() {
+   try {
+     dataLogger.logDataPoint(
+         Instant.now(),
+         thermometer.getTemperature());
+   } catch (IOException e) {
+     logError(e);
+   }
  }
}

class DataLogger {
  ...

  void logDataPoint(
      Instant time,
      Double value) throws IOException
      { ... }
}
```

IOException 沒有得到正確處理，但這在新的程式碼行中非常明顯，很可能會被審查者注意到。

Timer.schedule() 啟動一個新的執行緒，因此它調度的程式碼拋出的所有例外都不會浮出到該執行緒之上的程式層。

圖 4.5：當使用顯式錯誤信號技術時，錯的處理通常會導致程式碼明顯和公然的違規。相比之下，使用非受檢例外時，從程式碼中可能不能很快看出錯誤沒有得到正確處理。

Listing 4.30 是個檢查資料檔是否有效的函式，它透過檢查是否拋出任何表明檔案無效的例外來進行判斷。DataFile.parse() 會引發許多不同的非受檢例外，這些例外都沒有記錄在案。編寫 isDataFileValid() 函式的工程師加了程式碼來捕捉其中三種非受檢例外。

Listing 4.30　捕捉其幾種非受檢例外

```
Boolean isDataFileValid(byte[] fileContents) {
  try {
    DataFile.parse(fileContents);      ← 可能拋出許多未記錄的非受檢例外
    return true;
  } catch (InvalidEncodingException |
           ParseException |
           UnrecognizedDataKeyException e) {   ← 捕捉三種不同型別的非受檢例外
    return false;
  }
}
```

在釋出程式碼後，isDataFileValid() 函式的開發者留意到使用者回報了很多程式崩潰當機的報告。調查後發現失效是由於 InvalidDataRange 這個未記錄的非受檢例外引起。在這一點上，程式碼的開發者可能已經厭倦了這種打地鼠遊戲，老是有不同的非受檢例外冒出來，所以他們決定改為捕捉所有型別的例外並完成它。以下 Listing 4.31 中編寫程式碼為修改後的內容。

Listing 4.31　捕捉所有型別的例外

```
Boolean isDataFileValid(byte[] fileContents) {
  try {
    DataFile.parse(fileContents);
    return true;
  } catch (Exception e) {      ← 捕捉每一種型別的例外
    return false;
  }
}
```

在這樣的程式碼中捕捉所有的例外並不是個好主意。這會隱藏幾乎所有類型的錯誤，也讓程式無法真正從這些錯誤中恢復。現在有些嚴重的程式錯誤可能隱藏起來了，像是 DataFile.parse() 函式中的錯誤，或者可能是軟體中的一些嚴重錯誤的配置，導致類似 ClassNotFoundException 的發生。無論哪一種，這些程式錯誤現在都完全被忽略了，未來軟體在執行時有可能會以一種無聲而奇怪的方式失效。

Listing 4.31 中程式碼這樣的違規處理非常明顯，我們希望在程式碼審查期間將其清除。但如果我們擔心程式碼審查過程不夠強固，無法捕捉到這樣的違規處理，那就要考量使用非受檢例外或顯式錯誤信號技術所可能引發的問題。但真正的問題是工程師的違規和草率處理，而且沒有強固的審查過程來清除。

堅持使用標準例外型別

為了避免像打地鼠那樣去捕捉「例外」，工程師喜歡使用非受檢例外的方式是使用（或子類別化）標準例外類型（如 ArgumentException 或 State Exception）。其他工程師更有可能預測這些例外會被拋出並適當地處理，但這種方式限制了工程師所能考量到的例外類型。

這樣做的缺點是會限制了區分不同錯誤的設想場景：引發 StateException 的錯誤可能是某個呼叫方想要從中恢復，但對其他呼叫方則不是。正如您現在已學習到的內容，「錯誤信號的發出和處理」這個主題還是門不太完善的科學，任何技術都有其優點和缺點需要我們去考量權衡。

4.5.3 筆者的觀點：使用顯式技術

筆者的觀點是，最好避免對呼叫方可能希望從中恢復的錯誤使用非受檢例外。以筆者的經驗來看，非受檢例外的使用很少在整個程式碼庫中有完整的說明文件記錄，這表示使用函式的工程師幾乎不可能確定發生錯誤的設想場景以及需要處理的設想場景。

我見過太多的 bugs 和停機是因為在處理錯誤時使用了未記錄、非受檢例外所導致的，而錯誤又是呼叫方想要從中恢復。如果只有編寫該程式碼的工程師知道這個例外，那麼我個人的偏好是在呼叫方可能想要恢復時使用顯式的錯誤信號技術。

正如本節所討論的，這種處理方式並非沒有缺點，但根據我的經驗，對這類錯誤使用非受檢例外所產生的缺點更嚴重。不過，正如我之前所說，如果您是在團隊合作中進行專案，更糟糕的是其中某些工程師遵循一種方法而另外的工程師又遵循另一種方法，您和您的團隊最好就發出錯誤信號的想法上達成一致並堅持下去。

➢4.6 不要忽略編譯器的警告

第 3 章介紹了一些確保在程式碼損壞或誤用時顯現編譯器錯誤的技術。除了編譯器錯誤之外，大多數編譯器還會發出警告。編譯器的警告通常是以某種形式標記可疑的程式碼，這可能是程式中存有 bugs 的早期提醒。在程式碼交付送到程式碼庫之前，留意這些提醒和警告是識別和清除程式設計錯誤的好方法。

為了證明上述論點，請思考 Listing 4.32 中的程式碼，這個類別是用來儲存有關使用者的一些資訊，程式中含有一個錯誤，因為 getDisplayName() 函式錯誤地返回了使用者的真實姓名，而不是他們的顯示名稱。

Listing 4.32　程式碼會引發編譯器警告

```
class UserInfo {
  private final String realName;
  private final String displayName;

  UserInfo(String realName, String displayName) {
    this.realName = realName;
    this.displayName = displayName;
  }

  String getRealName() {
    return realName;
  }

  String getDisplayName() {
    return realName;          使用者的真實姓名被錯誤返回
  }
}
```

這段程式碼可以編譯，但編譯器可能會發出一條警告，如「警告：私有成員 'UserInfo.displayName' 可以被移除，因為指定給它的值永遠不會被讀取」。如果我們忽略了這個警告，那就有可能不會意識到這個錯誤的存在。我們希望測試時能抓到這個錯誤，若沒捉到就會導致非常嚴重的 bug，這會是以一種糟糕的方式侵犯了使用者的隱私。

大多數的編譯器都可以配置設定為讓所有警告都變成錯誤並阻止程式碼編譯，這樣可能有點過頭和嚴厲，但實際上卻非常有用，因為這樣能迫使工程師注意到警告並採取對應的行動。

如果某些警告不需要關注，可利用程式語言中的機制來抑制特定警告（無須關閉所有警告）。舉例來說，如果在 UserInfo 類別中有一個未使用的變數是有正當理由的，那就可以抑制警告。下面的 Listing 4.33 展示了這個類別的程式碼。

Listing 4.33　抑制編譯器的警告

```
class UserInfo {
  private final String realName;

  // displayName is unused for now, as we migrate away from
  // using real names. This is a placeholder that will be used
  // soon. See issue #7462 for details of the migration.
  @Suppress("unused")
  private final String displayName;        警告被抑制了

  UserInfo(String realName, String displayName) {
    this.realName = realName;
    this.displayName = displayName;
  }

  String getRealName() {
    return realName;
  }

  String getDisplayName() {
    return realName;
  }
}
```

忽視編譯器警告可能讓人覺得更輕鬆，畢竟程式碼仍可以編譯，所以很容易就假設不會有什麼災難性的錯誤。雖然警告只是提醒，但也表示程式碼是有問題的，在某種情況下可能會導致非常嚴重的錯誤。正如前面的範例所示，最好真的有注意到編譯器的警告並採取行動。理想情況下，我們的程式碼在建構時不應該出現警告，因為所有問題應該都修復了，或是已有效解釋原因並以顯式的方式在程式碼中進行抑制。

總結

- 錯誤大致分為兩種：
  - 系統可以從中恢復的。
  - 系統無法從中恢復的。
- 通常只有該段程式碼的呼叫方知道其產生的錯誤是否可以恢復。
- 當錯誤確實發生時，最好馬上就快速失效，如果錯誤無法恢復，也可以高調失效。
- 隱藏錯誤並不是個好主意，最好能發出錯誤已發生的信號。
- 發出錯誤信號的技術可分為兩類：
  - **顯式**——在程式碼契約中明確無誤的部分。呼叫方知道錯誤可能會發生。
  - **隱式**——在程式碼契約中附屬細則的部分，或者根本沒有寫在契約中。呼叫方不一定知道錯誤可能會發生。
- 無法恢復的錯誤應該使用隱式的錯誤信號技術。
- 對於可能恢復的錯誤，有下列的處置方式：
  - 工程師有的要使用顯式技術，有的則要使用隱式技術。
  - 筆者的觀點是應該使用顯式技術。
- 編譯器警告通常是標記程式碼中某處是有問題的。關注和解決這些警告是件好事。

PART 2　實務篇

第 1 章的內容確立了重要的「程式碼品質的六大支柱」。這些內容提供了高階策略，能幫助我們確保程式碼具備高品質。在 Part 2 部分的章節中，我們以更實務的角度來深入研究六大支柱中的前五個。

Part 2 部分中的每一章主談程式碼品質的一個支柱，各章中的每一小節都展示了特定的考慮因素或技術。章節編排模式是先展示程式碼可能出現問題的樣貌，然後展示如何使用特定技術來改善這種情況。章節中的每個部分都相對獨立，筆者希望這些內容可以給任何想要向其他工程師解釋特定概念或考量的人提供有用的參考（例如，在程式碼審查期間參考使用）。

請注意，各章中的羅列的主題並不完全。舉例來說，第 7 章討論了讓程式碼難以被誤用的六個特定主題，但這六件事並不是我們唯一需要考量的，其他的考量因為本書篇幅有限而沒有收錄。但我們的目標是，透過理解這六件事背後的原理，結合在 Part 1 中學到的許多理論知識，能夠由自己開展出更廣泛的判斷力，並在未來遇到狀況時能舉一反三應對處置。

5 讓程式碼具有可讀性

本章內容

- 讓程式碼不言自明的技術
- 確保程式碼中的細節對其他人也是清楚的
- 以正確的理由來使用程式語言的功能特性

可讀性（readability）本質上是個主觀的東西，很難準確定義。可讀性的本質是要確保工程師能夠快速準確地理解某些程式碼的作用。實際上，要做到這一點通常需要有同理心，並試著從別人的角度來看事情，看看什麼樣的情況可能會令人困惑或容易被誤解。

本章提供一些讓程式碼更具可讀性的最常見和最有效的技術，其內容能讓讀者打下堅實的基礎。不過，請您記住，現實生活中的設想場景都是不同的，並有自己的一套考量因素，因此在運用本章內容時，配合常識及良好的判斷力是不可少的。

➢5.1 使用具有描述性的名稱

「名稱」是唯一標識事物的必要條件，也提供了描述事物是什麼的簡短摘要。「**烤麵包機（toaster）**」這個詞獨特標識了廚房中的設備，但也提供了關於其功用的提示：是用來「烤」東西。相反地，如果我們堅持把烤麵包機命名為「物件 A（object A）」，那就很容易忘記「物件 A（object A）」到底是什麼以及它的功用為何。

在程式碼中命名事物時，同樣的原則也適用。需要用「名稱」來唯一標識類別、函式和變數等事物。命名事物時也是一個很好的機會，確實地以「不言自明（self-explanatory）」的原則來指向引用事物，這樣能讓程式碼更具可讀性。

5.1.1 非描述性名稱讓程式碼難以閱讀

Listing 5.1 是個有點極端的例子，說明如果不使用具有描述性的名稱，這些程式碼可能會是什麼樣子。花 20 到 30 秒閱讀這段程式，看看了解程式的功用到底有多難。

Listing 5.1　非描述性名稱

```
class T {
  Set<String> pns = new Set();
  Int s = 0;
  ...
  Boolean f(String n) {
    return pns.contains(n);
  }
  Int getS() {
```

```
    return s;
  }
}

Int? s(List<T> ts, String n) {
  for (T t in ts) {
    if (t.f(n)) {
      return t.getS();
    }
  }
  return null;
}
```

如果要您描述這段程式碼的功用，您會怎麼說明呢？除非您花很多心思並仔細看過了，否則可能不知道這段程式碼做了什麼，更不知道其中字串、整數和類別又代表了什麼概念。

5.1.2 注釋不能替代描述性名稱

想要改善上面例子的方法可能是加一些注釋和說明文件。如果寫這支程式的人這樣做了，程式碼可能會像 Listing 5.2 所示。這樣的做法有讓事情變得更好了一點，但仍然存在一堆問題：

- 程式碼現在更加混亂，開發者和其他工程師現在必須維護所有的注釋和說明文件以及程式碼本身。
- 工程師需要不斷地向上和向下捲動檔案來閱讀注釋和程式碼以理解其作用。如果工程師一直在檔案底部處理 getS() 函式並忘了變數 s 的用途，那他們必須一直捲動到檔案頂端才能找到解釋 s 的注釋。如果類別 T 的長度有幾百行，那麼上下捲動很快會讓人崩潰。
- 如果工程師正在處理函式 s() 的本體，那麼對於 t.f(n) 這樣的呼叫是在做什麼或返回什麼仍然不可知，除非去查看類別 T 的程式碼內容。

Listing 5.2　使用注釋而不用描述性名稱

```
/** Represents a team. */
class T {
  Set<String> pns = new Set(); // Names of players in the team.
  Int s = 0; // The team's score.
  …
  /**
   * @param n the players name
   * @return true if the player is in the team
   */
```

```
  Boolean f(String n) {
    return pns.contains(n);
  }

  /**
   * @return the team's score
   */
  Int getS() {
   return s;
  }
}

/**
 * @param ts a list of all teams
 * @param n the name of the player
 * @return the score of the team that the player is on
 */
Int? s(List<T> ts, String n) {
  for (T t in ts) {
    if (t.f(n)) {
      return t.getS();
    }
  }
  return null;
}
```

Listing 5.2 中的一些說明文件可能很有用：記錄了參數和返回類型分別代表什麼意思，這樣可以幫助其他工程師理解如何使用程式碼。但請不要使用注釋來代替描述性名稱。第 5.2 節會詳細討論注釋和說明文件的正確應用。

5.1.3 解決方案：讓名稱具有描述性

使用「描述性名稱」可以讓我們把剛才看到的難以理解的程式碼轉換為非常容易理解的東西。下面的 Listing 5.3 展示了使用描述性名稱的程式碼之樣貌。

Listing 5.3　使用描述性名稱

```
class Team {
  Set<String> playerNames = new Set();
  Int score = 0;
  ...
  Boolean containsPlayer(String playerName) {
    return playerNames.contains(playerName);
  }
  Int getScore() {
    return score;
  }
}

Int? getTeamScoreForPlayer(List<Team> teams, String playerName) {
```

```
  for (Team team in teams) {
    if (team.containsPlayer(playerName)) {
      return team.getScore();
    }
  }
  return null;
}
```

程式碼現在更容易理解了：

- 變數、函式和類別現在是不言自明的。
- 程式碼片段現在即使單獨看也能了解其用意。像 team.containsPlayer(playerName) 這樣的呼叫，無須查看 Team 類別的程式碼，很明顯就了解是在做什麼，並知道其返回的內容。以前這個函式的呼叫看起來是 t.f(n)，所以從描述性名稱就能了解是可讀性的一大改進。

與之前使用注釋相比，這裡的程式碼也不會那麼混亂，工程師可以專注於維護程式碼，而不必同時維護一組注釋內容。

5.2 適當地使用注釋

程式碼中的注釋（comments）或說明文件（documentation）可以用於下列各種目的：

- 解釋某些程式碼的作用（**what**）。
- 解釋某些程式碼為什麼要這樣處理（**why**）。
- 提供使用說明等其他資訊。

本節將集中討論前兩項內容：使用注釋來**解釋其作用**（**what**）和解釋**為什麼這麼處理**（**why**）。使用說明指引等其他資訊通常會構成程式碼契約的一部分，在第 3 章中已討論過了。

使用高層次的注釋來總結大量程式碼（如類別）的功用是很好的選擇。然而，當涉及到較低層次的逐行程式碼細節時，注釋的描述就不是讓程式碼變得更具可讀性的有效方法。

就以逐行層次所做的事情而言，使用了具有描述性名稱的良好程式碼應該就不言自明了。如果還需要在程式碼中添加大量低層次的注釋來解釋其功用，那就表示這些程式碼的可讀性並不理想。從另一個角度來看，以注釋來解釋程式碼存在的原因或提供程式更多上下文脈的訊息是很有用，因為僅靠程式碼本身並不一定能清楚地說明這一點。

NOTE **請用常識來配合。**本節提供了一些關於如何使用注釋以及何時使用注釋的一般性指導，但這些都不是硬性規定。我們應該配合一般常識來了解什麼東西能讓程式碼最容易理解和維護。如果別無選擇只能放入一些粗糙的位元移位處理邏輯，或者不得不求助於某些聰明的技巧來最佳化程式碼，那在這裡使用注釋來解釋其功用就很有效果了。

5.2.1 多餘的注釋可能有害

Listing 5.4 中的程式碼其功用是利用句點把名字連接到姓氏來生成 ID。程式碼使用注釋來解釋其功用，但程式碼本身其實已經是不言自明了，所以注釋是多餘且沒用的。

Listing 5.4 這裡的注釋是用來解釋程式碼是做什麼的

```
String generateId(String firstName, String lastName) {
  // Produces an ID in the form "{first name}.{last name}".
  return firstName + "." + lastName;
}
```

這裡多餘的注釋實際上可能比不用更糟糕，因為：

- 工程師現在需要維護這條注釋，如果有人修改了程式碼，那他們還需要更新這裡的注釋說明。
- 它會讓程式碼更混亂：請想像一下，如果每一行程式碼都有這樣的關聯注釋。讀 100 行程式碼現在變成讀 100 行程式加 100 條注釋。由於此注釋並沒有提供任何額外的資訊，所以它只會浪費工程師的時間。

刪除此注釋，以程式碼本身不言自明的解釋可能會更好。

5.2.2 注釋是具有可讀性程式碼的糟糕替代品

Listing 5.5 中的程式碼功用也是透過句點把名字連接到姓氏來生成 ID。在此範例中，程式碼的寫法就沒有不言自明，因為名字和姓氏分別放在陣列的第一個和第二個元素中，這段程式碼就放入了注釋來解釋這一點。在這種情況下，注釋似乎很有用，因為程式碼本身並不能清楚呈現其作用，但這個例子真正的問題是程式碼的寫法不具可讀性，沒有使用具有描述性的名稱。

Listing 5.5　以注釋來解釋不具可讀性的程式碼

```
String generateId(String[] data) {
  // data[0] contains the user's first name, and data[1] contains the user's
  // last name. Produces an ID in the form "{first name}.{last name}".
  return data[0] + "." + data[1];
}
```

這裡需要注釋是因為程式碼本身不具可讀性，所以更好的方法應該是讓程式碼更具可讀性。在這個範例中，透過使用具有描述性且命名良好的輔助函式就能輕鬆改善可讀性了，如 Listing 5.6 所示。

Listing 5.6　更具可讀性的程式碼

```
String generateId(String[] data) {
  return firstName(data) + "." + lastName(data);
}

String firstName(String[] data) {
  return data[0];
}

String lastName(String[] data) {
  return data[1];
}
```

讓程式碼本身不言自明通常比使用注釋更好，因為減少了維護的成本並消除了注釋忘記更新的可能性。

5.2.3 注釋可用來解釋程式碼存在的原因

程式碼本身不太擅長自我解釋「**為什麼**」要做某件事。某段程式碼存在的原因，或程式碼為可要做某件事的原因，對於其他查看程式碼的工程師來說，並不一定能掌握程式的上下脈絡或知識的相關性。這樣的上下脈絡對於理解程式碼或能夠以安全的方式修改程式碼是很重要時，加上注釋來配合就非常有用。可以加上注釋來解說某些程式碼為什麼存在的例子如下所示：

- 說明產品或業務上的決策。
- 修復了某個奇怪但不明顯的錯誤。
- 處理依賴關聯中違反直覺的怪癖。

Listing 5.7 是一個獲取使用者 ID 的函式。根據使用者登錄註冊的時間，可以有兩種不同的方式來生成ID，其原因在程式碼中不會很明顯，因此需要用注釋來說明。這樣可以防止其他工程師混淆程式碼的原意，並確保他們知道在修改此程式碼時需要注意哪些事項。

Listing 5.7　以注釋來說明程式碼存在的原因

```
class User {
  private final Int username;
  private final String firstName;
  private final String lastName;
  private final Version signupVersion;
  ...

  String getUserId() {
    if (signupVersion.isOlderThan("2.0")) {
      // Legacy users (who signed up before v2.0) were assigned
      // IDs based on their name. See issue #4218 for more
      // details.
      return firstName.toLowerCase() + "." +
          lastName.toLowerCase();
    }
    // Newer users (who signed up from v2.0 onwards) are assigned
    // IDs based on their username.
    return username;
  }
  ...
}
```

解釋某些程式碼為什麼存在的注釋

這確實會讓程式碼稍微雜亂，但好處大於壞處。這裡如果只有程式碼而沒有加上注釋，很可能會引起誤解和混亂。

5.2.4 注釋能提供有用的高層次總結摘要

我們可以把解釋程式碼功能的注釋和說明文件視為閱讀一本書時的摘要：

- 如果您拿起一本書，而書中每一頁的每一段都前面都有一句子概要，那這會是一本很煩人且難以閱讀的書。這有點像解釋程式碼功能的低層級注釋，它會損害可讀性。

- 從另一個角度來看，在一本書的封底（甚至在每章的開頭）放上總結摘要的內容就非常有用。這些內容可以讓您快速判斷這本書（或章節）是否對您有用或感興趣。這就像總結概括某個類別功能的高層次注釋，這些注釋能讓工程師快速判斷此類別是否對他們有用，或是這個類別可能會造成什麼影響。

程式碼功能的高層級說明文件會很有用的一些範例如下：

- 說明文件從高層次上解釋了類別的作用以及其他工程師應該注意的所有重要細節。
- 解釋函式的輸入參數是什麼或它做什麼的說明文件。
- 解釋函式返回值代表什麼的說明文件。

請回想第 3 章中所討論的內容：說明文件很重要，但我們應該知道現實中的工程師大都不太閱讀它。最好不要太依賴說明文件以避免意外或防止程式碼被誤用（第 6 章和第 7 章將分別介紹更強大的技術）。

Listing 5.8 展示了如何使用說明文件來總結 User 類別的功用，描述該類別整體所處理的工作。這裡的說明文件提供了一些有用的高層級細節內容，例如它與「串流服務」的使用者相關，且可能與資料庫不同步。

Listing 5.8　高層級的類別說明文件

```
/**
 * 封裝了使用者串流服務的細節。
 *
 * 不會直接存取資料庫，而建構的值會存放在記憶體中，
 * 所以可能在類別建構之後與資料庫中的內容不同步
 */
class User {
  ...
}
```

注釋和說明文件的主要功用是記錄單獨程式碼無法傳達的細節或總結大量程式碼的功用。其缺點是需要維護，很容易忘了更改而過時，而且會讓程式碼內容更混雜。想要有效的活用注釋和說明文件，就要懂得在利弊之間取得平衡。

➢5.3 不要太在意程式碼行數

一般來說，程式碼庫中的程式碼行數愈少愈好。程式碼一般需要持續的維護，愈多行的程式碼就表示可能會過於複雜或無法重複使用現有的解決方案。程式碼愈多行也會增加工程師的認知負擔，因為這表示要閱讀更多的內容。

工程師有時會採取極端措施，並認為最小化程式碼行數比其他程式碼品質的因素都更重要。有時有人會抱怨說，所謂的程式碼品質改善把原本 3 行的程式碼變成了 10 行，因此會讓程式碼變得更糟。

然而，重要的是程式碼行數只是我們實際關心事物的「代理」衡量標準，而且與大多數代理衡量標準一樣，雖然是個有用的指導原則，但不是一成不變的規定。我們真正關心的是確保程式碼是：

- 易讀好懂，
- 難被誤用，且
- 不容易意外中斷。

並非程式碼中每一行都是平等的：與 10 行（甚至 20 行）很容易理解的程式碼相比，只有一行卻是極難理解的程式碼也一樣會降低程式碼品質。接下來的兩個小節用一個例子來說明這一點。

5.3.1 避免簡潔但不好讀的程式碼

為了示範少行數的程式碼是怎麼降低可讀性的，請看 Listing 5.9 這個範例。這個函式是用來檢查 16 位元 ID 是否合法。看過這裡的程式碼後，問問自己：ID 合法的標準是什麼，是否一目了然呢？對大多數工程師來說，答案是否定的。

Listing 5.9　簡潔但不好讀的程式碼

```
Boolean isIdValid(UInt16 id) {
  return countSetBits(id & 0x7FFF) % 2 == ((id & 0x8000) >> 15);
}
```

這段程式碼會檢查奇偶校驗位元，這是一種在傳輸資料時會使用的錯誤檢測。16 位元 ID 中含有一個 15 位元的值並存放在最低有效的 15 位元中，以及存放在最高有效位元的奇偶校驗位元。奇偶校驗位元指出這個 15 位元的值中是設定為偶數位元還是奇數位元。

Listing 5.9 中的程式碼行並不是那麼好讀易懂，雖然很簡潔，但其實含有許多假設和複雜性，例如：

- ID 的最低有效 15 位元含有一個值。
- ID 的最高有效位元含有一個奇偶校驗位元。
- 如果在 15 位元的值中設定了偶數位元，則奇偶校驗位元為 0。
- 如果在 15 位元的值中設定了奇數位元，則奇偶校驗位元為 1。
- 0x7FFF 是最低有效 15 位元的位元遮罩。
- 0x8000 是最高有效位元的位元遮罩。

將所有這些細節和假設都壓縮成一行非常簡潔的程式碼會有如下的問題：

- 其他工程師必須很用力且費盡心思從這一行程式碼中找出並提取這些細節和假設。這樣是浪費大家的時間，也增加了誤解某些東西和破壞程式碼的機會。
- 這些假設需要與其他地方的假設保持一致。假設在其他地方的程式碼對 ID 進行編碼，我們想要修改程式碼把奇偶校驗位元放到最低有效位元，那麼 Listing 5.9 中的程式碼就無法正常執行。如果像「奇偶校驗位元的位置」這樣的子問題被分解成可以重複使用的單一事實來源，那就更好了。

Listing 5.9 中的程式碼是很簡潔，但也很不好閱讀，工程師們可能會浪費很多時間來了解其作用。程式碼做中不明顯和未記錄的假設數量也會使它變得脆弱而容易被破壞。

5.3.2 解決方案：讓程式碼具有可讀性，就算要寫很多行

對任何閱讀程式碼的人來說，把 ID 編碼和奇偶校驗位元的假設和細節都變得顯而易見，就算需要寫更多行程式來配合，那也會更好。Listing 5.10 的改善作法展示了如何讓程式碼變得更具可讀性，這裡定義了一些命名良好的輔助函式和常數，這樣使得程式碼更容易理解，並確保子問題的解決方案是可重複使用的，不過這裡需要寫出更多的程式碼行來配合。

Listing 5.10 程式碼長一些但更具可讀性

```
Boolean isIdValid(UInt16 id) {
  return extractEncodedParity(id) ==
  calculateParity(getIdValue(id));
}

private const UInt16 PARITY_BIT_INDEX = 15;
private const UInt16 PARITY_BIT_MASK = (1 << PARITY_BIT_INDEX);
private const UInt16 VALUE_BIT_MASK = ~PARITY_BIT_MASK;

private UInt16 getIdValue(UInt16 id) {
  return id & VALUE_BIT_MASK;
}

private UInt16 extractEncodedParity(UInt16 id) {
  return (id & PARITY_BIT_MASK) >> PARITY_BIT_INDEX;
}

// Parity is 0 if an even number of bits are set and 1 if
// an odd number of bits are set.
private UInt16 calculateParity(UInt16 value) {
  return countSetBits(value) % 2;
}
```

請留意新加的程式碼行數，因為這可能是一個警告信號，提醒程式碼可能沒有重複使用現有解決方案或過於複雜。不過更重要的是確保程式碼易於理解、強固且不會引發錯誤行為。如果需要寫出更多的程式碼行來有效地做到這一點，那多寫幾行也是沒有關係的。

5.4 維持一致的程式碼風格

如果我們正在寫一個句子，想要寫出語法正確的內容就必須遵循某些語法規則。此外還要遵循其他文體準則，以確保我們的句子是可讀的。

舉個例子來說，假設我們正在編寫關於「**software as a service（軟體即服務）**」的縮寫。依照慣例，如果 **a** 和 **as** 之類的字詞包含在首字母縮寫詞（acronym 或 initialism）中，則會使用小寫字元來縮寫。因此，「software as a service」最常用的首字母縮寫詞是「**SaaS**」。如果我們把首字母縮寫詞寫成「**SAAS**」，閱讀說明文件的人可能會想知道我們是否指其他東西，因為這不是大家所認定「software as a service」的縮寫。

這樣的共識同樣適用於程式碼。程式語言的語法和編譯器規定了允許的內容（有點像語法規則），但是當工程師在編寫程式碼時，採用何種風格規範卻有很大的自由。

5.4.1 不一致的程式碼風格會造成混淆

Listing 5.11 中含有一個類別的一些程式碼，是用來管理一組使用者之間的聊天相關處理。這個類別是在同時管理多個聊天群組的伺服器中使用。該類別中有一個 end() 函式，當呼叫該函式時會透過終止聊天群組中所有使用者的連線來結束聊天。

編寫程式碼時的常見風格規範是類別名稱以 **PascalCase（首字母大寫）**來編寫，而變數名稱以 **camelCase（首字母小寫）**編寫。在沒有看到整個類別定義的情況下，我們大都會假設 connectionManager 是 GroupChat 類別中的一個實例變數。因此，呼叫 connectionManager.terminateAll() 應該會終止指定的聊天連線，但不影響伺服器所管理的其他聊天連線。

Listing 5.11　不一致的命名風格

```
class GroupChat {
  ...
  end() {
    connectionManager.terminateAll();    // 我們假設 connectionManager 是一個實例變數
  }
}
```

不幸的是，我們的假設是錯的，而且這段程式碼非常糟糕。connectionManager 不是實例變數，它實際上是一個類別，terminateAll() 是它上面的一個靜態函式。呼叫 connectionManager.terminateAll() 會終止伺服器正在管理的每個聊天群的所有連線，而不是終止只有與 GroupChat 類別的特定實例相關聯的連線。以下 Listing 5.12 展示了 connectionManager 類別的程式碼。

Listing 5.12　connectionManager 類別

```
class connectionManager {
  ...
  static terminateAll() {    // 終止目前由伺服器管理的所有連線
    ...
  }
}
```

如果 connectionManager 類別有遵循「標準命名規範」，它應該是 Connection Manager 才對，這樣在呼叫時就能發現（並避免）此錯誤。如果沒有遵守這個規範，使用 connectionManager 來命名類別的程式碼很容易被誤解和誤用，這可能會引發被忽略的嚴重錯誤。

5.4.2 解決方案：採用並遵循風格指南的規範

如前所述，常見的程式碼編寫風格規範是類別名稱應該用 PascalCase 這種方式編寫，而變數名應該用 camelCase 方式編寫。如果遵循此規範，則 connection Manager 類別應該改為 ConnectionManager。上一節中的錯用的程式碼修改後應該像 Listing 5.13 所示。現在很明顯 ConnectionManager 是一個類別，而不是 GroupChat 類別中的實例變數，所以呼叫 ConnectionManager.terminateAll() 可能會修改一些全域狀態並影響伺服器的其他部分。

Listing 5.13　一致的命名風格

```
class GroupChat {
  ...
  end() {
    ConnectionManager.terminateAll();
  }
}
```

很明顯 ConnectionManager 是個類別，而不是一個實例變數

這只是個以「一致的」程式碼編寫風格讓程式更具可讀性且有助於防止錯誤的範例。程式碼編寫風格一般所涵蓋的面向很廣，不僅僅是如何命名而已，它應該還有如下這些內容：

- 某些程式語言功能的使用。
- 如何內縮程式碼層級。
- 套件和目錄結構。
- 如何為程式碼編寫說明文件。

大多數組織和團隊都有讓工程師遵循的程式碼風格指南，因此不太需要做出什麼決定或過多考慮要採用哪一種風格。只需閱讀和吸收團隊要求的風格指南並遵循其規範就好了。

如果您的團隊沒有風格指南，而您希望有一個風格指南來讓大家調整，那就可以採用許多現成的指南。例如，Google 已經發布了多種程式語言的風格指南：https://google.github.io/styleguide/。

當整個團隊或組織都遵循相同的程式碼風格時，就等同於大家都流利地說同一種語言，這樣大幅降低了彼此誤解的風險，也減少了錯誤，同時還縮減了理解令人困惑之程式碼所浪費的時間。

Linters

有一些好用的工具可以幫我們找出程式碼中違反風格指南的所有內容。這種工具稱為 linters，通常與我們使用的程式語言而不同。有些 linters 不僅僅檢查違反風格指南，還能警告容易出錯或列出程式碼中已知不太好的做法。

Linters 通常只捕捉簡單的問題，因此不能替代您先寫出好的程式碼，但執行 linters 卻是快速發現並改善程式碼問題的一種簡便的方法。

➢5.5 避免深度巢狀嵌套的程式碼

一段典型的程式碼由相互巢狀嵌套的區塊所組成的，例如：

- 函式定義了在呼叫函式時執行的程式碼區塊。
- if 語法定義了在條件為「真」時執行的程式碼區塊。
- for 迴圈定義了在迴圈的每次迭代中執行的程式碼區塊。

圖 5.1 說明了控制流程的邏輯（例如 if 語法和 for 迴圈）是如何造成程式碼區塊相互巢狀嵌套在一起的。通常有不止一種方法可以在程式碼中建構給定的處理邏輯。有些形式可能導致程式碼區塊出現大量的巢狀嵌套，而有些則幾乎沒有巢狀嵌套。考量程式碼結構怎麼影響可讀性是很重要的。

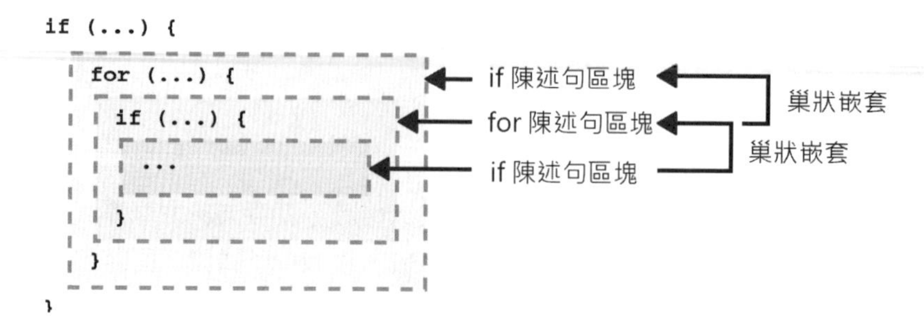

圖 5.1：控制流程的邏輯（例如 if 語法和 for 迴圈）通常會導致程式碼區塊相互巢狀嵌套。

5.5.1 深度巢狀嵌套的程式碼會難以閱讀

Listing 5.14 中的程式碼是用來查詢車主的地址，這些程式碼包含多個相互巢狀嵌套的 if 陳述句，這樣造成程式碼很難閱讀，用眼睛看很難理解，需要進入所有密集的 if-else 邏輯來判定何時返回某些值。

Listing 5.14　深度巢狀嵌套的 if 陳述句

```
Address? getOwnersAddress(Vehicle vehicle) {
  if (vehicle.hasBeenScraped()) {
    return SCRAPYARD_ADDRESS;
  } else {
    Purchase? mostRecentPurchase =
        vehicle.getMostRecentPurchase();
    if (mostRecentPurchase == null) {
      return SHOWROOM_ADDRESS;
    } else {
      Buyer? buyer = mostRecentPurchase.getBuyer();
      if (buyer != null) {
        return buyer.getAddress();
      }
    }
  }
  return null;
}
```

巢狀嵌套在其他 if 結構中的 if 陳述句

很難弄清楚抵達這裡的條件設想場景

人眼並不擅長準確追蹤每行程式碼的巢狀嵌套層級，這會讓閱讀程式碼的人難以準確理解不同的邏輯要何時執行。深度巢狀嵌套的程式碼會降低可讀性，最好是用最少的巢狀嵌套結構來建構程式碼。

5.5.2 解決方案：重組使用最少的嵌套結構

以上一個範例中類似的函式來看，很容易重新安排處理邏輯來避開多層的 if 陳述句巢狀嵌套。Listing 5.15 展示了如何用最少的 if 陳述句嵌套來重寫這個函式。程式碼變得更具可讀性，因為一眼就能理解，處理邏輯不會以太密集且難以理解的方式呈現。

Listing 5.15　程式碼使用最少的巢狀嵌套

```
Address? getOwnersAddress(Vehicle vehicle) {
  if (vehicle.hasBeenScraped()) {
    return SCRAPYARD_ADDRESS;
  }
  Purchase? mostRecentPurchase =
      vehicle.getMostRecentPurchase();
  if (mostRecentPurchase == null) {
    return SHOWROOM_ADDRESS;
  }
  Buyer? buyer = mostRecentPurchase.getBuyer();
  if (buyer != null) {
    return buyer.getAddress();
  }
  return null;
}
```

當巢狀嵌套邏輯的每個分支都產生一個 return 句時，這樣是很容易重新安排處理邏輯來避免嵌套。但是，當嵌套分支沒有 return 句時，表示函式處理工作太多了，下一小節會對此進行探討。

5.5.3 巢狀嵌套往往是處理的工作太多的結果

Listing 5.16 是個處理太多工作的函式，有查詢車主地址的處理邏輯，又有利用地址來發送郵件的處理邏輯。正因為如此，套用上一小節的修復方式並不好處理，因為從函式中提前返回顯然表示沒有發出郵件。

Listing 5.16　一個處理太多工作的函式

```
SentConfirmation? sendOwnerALetter(
    Vehicle vehicle, Letter letter) {
  Address? ownersAddress = null;
  if (vehicle.hasBeenScraped()) {
    ownersAddress = SCRAPYARD_ADDRESS;
  } else {
    Purchase? mostRecentPurchase =
        vehicle.getMostRecentPurchase();
```

一個可變的變數，用來存放查詢地址的結果

```
    if (mostRecentPurchase == null) {
      ownersAddress = SHOWROOM_ADDRESS;
    } else {
      Buyer? buyer = mostRecentPurchase.getBuyer();
      if (buyer != null) {
        ownersAddress = buyer.getAddress();
      }
    }
  }
  if (ownersAddress == null) {
    return null;
  }
  return sendLetter(ownersAddress, letter);
}
```

巢狀嵌套在其他 if 結構中的 if 陳述句

使用地址的處理邏輯

這裡真正的問題是這個函式做的工作太多了，它含有用來查詢地址的處理邏輯，以及觸發發送郵件的處理邏輯。我們可以透過把程式碼分解成更小的函式來解決這個問題，這會在下一小節中說明。

5.5.4 解決方案：把程式碼分解成更小的函式

可以透過把查詢車主地址的邏輯分解成不同的函式，以此改善上一小節的程式碼結構。之後就很容易套用本節前面所學的修復方式來消除 if 句中的多層嵌套。以下 Listing 5.17 顯示了修改的結果。

Listing 5.17　較小的函式

```
SentConfirmation? sendOwnerALetter(
    Vehicle vehicle, Letter letter) {
  Address? ownersAddress = getOwnersAddress(vehicle);
  if (ownersAddress != null) {
    return sendLetter(ownersAddress, letter);
  }
  return null;
}

Address? getOwnersAddress(Vehicle vehicle) {
  if (vehicle.hasBeenScraped()) {
    return SCRAPYARD_ADDRESS;
  }
  Purchase? mostRecentPurchase = vehicle.getMostRecentPurchase();
  if (mostRecentPurchase == null) {
    return SHOWROOM_ADDRESS;
  }
  Buyer? buyer = mostRecentPurchase.getBuyer();
    if (buyer == null) {
      return null;
    }
    return buyer.getAddress();
  }
```

把查詢車主地址的邏輯放在單獨的函式中

消除了 if 陳述句的巢狀嵌套

第 2 章討論了在單個函式內部處理太多事情會導致抽象層很差，因此就算沒有大量巢狀嵌套，分解過大的函式仍是一個好主意。當程式碼中有大量巢狀嵌套時，分解這個大型的函式就變得更加重要，因為這是消除巢狀嵌套時必需要的第一步。

5.6 讓函式呼叫變得具有可讀性

如果函式的命名良好，那麼名稱的作用會很明顯，但即使對於一個命名良好的函式，如果不清楚參數的用途或作用，也很容易出現可讀性很差的函式呼叫。

NOTE　**大量參數**。隨著參數數量的增加，函式呼叫的可讀性往往會降低。如果一個函式或建構函式有大量參數，這通常表示程式中存有更基本的問題，例如沒有定義適當的抽象層或沒有充分模組化。第 2 章已經討論過抽象層，第 8 章則會更詳細地介紹模組化的運用。

5.6.1 引數難以破譯

請思考以下程式碼片段，其中含有呼叫發送訊息函式的程式碼。目前尚不清楚函式呼叫中的參數代表什麼意義。我們能猜測到「hello」可能是訊息，但我們不知道 1 或 true 是什麼意思。

```
sendMessage("hello", 1, true);
```

要弄清楚 sendMessage() 呼叫中的 1 和 true 引數的意義，我們必須查看函式的定義。如果我們這樣做，我們會看到 1 表示訊息優先等級，而 true 表示可以重試發送訊息：

```
void sendMessage(String message, Int priority, Boolean allowRetry) {
  ...
}
```

這裡提供了函式呼叫中值的意義，但我們必須找到函式定義才能弄清楚這一點。要找到函式定義算是一項相當費力的工作，因為函式定義很可能放在完全不同的檔案或數百行程式碼之外。如果我們必須參照不同檔案或許多行之外的東西才能弄清楚某段特定程式碼的意義，這就表示程式碼的可讀性不是很好。有一些潛在的方法可以改進這一點，以下小節將探討其中一些解決方案。

5.6.2 解決方案：使用命名引數

愈來愈多的程式語言支援命名引數（named argument），尤其是更近期的程式語言。在函式呼叫中使用命名引數時，引數是根據其名稱而不是在引數清單中的位置來進行對應匹配。如果我們使用命名引數，那麼對 sendMessage() 函式的呼叫就變得易讀好懂，就算沒有看過函式定義也能了解其用意：

```
sendMessage(message: "hello", priority: 1, allowRetry: true);
```

不幸的是，並非所有程式語言都支援命名引數，因此只有在使用有支援命名參數的程式語言時，這才是個選項。話雖如此，但還是有一些方法可以偽造命名引數。這在使用物件解構的 TypeScript（和其他形式的 JavaScript）中很常見。Listing 5.18 展示了 sendMessage() 函式如何利用物件解構來處理（假設它是用 TypeScript 編寫的）。該函式接受單個物件（型別為 SendMessageParams）作為引數，但該物件會立即解構成它的組成屬性，隨後函式內的程式碼可以直接讀取這些屬性。

Listing 5.18　在 TypeScript 中的物件解構

```
interface SendMessageParams {        定義函式參數型別的介面
  message: string,
  priority: number,
  allowRetry: boolean,
}

async function sendMessage(                                  函式參數立即解構
    {message, priority, allowRetry} : SendMessageParams) {   為其屬性
  const outcome = await XhrWrapper.send(
      END_POINT, message, priority);
  if (outcome.failed() && allowRetry) {      可以直接使用解構
    ...                                      物件的屬性
  }
}
```

下面的程式碼片段顯示了呼叫 sendMessage() 函式的樣貌。該函式是以一個物件來呼叫的，這表示每個值都與一個屬性名稱對應關聯，這樣就達成了與命名引數類似的效果。

```
sendMessage({
  message: 'hello',      引數名稱與每個
  priority: 1,           值對應關聯
  allowRetry: true,
});
```

使用解構物件來達到命名引數相同的效果，這在 TypeScript（以及其他形式的 JavaScript）中相對常見，雖然是變通之法，但其他工程師一般會熟悉怎麼運用。另外還有一些方法可以在其他程式語言中偽造命名引數，但如果其他工程師不熟悉其程式語言的特性，反而會引起更多的問題。

5.6.3 解決方案：使用描述性型別

無論我們使用的程式語言是否支援命名引數，在定義函式時使用更具描述性的型別則是個好的主意。在本節開頭的設想場景中（在下面的程式碼片段會再次重複列出這個例子），sendMessage() 函式的開發者使用「整數」來表示優先等級，使用「布林值」表示是否允許重試。

```
void sendMessage(String message, Int priority, Boolean allowRetry) {
  ...
}
```

整數和布林值本身並不具有描述性，因為在不同的設想場景它們可以表示各式各樣的內容。另一種方法是使用型別來描述它們在編寫 sendMessage() 函式時所代表的內容。Listing 5.19 展示了使用以下兩種不同的技術來達到這個效果：

- **類別（class）**——訊息的優先級被包在一個類別中。
- **列舉（enum）**——重試策略現在使用帶有兩個選項的列舉而不是布林值。

Listing 5.19　在函式呼叫中具描述性的型別

```
class MessagePriority {
  ...
  MessagePriority(Int priority) { ... }
  ...
}

enum RetryPolicy {
  ALLOW_RETRY,
  DISALLOW_RETRY
}

void sendMessage(
    String message,
    MessagePriority priority,
    RetryPolicy retryPolicy) {
  ...
}
```

就算不知道函式定義，這裡的函式呼叫也非常易讀好懂：

```
sendMessage("hello", new MessagePriority(1), RetryPolicy.ALLOW_RETRY);
```

5.6.4 有時候沒有很好的解決方案

有時候沒有特別好的方法來確保函式呼叫是具備可讀性的。這裡用一個例子來說明，假設需要一個類別來表示 2D 方塊邊框，我們可能會編寫出如 Listing 5.20 所示的 BoundingBox 類別程式碼。建構函式採用四個整數來表示方塊邊框的位置。

Listing 5.20 BoundingBox 類別

```
class BoundingBox {
  ...
  BoundingBox(Int top, Int right, Int bottom, Int left) {
    ...
  }
}
```

如果使用的程式語言不支援命名引數，那麼對這個建構函式的呼叫就不是很具可讀性，因為只有一系列數字，沒有關於每個數字所代表意義的提示。因為所有的引數都是整數，工程師也很容易搞混順序而造成混亂，而且就算數字順序弄錯也能順利編譯。以下程式碼片段是呼叫 BoundingBox 建構函式的範例：

```
BoundingBox box = new BoundingBox(10, 50, 20, 5);
```

在這個範例中沒有特別令人滿意的解決方案，可以做的最好的處理是在呼叫建構函式時使用一些行內注釋來解釋每個引數所代表的意思。如果用行內注釋來配合，建構函式的呼叫會像下列所示：

```
BoundingBox box = new BoundingBox(
    /* top= */ 10,
    /* right= */ 50,
    /* bottom= */ 20,
    /* left= */ 5);
```

行內注釋無疑讓建構函式的呼叫更具可讀性，但還是要依賴我們在編寫時沒有出錯，而且依賴於其他工程師有維持其最新狀態，所以使用行內注釋作為解決方案並不那麼令人滿意。還有一個不使用行內注釋的理由，因為有忘了更新的過時風險，過時（不正確）的注釋可能比沒有注釋更糟糕。

加入 setter 函式或使用類似 builder 模式（在第 7 章會介紹）是替代的選項，但這兩者都有缺點，因為它們允許使用缺失值來實例化類別，這樣會讓程式碼變得容易被誤用，這需要透過執行時期檢查（而不是編譯時期檢查）來防止，以確保程式碼的正確性。

5.6.5 IDE 好用嗎？

有些整合開發環境（IDE）會在後端查詢函式的定義，然後可以擴充程式碼檢視，以便在呼叫點顯示函式引數名稱。圖 5.2 顯示了它的樣貌。

程式碼實際的樣子：

```
sendMessage("hello", 1, true);
```

顯示在 IDE 中樣子：

```
sendMessage( message: "hello" priority: 1, allowRetry: true);
```

圖 5.2：有些 IDE 增強了程式碼檢視來讓函式呼叫更具可讀性。

雖然在編輯程式碼時非常有用，但最好不要依賴它來讓程式碼變得具有可讀性。我們無法保證每位工程師都使用相同的 IDE 功能，而且其他查閱程式碼的工具可能不具備這種功能，例如程式碼庫的瀏覽器工具、合併工具和程式碼審查工具等就沒有這種功能。

5.7 避免使用無法解釋的值

有許多情況可能需要寫死在程式碼中的值（hard-coded value）。以下是一些常見的例子：

- 將某個量轉換為另一個量的係數。
- 一個可調參數的數字，例如某項任務失敗時可重試的最大次數。
- 代表樣板的字串，可以在其中填入一些值。

寫死在程式碼中的值有兩項重要訊息要提供：

- **值是什麼**——電腦在執行程式碼時需要知道值是什麼。
- **值所代表的是什麼**——工程師需要知道值代表的意思才能理解程式碼的意義。沒有這些資訊，程式碼就很難閱讀。

很顯然會給定一個值，否則程式碼無法編譯或執行，但很容易忘記讓其他工程師清楚了解這個值的實際代表的意義。

5.7.1 無法解釋的值會讓人困惑

Listing 5.21 展示了類別中用來表示車輛的一些函式。getKineticEnergyJ() 函式根據車輛的重量和速度來計算車輛的目前動能，以焦耳（J, joule）為單位，車輛的重量以噸（US tone）為單位，而速度以英里／小時（MPH, miles per hour）為單位。以焦耳（$\frac{1}{2} \cdot m \cdot v^2$）為單位計算動能的方程式則要求重量以千克（kilogram）為單位，速度以公里／每秒（meters per second）為單位，因此 getKineticEnergyJ() 含有兩個轉換係數，這些係數的意義從程式碼來看並不明顯，對於不熟悉動能方程式的人可能不知道這些常數代表什麼意思。

Listing 5.21　Vehicle 類別

```
class Vehicle {
  ...

  Double getMassUsTon() { ... }

  Double getSpeedMph() { ... }

  // Returns the vehicle's current kinetic energy in joules.
  Double getKineticEnergyJ() {
    return 0.5 *
    getMassUsTon() * 907.1847 *                    將噸轉換為千克但無法解釋的值
    Math.pow(getSpeedMph() * 0.44704, 2);          將 MPH 轉換為公里 / 每秒
  }                                                但無法解釋的值
}
```

像這樣具有無法解釋的值會降低程式碼的可讀性，因為許多工程師無法理解這些值為何存在以及它們的作用。當工程師必需修改他們不理解的程式碼時，很容易因為誤解而破壞原本程式碼的功用。

請想像一下，有位工程師正在修改 Vehicle 類別以擺脫 getMassUsTon() 函式，並改用返回重量以千克為單位的 getMassKg() 函式來處理。那就必須在 getKineticEnergyJ() 中修改對 getMassUsTon() 的呼叫才能呼叫新函式。但是因為他們不明白 907.1847 是把噸換算成千克的值，所以有可能沒有意識到現在需要刪除掉。在他們修改之後，getKineticEnergyJ() 函式的功用就會被破壞：

```
...
  // Returns the vehicle's current kinetic energy in joules.
  Double getKineticEnergyJ() {
    return 0.5 *
        getMassKg() * 907.1847 *
        Math.pow(getSpeedMph() * 0.44704, 2);
  }
...
```

907.1847 沒有刪掉，所以函式返回錯誤的值

在程式碼中有一個無法解釋的值可能會造成混亂和錯誤。確保**值的意義**對其他工程師來說是明顯易懂的，這一點很重要。以下兩個小節說明實現此目標的不同做法。

5.7.2 解決方案：使用命名良好的常數

解釋值的最簡單方法是透過存放值的常數所取的名稱。不要直接在程式碼中使用值，而是把值存放在常數來使用，這樣可從常數的名稱來了解值在程式碼中的意義。以下 Listing 5.22 展示了如果把值放在常數中，getKineticEnergyJ() 函式和周圍的 Vehicle 類別會是什麼樣子。

Listing 5.22　命名良好的常數

```
class Vehicle {
  private const Double KILOGRAMS_PER_US_TON = 907.1847;
  private const Double METERS_PER_SECOND_PER_MPH = 0.44704;
  ...

  // Returns the vehicle's current kinetic energy in joules.
  Double getKineticEnergyJ() {
    return 0.5 *
        getMassUsTon() * KILOGRAMS_PER_US_TON *
        Math.pow(getSpeedMph() * METERS_PER_SECOND_PER_MPH, 2);
  }
}
```

常數定義

在程式碼中使用常數

程式碼現在可讀性更高了，如果工程師把 Vehicle 類別修改為使用「千克」而不是「噸」，那他們很明顯會知道把重量乘以 KILOGRAMS_PER_US_TON 已不再正確。

5.7.3 解決方案：使用命名良好的函式

使用命名良好的常數的替代方案是使用命名良好的函式。使用函式時有兩種替代方案可以讓程式碼變得更具可讀性：

- 以 Provider 函式（提供者函式）返回常數。
- 以 Helper 函式（輔助函式）處理轉換。

Provider 函式

這個函式在概念上與使用常數幾乎相同，只是以稍微不同的方式達成目的。下面的 Listing 5.23 展示了 getKineticEnergyJ() 函式和兩個額外的函式來提供轉換係數：kilgramsPerUsTon() 和 meterPerSecondPerMph()。

Listing 5.23　以命名良好的函式來提供值

```
class Vehicle {
  ...
  // Returns the vehicle's current kinetic energy in joules.
  Double getKineticEnergyJ() {
    return 0.5 *
        getMassUsTon() * kilogramsPerUsTon() *                       ] 呼叫 Provider 函式
        Math.pow(getSpeedMph() * metersPerSecondPerMph(), 2);        ]
  }

  private static Double kilogramsPerUsTon() {        ]
    return 907.1847;                                  ]
  }                                                   ] Provider 函式
                                                      ]
  private static Double metersPerSecondPerMph() {    ]
    return 0.44704;
  }
}
```

Helper 函式

另一種方法是把量的轉換視為應由專用函式所解決的子問題。特定轉換中所用到的值是呼叫方不需要了解的實作細節。以下的 Listing 5.24 展示了 getKinetic EnergyJ() 函式和解決轉換子問題的兩個附加函式：usTonsToKilograms() 和 mphToMetersPerSecond()。

Listing 5.24　以 Helper 函式來處理轉換

```
class Vehicle {
  ...
  // Returns the vehicle's current kinetic energy in joules.
  Double getKineticEnergyJ() {
    return 0.5 *
        usTonsToKilograms(getMassUsTon()) *                       ]
        Math.pow(mphToMetersPerSecond(getSpeedMph()), 2);         ] 呼叫 Helper 函式
  }

  private static Double usTonsToKilograms(Double usTons) {      ]
    return usTons * 907.1847;                                     ]
  }                                                               ] Helper 函式
                                                                  ]
  private static Double mphToMetersPerSecond(Double mph) {       ]
    return mph * 0.44704;
  }
}
```

如前面的範例所示，有三種很好的方法可以避免在程式碼中出現無法解釋的值。把值放入常數或函式中只需要很少的額外工作，但卻可以大幅提高程式的可讀性。

最後一點，其他工程師有可能想要重複使用我們定義的值或 Helper 函式。如果有可能要重複使用，那最好把這些東西放在某個 public 工具類別中，而不是僅僅存放在我們正要使用的類別內。

5.8 適當使用匿名函式

匿名函式（anonymous function）是沒有名稱的函式，通常在需要用到的某些程式碼行內直接定義。定義匿名函式的語法會因不同程式語言而異。Listing 5.25 展示的函式是用來取得所有非空注釋的反饋。這裡呼叫 List.filter() 函式是使用匿名函式的方式來處理的。為了完整起見，這裡還展示了 List 類別中的 filter 函式（過濾器函式）的樣貌。List.filter() 把函式作為參數，呼叫方可以根據需要在此處提供匿名函式。

Listing 5.25　以匿名函式當作引數傳入

```
class List<T> {
  ...
  List<T> filter(Function<T, Boolean> retainIf) {  ——— 把函式當作參數
    ...
  }
```

```
}

List<Feedback> getUsefulFeedback(List<Feedback> allFeedback) {
  return allFeedback
      .filter(feedback -> !feedback.getComment().isEmpty());
}
```

呼叫 List.filter() 時是使用行內匿名函式

大多數主流程式語言都以某種形式支援匿名函式的使用。匿名函式用於小的、不言自明的處理可以增加程式碼的可讀性，但是用在大的、非不言自明的或可以重複使用的處理可能會造成問題。下面小節解釋了其中的原因。

函數式程式設計

匿名函式和使用函式作為參數是最常與函數式程式設計（Functional programming）相關聯的技術，尤其是 lambda 表示式的使用。函數式程式設計是一種範式，其中邏輯表示為對函式的呼叫或參照，而不是修改狀態的命令式陳述句。有不少程式語言屬於「純」函數式程式設計，本書最適用的程式語言不會是純函數式程式語言，儘管如此，大多數這些程式語言在不少設想情況下是確實允許編寫函數式程式碼的。

如果您想了解更多關於函數式程式設計的知識，以下網站的文章含有更詳細的說明：http://mng.bz/qewE。

5.8.1 匿名函式對處理小事很有用

我們剛剛看到的程式碼（以下片段也會列出）使用匿名函式來獲取含有非空注釋的反饋內容，只需要一條程式語句就搞定，由於要解決的問題很簡單，所以這條陳述句非常易讀且緊湊。

```
List<Feedback> getUsefulFeedback(List<Feedback> allFeedback) {
  return allFeedback
      .filter(feedback -> !feedback.getComment().isEmpty());
}
```

檢查注釋是否為空的匿名函式

在這個範例中，使用匿名函式效果很好，因為其中的處理邏輯很小、簡單且不言自明。另一種方法則是定義一個命名函式來確定某條反饋內容中是否含有非

空注釋。Listing 5.26 展示了使用命名函式所編寫的程式碼內容，這裡需要更多程式碼的語句來定義命名函式，有些工程師可能會認為此命名函式的可讀性比較差。

Listing 5.26　把命名函式當作引數傳入

```
List<Feedback> getUsefulFeedback(List<Feedback> allFeedback) {
  return allFeedback.filter(hasNonEmptyComment);        命名函式當作引數
}

private Boolean hasNonEmptyComment(Feedback feedback) {
  return !feedback.getComment().isEmpty();        命名函式
}
```

NOTE　就算 Listing 5.26 中使用的只是簡單邏輯，但從程式碼可重用性的角度來看，定義一個專用的命名函式仍然是好用。如果有人需要重複使用這個處理邏輯來檢查某條反饋內容是否含有非空評論時，最好把這個處理放入命名函式中而不是匿名函式中。

5.8.2 匿名函式有時很難閱讀

正如本章前面（以及本書前面章節）所介紹的，函式名稱對於提高程式碼的可讀性非常有用，因為它們提供了函式內部程式碼功用的摘要總結。從語法定義來看，匿名函式是無名的，所以它們不會為閱讀程式碼的人提供摘要總結。不管匿名函式語句有多小，如果它的內容不是簡單自明的，那程式碼很可能不好閱讀。

Listing 5.27 展示了一個函式的程式碼，此函式會接受一個 16 位元 ID 的串列檢查後返回合法有效的 ID。ID 的格式是一個 15 位元的值加上一個奇偶校驗位元，如果 ID 非 0 且奇偶校驗位元正確，則該 ID 會被認定為合法有效。檢查奇偶校驗位元的處理邏輯放在一個匿名函式中，但這段檢查奇偶校驗位元的程式語句並不易讀好懂，這表示程式碼的可讀性不理想。

Listing 5.27　不易讀好懂的匿名函式

```
List<UInt16> getValidIds(List<UInt16> ids) {
  return ids
      .filter(id -> id != 0)
```

```
        .filter(id -> countSetBits(id & 0x7FFF) % 2 ==
            ((id & 0x8000) >> 15));
}
```

檢查奇偶校驗位元的匿名函式

這個例子與本章前面看到的簡潔但不易閱讀的程式碼很類似。像這樣的處理邏輯需要解釋，因為大多數工程師不知道它的作用，而且匿名函式行內除了程式碼之外沒有提供任何解釋，這可能不太好運用。

5.8.3 解決方案：改用命名函式

任何閱讀前面範例中 getValidIds() 函式的人可能只對如何取得合法有效 ID 的高層次細節感興趣。所以他們只需要了解判定 ID 為合法有效的兩個概念性的原則：

- 非 0。
- 奇偶校驗位元正確。

我們不應該被迫參與較低層次的處理（如位元運算）來了解 ID 是否為合法有效的高層次概念。最好使用命名函式來把「檢查奇偶校驗位元」的實作細節抽象取出。

Listing 5.28 展示以命名函式處理的樣貌。getValidIds() 函式現在非常容易閱讀，任何閱讀此函式的人都會立即明白它做了兩件事：過濾掉非 0 的 ID 和過濾掉奇偶校驗位元不正確的 ID。如果想要了解奇偶校驗位元的細節，工程師可以查看輔助函式的細節內容，但不必為了理解 getValidIds() 函式而被迫深入這些細節。使用命名函式的另一個好處是檢查奇偶校驗位元的處理邏輯現在可以很容易地重複使用。

Listing 5.28　使用命名函式

```
List<UInt16> getValidIds(List<UInt16> ids) {
  return ids
      .filter(id -> id != 0)
      .filter(isParityBitCorrect);
}

private Boolean isParityBitCorrect(UInt16 id) {
  ...
}
```

命名函式當作引數

用來檢查奇偶校驗位元的命名函式

正如我們在第 3 章中學到的，查看名稱是工程師理解程式碼的主要方式之一。對處理事物命名的缺點是需要多用一些額外的贅言字語。匿名函式是減少了贅言字語，但缺點是函式不再有名稱，對於小的、不言自明的處理，不用名稱是很好，但對於較大或更複雜的處理，使用命名函式的好處通常超過贅言字語這個缺點。

5.8.4 大型的匿名函式可能會出問題

根據個人經驗，筆者發現工程師有時會把函數式程式設計與行內匿名函式的使用混為一談。採用函數式程式設計風格有很多好處，通常可以讓程式碼更具可讀性和強固性。正如本節前面的範例所示，我們可以很容易地使用命名函式來寫出函數式的程式碼，但採用函數式風格並不代表我們必須使用行內匿名函式來處理。

第 2 章討論了維持函式小而簡潔的重要性，這樣能讓工程師易於閱讀、理解和重複使用。在編寫函數式程式碼時，有些工程師會忘記這一點，並生成大型的匿名函式，其中含有太多處理邏輯，有時甚至還巢狀嵌套了其他匿名函式。如果匿名函式的內容開始超過兩三行，建議把匿名函式分解並放入一個或多個命名函式中，這樣的程式碼會更具可讀性。

為了說明這一點，Listing 5.29 展示了一些範例程式碼，其功用是在 UI 中顯示反饋的片段內容。buildFeedbackListItems() 函式中含有一個非常大型的行內匿名函式，這個匿名函式又巢狀嵌套了另一個匿名函式。密集大量的處理邏輯和巢狀嵌套內縮編排，使得這段程式碼難以閱讀。尤其是很難弄清楚 UI 中實際顯示了哪些資訊，因為這些資訊遍布各處。一旦我們閱讀了所有的程式碼，我們大概會了解到 UI 顯示了一個標題、反饋注釋評論和一些分類目錄，但要弄清楚卻不容易。

Listing 5.29　大型的匿名函式

```
void displayFeedback(List<Feedback> allFeedback) {
  ui.getFeedbackWidget().setItems(
      buildFeedbackListItems(allFeedback));
}

private List<ListItem> buildFeedbackListItems(
    List<Feedback> allFeedback) {
  return allFeedback.map(feedback ->
    new ListItem(
```

以匿名函式來呼叫 List.map()

```
      title: new TextBox(
        text: feedback.getTitle(),
        options: new TextOptions(weight: TextWeight.BOLD),
      ),
      body: new Column(
        children: [
          new TextBox(
            text: feedback.getComment(),
            border: new Border(style: BorderStyle.DASHED),
          ),
          new Row(
            children: feedback.getCategories().map(category ->
              new TextBox(
                text: category.getLabel(),
                options: new TextOptions(style: TextStyle.ITALIC),
              ),
            ),
          ),
        ],
      ),
    )
  );
)
```

顯示標題

顯示注釋評論

巢狀嵌套在主函式中的第二個匿名函式

顯示一些分類目錄

說句公道的話，Listing 5.29 中程式碼的許多問題並不能完全歸咎於使用匿名函式。就算把所有這些程式碼都轉移到一個單一且大型的命名函式內，它仍然會很糟糕且不易閱讀。真正的問題是函式做的太多處理了，使用匿名函式則會加劇這種情況，但並不能把所有責任都怪到匿名函式上。如果把程式碼分解為更小型的命名函式，程式碼將更具可讀性。

5.8.5 解決方案：把大型的匿名函式分解成命名函式

Listing 5.30 展示了剛剛所看過的 buildProductListItems() 函式，但這裡是將處理邏輯分解為一系列命名良好的輔助函式後的樣子。程式碼雖然更長，但可讀性明顯高出許多。最重要的是，工程師現在可以經由查看 buildFeedbackItem() 函式，就能知道 UI 中每條反饋內容所顯示的資訊：標題、注釋評論和反饋適用的分類。

Listing 5.30 較小型的命名函式

```
private List<ListItem> buildFeedbackListItems(
    List<Feedback> allFeedback) {
  return allFeedback.map(buildFeedbackItem);
}

private ListItem buildFeedbackItem(Feedback feedback) {
  return new ListItem(
```

List.map() 是使用命名函式來呼叫的

```
    title: buildTitle(feedback.getTitle()),          顯示標題
    body: new Column(
      children: [
        buildCommentText(feedback.getComment()),     顯示注釋評論
        buildCategories(feedback.getCategories()),
      ],                                             顯示一些分類目錄
    ),
  );
}

private TextBox buildTitle(String title) {
  return new TextBox(
    text: title,
    options: new TextOptions(weight: TextWeight.BOLD),
  );
}

private TextBox buildCommentText(String comment) {
  return new TextBox(
    text: comment,
    border: new Border(style: BorderStyle.DASHED),
  );
}

private Row buildCategories(List<Category> categories) {
  return new Row(
    children: categories.map(buildCategory),      List.map() 是使用命
  );                                               名函式來呼叫的
}

private TextBox buildCategory(Category category) {
  return new TextBox(
    text: category.getLabel(),
    options: new TextOptions(style: TextStyle.ITALIC),
  );
}
```

拆分大型函式中過多的處理功能是提高程式碼可讀性（可重用性和模組化）的好方法。在編寫函數式程式碼時不要忘了這一點：如果匿名函式開始變大且笨拙，那麼就要把處理邏輯轉移到一些命名函式中了。

➤5.9 適當使用閃亮嶄新的程式語言功能

大多數的人都喜歡閃亮的嶄新事物，工程師也不例外。大多數的程式語言仍在積極發發中，語言的設計者時不時會加入嶄新、閃亮的功能特性。在這種情況下，工程師大都想要使用這些新功能特性。

程式語言的設計人員在加入新功能之前會仔細考慮過各種情況，在大多數設想場景下，新功能可能會讓程式碼更具可讀性或更強固。工程師對這些事情感到興奮是件好事，因為這樣增加了新功能被用來改進程式碼的機會。但如果您發現自己只是單純想使用嶄新或閃亮的功能而已，這時請誠實面對自己，問問自己這項新功能是否真的對工作是最好的。

5.9.1 新功能特性可以改進程式碼

當 Java 8 引入 stream 功能特性時，許多工程師都很興奮，因為 stream 提供了寫出更簡潔、函數式風格程式碼的方法。接著以一個範例來說明 stream 如何改進程式碼，Listing 5.31 列出一些傳統的 Java 程式碼寫法，它採用字串串列並過濾掉所有空的內容。程式碼有點長（但概念上是非常簡單的處理）且需要使用 for 迴圈並實例化一個新串列。

Listing 5.31　傳統的 Java 程式碼以 filter 來處理串列

```
List<String> getNonEmptyStrings(List<String> strings) {
  List<String> nonEmptyStrings = new ArrayList<>();
  for (String str : strings) {
    if (!str.isEmpty()) {
      nonEmptyStrings.add(str);
    }
  }
  return nonEmptyStrings;
}
```

若使用 stream 功能則可讓這段程式碼變得更簡潔易讀。下面的 Listing 5.32 顯示了使用 stream 和 filter 來實作相同的處理。

Listing 5.32　使用 stream 來過濾串列

```
List<String> getNonEmptyStrings(List<String> strings) {
  return strings
      .stream()
      .filter(str -> !str.isEmpty())
      .collect(toList());
}
```

這裡似乎很好地利用了語言的新功能特性，因為程式碼變得更加可讀和簡潔。活用程式語言的新特性（而不是傳統的做法）也增加了程式碼效率最佳化和無錯誤的機會。在改進程式碼時使用程式語言的特性通常是不錯的好主意（但請留意接下來兩個小節的內容）。

5.9.2 晦澀難懂的功能特性可能會造成混亂

就算程式語言的功能特性提供了明顯的好處，但仍要思考這項功能特性對其他工程師來說是否熟悉。這通常需要考量我們的特定設想場景以及最終必須由誰來維護程式碼。

如果我們在一個只維護少量 Java 程式碼的團隊中工作，而其他工程師都不熟悉 Java 的 stream 功能，那麼最好避免使用 stream。在這種情況下，與可能引起的混亂相比，使用 stream 獲得的改善可能相對微不足道。

一般來說，在改善程式碼時使用程式語言的功能特性是個不錯的好主意。但如果改善程度很小或是其他人不熟悉該項功能特性時，最好還是避免使用。

5.9.3 為工作使用最好的工具

Java stream 的用途非常廣泛，可以用它來解決許多問題，然而不代表 stream 是解決問題的最佳方法。如果我們有一個 map 且需要從中尋找某個值，那麼執行這項操作的最明智的程式碼可能是

```
String value = map.get(key);
```

但是我們也可以透過獲取 map 項目的 stream 並根據「鍵」的過濾來解決這個問題，Listing 5.33 顯示了其中的程式碼，很顯然這不是從 map 中獲取某個值的最佳做法。這種做法不僅比呼叫 map.get() 的可讀性差很多，其執行效率也低很多（因為它可能會遍訪 map 中的每條項目）。

Listing 5.33　使用 stream 來取得 map 中的值

```
Optional<String> value = map
    .entrySet()
    .stream()
    .filter(entry -> entry.getKey().equals(key))
    .map(Entry::getValue)
    .findFirst();
```

Listing 5.33 看起來像是一個想要證明上述觀點的極端範例，但筆者以前在真實的程式碼庫中看過類似的程式碼寫法。

程式語言加入新的功能特性通常是有其原因的，而且可以帶來很大的好處，但這與您編寫的任何程式碼一樣，請確保您使用的功能是因為它是適合處理目前的工作，而不僅僅因為它是嶄新閃亮的功能而已。

總結

- 如果程式碼不具可讀性且不好理解，可能會造成以下問題：
  - 浪費其他工程師的時間來破譯程式了解它。
  - 誤解其用途會引入 bug。
  - 當其他工程師需要修改程式碼時，可能會破壞其原意。
- 讓程式碼更具可讀性有時會讓程式碼變得更長並佔用更多行數，但這是個值得權衡取捨。
- 讓程式碼具有可讀性通常需要有同理心，要考量可能讓其他人困惑的處理方式。
- 現實生活中的設想場景是很多樣的，每一種可能都是一系列的挑戰。想要寫出具有可讀性的程式碼，那就需要活用常識和判斷力。

6 避免意外的驚訝

本章內容

- 程式碼是怎麼導致意外的驚訝
- 意外的驚訝是怎麼導致軟體中的 bug
- 確保程式碼不會引發意外的驚訝

我們在第 2 章和第 3 章中學到程式碼是怎麼分層建構的，較高層的程式碼依賴於較低層的程式碼。當我們編寫程式碼時，這些程式通常只是大型程式碼庫的一部分，我們也是透過依賴其他程式碼片段來建構，而其他工程師也會依賴我們的程式碼來建構他們的程式。為此，工程師需要能夠理解程式碼的作用以及使用的方法。

第 3 章談到以「程式碼契約」作為思考其他工程師如何理解與如何使用某段程式碼的方式。在程式碼契約中，名稱、參數型別和返回型別等內容是顯而易見的項目，而注釋和說明文件則像是契約的附屬細則，經常會被忽略。

最後工程師會建立一個如何使用某段程式碼的心智模型，這會以他們在程式碼契約中注意到的內容和擁有的預先知識，以及他們認為可能適用的通用範式等為基礎來建構的。如果這種心智模型與程式碼執行的實際情況不相符，那麼很可能會發生令人討厭的意外驚訝。在最好的情況下，可能只會浪費一點時間就能解決，但在最壞的情況下，它可能會導致災難性的 bug。

避免意外的驚訝通常會想要讓事情變「明確」。如果某個函式有時什麼也不返回，或者只在某個特殊的設想場景才進行處理，那麼我們應該要確定其他工程師知道這一點。如果不這樣做，那麼工程師對程式碼處理工作的心智模型就有可能與現實不符。本章探討了程式碼可能導致意外驚訝的一些常見方式以及避免這些意外驚訝的相關技術。

➢6.1 避免返回魔術值

魔術值（magic value）是很適合函式的一般正常返回型別，但這個值具有特殊意義。使用魔術值最常見的例子是從函式返回 -1 來表示「值」不存在（或發生錯誤）。

因為魔術值是函式的正常返回型別，所以當呼叫方不知道或不留意這個值的特殊意義，很容易會誤認為是一般返回值。本節解釋了這種狀況會怎麼引發意外驚訝以及如何避免使用魔術值。

6.1.1 魔術值可能導致錯誤

從函式中返回 -1 來表示某個值不存在，這是您不時會遇到的程式寫法。有一些陳年老舊的程式碼常出現這種做法，甚至有些程式語言內建的特性也會這麼做（例如在 JavaScript 中對陣列呼叫 indexOf()）。

在過去，返回一個魔術值（如 -1）是還算明智的做法，因為不一定能使用更明確的錯誤信號技術或是返回 null 值、optional 值。如果我們正在處理一些過去遺留的程式碼或是需要仔細優化的程式碼，可能還有些理由繼續運用魔術值。但一般來說，返回魔術值有引起意外驚訝的風險，通常會避免使用的。

為了示範魔術值是怎麼導致錯誤，請看 Listing 6.1 中的程式碼範例，這裡含有一個用來儲存使用者資訊的類別。儲存在類別中的一種資訊是使用者的年齡，可以透過呼叫 getAge() 函式來存取。getAge() 函式返回一個不可為空的整數，因此查看此函式簽章的工程師會假設年齡值始終都可用的。

Listing 6.1　User 類別和 getAge() 函感

```
class User {
  ...
  Int getAge() { ... }    // 返回使用者的年齡，不會返回 null 值
}
```

現在假設工程師需要計算相關服務中所有使用者的一些統計資料。他們計算的其中一種統計資料是使用者的平均年齡，會編寫出如 Listing 6.2 中的程式碼來執行此項操作。這些程式碼的工作原理是把使用者的所有年齡相加，然後除以使用者的數量。程式碼假定 user.getAge() 都會返回使用者的實際年齡。程式碼的所有內容看起來都沒有明顯錯誤，而且程式碼的開發者和審查者大都會對它的處理感到滿意。

Listing 6.2　計算使用者的平均年齡

```
Double? getMeanAge(List<User> users) {
  if (users.isEmpty()) {
    return null;
  }
  Double sumOfAges = 0.0;
  for (User user in users) {
    sumOfAges += user.getAge().toDouble();    // 把所有 user.getAge() 返回的值加總
  }
  return sumOfAges / users.size().toDouble();
}
```

實際上，這段程式碼不起作用，而且返回的是不正確的平均年齡值，因為並非所有使用者都提供了年齡值，在沒有提供值的情況下，User.getAge() 函式會返回 -1。這樣的處理在程式碼的附屬細則中有提到，但不幸的是 getMeanAge() 函式的開發者沒有意識到這一點（就像附屬細則會被埋在注釋中的情況一樣）。如果我們更詳細深入 User 類別，就看到如 Listing 6.3 中的程式碼。User.getAge() 返回 -1 這個事實並沒有讓呼叫方明確意識到，使得 getMeanAge() 函式的開發者感到非常意外。getMeanAge() 處理的結果是返回一個看似合理但不正確的值，因為在計算年齡平均值時可能會放入一些 -1 值。

Listing 6.3　User 類別中更多的細節

```
class User {
  private final Int? age;
  ...

  // Returns -1 if no age has been provided.
  Int getAge() {
    if (age == null) {
      return -1;
    }
    return age;
  }
}
```

年齡值可能不會提供

附屬細則（在注釋中）指出 getAge() 可以返回 -1

如果沒有提供年齡值，則返回 -1

這看似煩人但不算很嚴重的錯誤，如果不知道這段程式碼的確切位置和呼叫方式，我們無法做出決定和處理。請想像一下，如果是公司向股東提交的年度報告而統計資料的團隊重用了 getMeanAge() 函式，算出來的使用者平均年齡報告值有可能會對公司的股價產生重大影響。如果報告的值不正確，則會導致嚴重的法律後果。

另一件需要注意的是，單元測試可能無法捕捉到這個問題。getMeanAge() 函式的開發者確信（但不正確）使用者的年齡值一直都是可用的，所以在編寫單元測試不會處理沒有提供使用者年齡值的情況，因為他們甚至不知道這是 User 類別處理的東西。進行測試是很好的處置，但如果編寫的程式碼可能會引起意外驚訝，那就需要依靠別人的勤奮才不會落入我們設置的陷阱。雖然在某些時候不會出事，但總會有出現狀況的時候。

6.1.2 解決方案：返回 null、optional 或 error 值

第 3 章討論了程式碼契約以及如何放入除了附屬細則之外顯而易見的事物。函式返回魔術值的問題在於需要讓呼叫方知道函式附屬細則所說明的魔術值意義。有些工程師不會閱讀附屬細則，或是閱讀後就忘記了。當這種情況發生時，後續的程式就有可能會發生令人討厭的意外驚訝。

如果某個值可能不存在，最好在寫程式時確保這是程式碼契約中明確無誤的部分。最簡單的方法之一是如果程式語言有支援 null-safety（空值安全），則直接返回一個可為 null 的型別，如果不支援，則返回一個 optional 值。這樣就能確保呼叫方知道「值」可能不存在，他們就會以適當的方式處理此問題。

Listing 6.4 展示修改了 getAge() 函式的 User 類別，在沒有提供值時返回 null。空值安全能確保呼叫方知道 getAge() 會返回「null 值」這一事實。如果我們使用的程式語言沒有支援空值安全，那就返回 Optional<Int>，這樣也能達到同樣的效果。

Listing 6.4　修改後的 getAge() 是會返回 null 的

```
class User {
  private final Int? age;        // 可能不提供 age（「?」表示 age 可以為 null）
  ...

  Int? getAge() {                // 返回型別可以為 null
    return age;                  // 如果沒有提供 age，則返回 null
  }
}
```

錯誤的 getMeanAge() 函式（在 Listing 6.5 中會再次列出）現在會導致編譯器錯誤了，這會迫使編寫程式的工程師意識到程式碼中存有潛在的錯誤。為了讓 getMeanAge() 程式碼能順利編譯，工程師必須處理 User.getAge() 返回 null 的情況。

Listing 6.5　錯誤的程式碼不能編譯

```
Double? getMeanAge(List<User> users) {
  if (users.isEmpty()) {
    return null;
  }
  Double sumOfAges = 0.0;
  for (User user in users) {
    sumOfAges += user.getAge().toDouble();   // 因為 getAge() 可以返回 null，所以導致編譯器錯誤
  }
```

```
    return sumOfAges / users.size().toDouble();
}
```

從組織性和產品的角度來看，返回一個可為 null 的型別會迫使工程師意識到計算一組使用者平均年齡並不像他們最初想像的那麼簡單，此時可以將此回報給經理或產品團隊，因為需要根據這些資訊來改善需求。

返回 null（或空的 optional）的缺點是它沒有傳達關於為什麼這個值不存在的明確資訊：使用者的年齡為 null 是因為沒有提供值或是因為系統的某些錯誤造成的？如果區分這些設想場景是有用的，那我們應該考慮使用第 4 章中描述的發出錯誤信號技術。

返回 null 型別會對呼叫方造成負擔嗎？

若想要得到簡短答案，那通常是「是的」。如果函式可以返回 null，那麼呼叫方一般都需要寫一些額外的程式碼來處理值為 null 的情況。有些工程師把這個原因當作反對返回 null 值或 optional 型別的原因，但值得我們去思考有沒有更好的替代方案。如果某個值可能不存在，而且函式無法讓呼叫方充分意識到這一點，那麼寫出來的程式碼最終出錯的機率很高（正如前面提到計算使用者平均年齡的範例）。從中長期來看，處理和修復這樣的錯誤所花費的精力和費用可能比正確處理 null 返回值的幾行額外程式碼要高出幾個量級。6.2 節會討論 null object pattern，這有時會當作返回 null 值的替代方案。正如我們即將看到的說明，如果使用不當也是會出問題的。

有時反對返回 null 的另一個原因是出現 NullPointerExceptions、NullReferenceExceptions 或類似的風險。但正如第 2 章（第 2.1 節）和附錄 B 中所提到的內容，使用空值安全或 optional 型別一般能消除這類風險。

6.1.3 有時可能會意外產生魔術值

返回魔術值並不會一直發生，但有時是工程師故意產生的。當工程師沒有充分考量程式碼可能收到的所有輸入和可能產生的影響時，故意產生魔術值就有可能導致意外。

舉例來說，Listing 6.6 的程式碼是用來找出整數串列的最小值。該函式的實作方式會在輸入串列為 null 時，返回一個魔術值（Int.MAX_VALUE）。

Listing 6.6　找出最小值

```
Int minValue(List<Int> values) {
  Int minValue = Int.MAX_VALUE;
  for (Int value in values) {
    minValue = Math.min(value, minValue);
  }
  return minValue;
}
```

如果值串列為空，則返回 Int.MAX_VALUE

這裡顯然要詢問編寫這段程式碼的工程師，因為返回 Int.MAX_VALUE 不是偶然的。這段程式的開發者可能會列出幾個論點來解釋為什麼要這麼做，例如：

- 取得空串列的最小值對呼叫方很明顯是沒有意義的，因此在這種情況下返回的值並不重要。
- Int.MAX_VALUE 是個合理的返回值，因為沒有整數大於它。這表示如果將它與任何型別的門檻值比較，程式碼可能會預設去做一些合理的處置。

這些引數的問題在於它們對函式會如何呼叫以及結果會如何使用做出了假設。這些假設很容易出錯，如果出錯，就會引起意外。

返回 Int.MAX_VALUE 有可能不會產生合理的預設處置。這種設想場景是在當作 maximin（最大最小值）演算法的時會發生。假設我們是遊戲程式專案團隊的一員，現在想要確定遊戲中的哪個級別是最簡單的（得最高分），我們決定對於每個級別找出玩家得到最低分的，而這些最低分中的最高分就是最簡單的關卡。

Listing 6.7 顯示了可能寫出的程式碼，這裡利用了剛才看到的 minValue() 函式。我們執行程式碼之後，它輸出級別 14 是最簡單的級別。但實際上第 14 級別非常難，以至於沒有人得到分數，這表示此級別從未記錄過任何分數。在處理級別 14 時，使用空串列來呼叫 minValue() 函式會返回 Int.MAX_VALUE，這使得 14 級別在取得最低分數方面是最大值，這算是失控的贏家。正如我們剛剛提到的，現實中的情況是這個級別太難，以至於沒有人完成，所以也沒有記錄分數。

Listing 6.7　maximin 演算法

```
class GameLevel {
  ...
  List<Int> getAllScores() { ... }    // 如果沒有分數，則返回一個空串列
}

GameLevel? getEasiestLevel(List<GameLevel> levels) {
  GameLevel? easiestLevel = null;
  Int? highestMinScore = null;
  for (GameLevel level in levels) {
    Int minScore = minValue(level.getAllScores());    // 如果沒有分數，則解析為 Int.MAX_VALUE
    if (highestMinScore == null || minScore > highestMinScore) {
      easiestLevel = level;
      highestMinScore = minScore;
    }
  }
  return easiestLevel;    // 如果級別沒有分數，則返回 easiestLevel
}
```

Int.MAX_VALUE 可能有其他幾種問題：

- Int.MAX_VALUE 一般只能用在特定的程式語言。如果 minValue() 函式放在 Java 伺服器中，而回應會被發送到用 JavaScript 編寫的客戶端應用程式，那麼這個值的意義就不會那麼明顯：Integer.MAX_VALUE（在 Java 中）與 Number.MAX_SAFE_INTEGER（在 JavaScript 中）是個非常不同的值。
- 如果函式的輸出被存放到資料庫中，那麼這個值可能會給執行查詢的人或讀取資料庫的其他系統帶來很多混亂和問題。

最好只返回 null、空的 optional，或者從 minValue() 函式發出某種錯誤信號，以便讓呼叫方知道某些輸入的值可能無法計算。如果我們返回 null，這會讓呼叫方產生額外的負擔，因為他們必須編寫處理邏輯來處置 null，但也消除了另一個負擔：必須記住在呼叫 minValue() 之前先檢查串列是否為空，如果不檢查，程式碼就有錯誤的風險。下面的 Listing 6.8 展示了 minValue() 函式在空串列返回 null 的程式碼內容。

Listing 6.8　在空串列時返回 null

```
Int? minValue(List<Int> values) {
  if (values.isEmpty()) {
    return null;
  }    // 如果是空串列則返回 null
  Int minValue = Int.MAX_VALUE;
  for (Int value in values) {
    minValue = Math.min(value, minValue);
  }
```

```
    return minValue;
}
```

返回魔術值有時是工程師故意的決定，但有時也可能是偶然發生的。不管是什麼原因，魔術值很容易引起意外的驚訝，所以對可能發生的情況保持警惕是很好的習慣。返回 null、optional 或使用錯誤信號技術是簡單而有效的替代方法。

6.2 適當使用 null object pattern

當無法獲取值時，**null object pattern（空物件模式）**是返回 null（或空的 optional）的替代方案。這個做法不是返回 null，而是返回一個有效值，這樣會讓所有下游處理邏輯以無害的方式執行。最簡單的形式是返回一個空字串或一個空串列，而更複雜的形式則要實作一個完整的類別，其中每個成員函式什麼都不做，或是返回一個預設值。

在第 4 章討論錯誤時，曾經簡要提過 null object pattern。第 4 章說明了使用 null object pattern 來隱藏發生錯誤的事實並不是個好主意。在錯誤處理之外，null object pattern 很有用，但如果使用不當，也可能會導致令人討厭的意外和難以發現的細微 bug。

本節中的範例會以 null object pattern 與返回 null 進行對比。如果您使用的程式語言不提供 null-safety，通常可以用 optional 的返回型別來代替安全的 null。

6.2.1 返回一個空集合可以改善程式碼

當函式返回集合（如串列、集合或陣列）時，有時可能無法獲取集合中的值，因為集合尚未設定或可能不適用於這裡設想的情況。在發生這種情況時有一種處理方式是返回 null。

Listing 6.9 展示了檢查某個 HTML 元素是否為 highlighted（標示出來）的程式碼。它是透過呼叫 getClassNames() 函式並檢查在元素上的 class 集合中是否有「highlighted」class。如果元素沒有「class」屬性，getClassNames() 函式會返回 null。這表示 isElementHighlighted() 函式在使用之前需要檢查 classNames 集合是否為 null。

Listing 6.9　返回 null

```
Set<String>? getClassNames(HtmlElement element) {
  String? attribute = element.getAttribute("class");
  if (attribute == null) {
    return null;
  }                                         如果元素沒有 class 屬性則
  return new Set(attribute.split(" "));     返回 null
}
...

Boolean isElementHighlighted(HtmlElement element) {
  Set<String>? classNames = getClassNames(element);
  if (classNames == null) {
    return false;                 在使用之前需要檢查 classNames 是否為 null
  }
  return classNames.contains("highlighted");
}
```

有人可能會爭論說 getClassNames() 函式返回一個可為 null 的型別是有好處的：它區分了「class」屬性未設定（返回 null）和明確設定為空（返回空集合）的情況，但這只是個微妙的區別，在大多數情況下，可能更令人困惑而不太有用。getClassNames() 函式提供的抽象層也應該是隱藏有關元素屬性的這些實作細節。

返回一個可為 null 的型別還能強制 getClassNames() 的每個呼叫方在使用它之前檢查返回的值是否為 null。這樣讓程式碼增加了更多的混亂而沒有太多好處，因為呼叫方不太想管未設定的 class 屬性和已設定為空字串這兩者之間有何區別。

在這種情況下可以用 null object pattern 來改善程式碼。如果元素上沒有 class 屬性，則 getClassNames() 函式可以返回一個空集合。這表示呼叫方不必處理 null 值。Listing 6.10 展示了修改後的程式碼，是透過返回一個空集合來使用 null object pattern，其中的 isElementHighlighted() 函式現在變得相當簡單和精練。

Listing 6.10　返回一個空集合

```
Set<String> getClassNames(HtmlElement element) {
  String? attribute = element.getAttribute("class");
  if (attribute == null) {
    return new Set();
  }                                         如果元素上沒有 class 屬
  return new Set(attribute.split(" "));     性，則返回一個空集合
}
...
```

```
Boolean isElementHighlighted(HtmlElement element) {
  return getClassNames(element).contains("highlighted");  // 不需要檢查是否為 null
}
```

NOTE **Null 指標例外。**對於使用 null object pattern 的更老派的爭論是盡量減少導致 NullPointerExceptions、NullReferenceExceptions 等的機會。如果使用帶有不安全 null 的程式語言，在返回 null 時會帶來風險，因為呼叫方在使用值之前可能不會費心檢查是否為 null。但只要使用 null-safety 或 optional（沒有 null-safety 時使用），這樣的爭論就變得過時了。若我們是在查閱以前遺留使用了不安全 null 值的舊版程式碼，這樣的爭論議題還是會存在。

6.2.2 返回空字串有時會出問題

上一小節展示了怎麼返回空集合而不是 null 來提高程式碼品質。有些工程師主張這樣的觀點也應該適用於字串，也就是可以返回一個空字串而不是 null。合適取與否決於字串的使用方式，在某些情況下，字串只不過是字元的集合，在這種情況下返回空字串而不是 null 可能是明智的。當字串具有超出此範圍的意義時，這就不再是個好主意了。為了證明這一點，請思考以下的設想場景。

字串當作字元的集合

當字串只是字元的集合，而且對程式碼沒有內在意義時，在字串不存在時使用 null object pattern 是可以的，也就是說在值不可用時返回空字串而不是返回 null。當字串沒有內在意義時，它是 null 還是空字串的區別對呼叫方來說都不太重要。

Listing 6.11 的範例展示了這一點，其中一個函式可以存取使用者在提供反饋時輸入的所有自由格式的評論。使用者沒有輸入任何評論和明確輸入空字串之間的區別是沒有什麼特別的意義。因此，如果沒有提供評論，該函式就返回一個空字串。

Listing 6.11　返回一個空字串

```
class UserFeedback {
  private String? additionalComments;
  ...
```

```
  String getAdditionalComments() {
    if (additionalComments == null) {
      return "";
    }
    return additionalComments;
  }
}
```

如果沒有提供注釋，就返回一個空字串

字串當作 ID

字串並不一定都是指字元的集合，在某些情況下字元具有的某種特定意義對程式碼來說很重要，最常見的例子是把字串當作 ID。在這種情況下，知道代表 ID 的字串是否存在就很重要，因為這會影響到執行的邏輯。因此，確定讓函式的呼叫方都明確知道該字串有可能不存在，這一點很重要。

為了示範這個觀點，Listing 6.12 展示了一個表示 payment（付款）的類別。其中含有一個名為 cardTransactionId 的欄位，該欄位可為 null。如果 payment（付款）涉及 card transaction（信用卡交易），則此欄位就會包含該筆交易的 ID。如果 payment（付款）不涉及 card transaction（信用卡交易），則此欄位就為 null。顯然，cardTransactionId 字串不僅僅是字元的集合：它具有特定的意義，而且在為 null 時表示某些重要的東西。

在這段程式碼範例中，getCardTransactionId() 函式使用 null object pattern，如果 cardTransactionId 為 null，則返回一個空字串。這種做法是自找麻煩，因為工程師可能會覺得該欄位不可為 null，並假設欄位始終連結著 card transaction（信用卡交易）。當工程師未能正確處理 payment（付款）不涉及 card transaction（信用卡交易）的情況時，使用這段程式碼的公司最後可能得到不太準確的會計資料。

Listing 6.12　對 ID 返回一個空字串

```
class Payment {
  private final String? cardTransactionId;
  ...

  String getCardTransactionId() {
    if (cardTransactionId == null) {
      return "";
    }
    return cardTransactionId;
  }
}
```

- cardTransactionId 可以是 null
- 函式簽章沒有指出 ID 可以不存在
- 如果 cardTransactionId 是 null 就返回空字串

如果 getCardTransactionId() 函式在 cardTransactionId 為 null 時返回 null 會好得多。這會讓呼叫方清楚地知道 payment 可能不涉及 card transcation，並避免了意外驚訝。如果這樣做了，程式碼應該像下面 Listing 6.13。

Listing 6.13　對 ID 返回 null

```
class Payment {
  private final String? cardTransactionId;
  ...

  String? getCardTransactionId() {      函式簽章清楚表明 ID
    return cardTransactionId;            可以不存在
  }
}
```

6.2.3 過於複雜的 null object 可能會引起意外

請以購買一台新智慧手機為例來想像一下。您到手機購物商城，告知店員您想買的型號，他們賣給您一個密封的盒子，看起來裡面應該裝著一部閃亮亮的新手機，當您回到家，打開盒子後發現裡面什麼都沒有，這太意外和驚訝了。以您需要新手機的理由來看，這可能會產生更嚴重的後果：可能會錯過重要的工作電話或朋友的訊息。

繼續以這個例子來看，到購物商城後您想要的手機已經售罄，但店員沒有告訴您，讓您去另一家商店或選擇不同的型號，而是保持沉默並賣個空盒子給您。如果我們在使用 null object pattern 時沒有留意和小心，就很容易出現上述舉例的類似情況。從程式角度來看，我們本質上是在向函式的呼叫方出售一個空盒子，如果他們會因為收到空盒子而感到意外或惱火，那最好避免使用 null object pattern。

有一種 null object pattern 更複雜的使用形式是涉及建構具有假設是無害值的完整類別。Listing 6.14 中有兩個類別：一個代表咖啡杯種類，另一個代表咖啡杯的庫存。CoffeeMugInventory 類別中含有一個可以從庫存中隨機取用一個咖啡杯的函式，如果庫存沒有咖啡杯了，顯然就不可能隨機取用咖啡杯。發生這種情況時，getRandomMug() 函式建構並返回一個大小為 0 的咖啡杯，而不是返回 null。這是使用 null object pattern 的另一個範例，但在這種情況下很容易讓呼叫方感到意外。任何呼叫 getRandomMug() 並收到看起來像杯子的東西的人都會假設他們是真的有取得杯子，但實際上可能沒有。

Listing 6.14 另人意外的 null-object

```
class CoffeeMug {
  ...
  CoffeeMug(Double diameter, Double height) { ... }

  Double getDiameter() { ... }
  Double getHeight() { ... }
}

class CoffeeMugInventory {
  private final List<CoffeeMug> mugs;
  ...
  CoffeeMug getRandomMug() {
    if (mugs.isEmpty()) {
      return new CoffeeMug(diameter: 0.0, height: 0.0);
    }
    return mugs[Math.randomInt(0, mugs.size())];
  }
}
```

CoffeeMug 類別

當庫存沒有杯子時建構並返回一個大小為 0 的咖啡杯

對於某些呼叫方來說，獲得一個大小為 0 的咖啡杯可能會滿足他們的需求，而且可以讓他們不必檢查 null 值，但對於某些呼叫方來說，這可能會導致嚴重的錯誤，而且就默默地發生了。請想像一下，如果有家顧問公司獲得一大筆經費來製作一份關於不同大小咖啡杯的使用分佈報告，而他們就是使用上面的程式碼。由於所有這些大小為 0 的咖啡杯會出現在他們的資料集合中，但沒有人注意到，這樣統計的資料可能會產生嚴重的錯誤。

Listing 6.14 中程式碼的開發者無疑是出於好意，試圖透過不強制處理 null 來讓 getRandomMug() 函式的呼叫方用得更輕鬆。但不幸的是，這會產生一種令人意外驚訝的情況，因為函式的呼叫方會產生錯誤的印象，會一直認為取得的是一個有效的 CoffeeMug 值。

當沒有可供選擇的隨機咖啡杯時，最好從 getRandomMug() 直接返回 null，這使得在程式碼契約會明確無誤地表明該函式可能不會返回一個有效的咖啡杯，當這種情況確實發生時就不會讓人意外驚訝了。下面的 Listing 6.15 顯示了 getRandomMug() 函式返回 null 的做法。

Listing 6.15 返回 null

```
CoffeeMug? getRandomMug(List<CoffeeMug> mugs) {
  if (mugs.isEmpty()) {
    return null;
  }
  return mugs[Math.randomInt(0, mugs.size())];
}
```

如果沒有可供選擇的隨機咖啡杯時就返回 null

6.2.4 null 物件實作可能會引起意外

有些工程師把 null object pattern 做更進一步的處理，定義介面或類別的專用 null 物件實作。這樣做的動機之一可能是當介面或類別中的函式有要執行某些操作而不僅僅是返回某些內容。

Listing 6.16 中含有一個表示咖啡杯的介面以及兩個實作：CoffeeMugImpl 和 NullCoffeeMug。NullCoffeeMug 是 CoffeeMug 的 null 物件實作，它實作了 CoffeeMug 介面的所有功能，但在呼叫 getDiameter() 或 getHeight() 時返回 0。在這個例子中，CoffeeMug 現在還有一個 reportMugBroken() 函式會處理一些事情，當咖啡杯破掉時可用來更新記錄。如果呼叫此函式，NullCoffeeMug 實作就不會執行任何操作。

Listing 6.16　Null-object 實作

```
interface CoffeeMug {                                    // CoffeeMug 介面
  Double getDiameter();
  Double getHeight();
  void reportMugBroken();
}
                                                         // CoffeeMug 的正常實作
class CoffeeMugImpl implements CoffeeMug {
  ...
  override Double getDiameter() { return diameter; }
  override Double getHeight() { return height; }
  override void reportMugBroken() { ... }
}                                                        // CoffeeMug 的 null 物件實作

class NullCoffeeMug implements CoffeeMug {
  override Double getDiameter() { return 0.0; }          // 應該返回一些東西的函式返回 0
  override Double getHeight() { return 0.0; }
  override void reportMugBroken() {
    // Do nothing                                        // 應該做一些事情的函式什麼都不做
  }
}
```

Listing 6.17 展示了 getRandomMug() 函式（我們之前看過的）在沒有杯子時返回 NullCoffeeMug 的樣子。這與前面建構並返回一個大小為 0 的咖啡杯範例大致相同，這種做法也有同樣的問題，仍然很容易引起意外。

Listing 6.17　返回 NullCoffeeMug

```
CoffeeMug getRandomMug(List<CoffeeMug> mugs) {
  if (mugs.isEmpty()) {
    return new NullCoffeeMug();                          // 如果無法取得隨機可用的咖啡杯，則返回 NullCoffeeMug
  }
```

```
  return mugs[Math.randomInt(0, mugs.size())];
}
```

返回 NullCoffeeMug 的小改進是呼叫方現在可以透過檢查返回值是否為 Null CoffeeMug 的實例，以此來判斷是否有 null 物件。但這並不是太大的改善，因為呼叫方根本不清楚他們要檢查判斷這個值。就算呼叫方知道，要求他們檢查某個值是否為 NullCoffeeMug 的實例也不是聰明的做法，而且可能比只檢查 null 更糟糕（這是很常見且不意外的範例）。

Null object pattern 能以多種形式表現出來。當我們在使用或遇到它，並思考是否真的合適或可能引起意外時，就值得認真去了解它。Null safety 和 optional 的普及使得明確表示某個值不存在變得更容易和安全。有了這個，現在使用 null object pattern 原本的許多爭論都不再那麼引人注目了。

➢6.3 避免引起意想不到的副作用

副作用（**side effect**）是函式在呼叫時在自身外部修改的任何狀態。如果函式除了返回值之外還有產生其他的影響，那就是函式的副作用。常見的副作用有下列幾種：

- 向使用者顯示輸出。
- 將某些內容儲存到檔案或資料庫中。
- 呼叫另一個系統引起的一些網路流量。
- 更新快取或讓快取失效。

副作用是編寫軟體不可避免的部分。一個沒有副作用的軟體可能處理不了任何事情：因為需要在某些時候向使用者、資料庫或其他系統輸出一些東西。這表示至少程式碼的某些部分需要有副作用。當副作用是如預想的發生，而且是呼叫某段程式碼的人想要的結果，那就一切安好，但如果副作用是意想不到的，就可能會引起意外並導致錯誤。

避免引起非預期副作用的最佳方法之一是先不引起副作用。本節和 6.4 節中的範例會對此進行討論，但是讓類別不可變也是減少潛在副作用的好方法，這會在第 7 章中介紹。如果副作用是所需功能的一部分或無法避免的情況，確保呼叫方了解這個副作用是很重要的。

6.3.1 明顯和有意的副作用是可以的

正如剛才提到的，程式碼在某個時刻還是需要有副作用的。Listing 6.18 展示了一個用來管理使用者顯示的類別。displayErrorMessage() 函式會產生副作用：它會對顯示給使用者的畫布進行更新，但這個類別名稱為 UserDisplay，而且其中的函式名稱為 displayErrorMessage()，從名稱就明顯指出這會引起副作用，不會有意外的驚訝。

Listing 6.18　預期的副作用

```
class UserDisplay {
  private final Canvas canvas;
  ...

  void displayErrorMessage(String message) {        副作用：畫布被更新
    canvas.drawText(message, Color.RED);
  }
}
```

displayErrorMessage() 函式是引發明顯且有意之副作用的範例。使用錯誤訊息更新畫布正是呼叫方想要並預期會發生的事情。從另一個角度來看，如果函式產生的副作用是呼叫方沒有預期或想要的就可能出問題，以下小節會討論這個議題。

6.3.2 意外的副作用可能是有問題的

當函式的目的是取得或讀取某個值時，其他工程師通常會假設函式不會造成副作用。Listing 6.19 展示了一個取得使用者顯示器中特定像素顏色的函式，這似乎是相對簡單且沒有副作用的處理。不幸的是，真實情況並非如此，在讀取像素顏色之前，getPixel() 函式會在畫布上引發 redraw 事件，這是一個副作用，對不熟悉 getPixel() 函式實作的人來說，這是意料之外的。

Listing 6.19　非預期的副作用

```
class UserDisplay {
  private final Canvas canvas;
  ...

  Color getPixel(Int x, Int y) {        觸發 redraw 事件就是個副作用
    canvas.redraw();
    PixelData data = canvas.getPixel(x, y);
    return new Color(
      data.getRed(),
```

```
      data.getGreen(),
      data.getBlue());
  }
}
```

有幾種處理方式會導致像這樣的非預期副作用出現問題。接下來的幾個小節將探討其中的一些處理。

副作用可能代價昂貴

呼叫 canvas.redraw() 可能是一項耗時較大的操作，而且還可能讓顯示器閃爍。呼叫 getPixel() 的工程師並不會預期這是一項花費效能很高的操作，或導致使用者出現顯示的問題：getPixel() 函式的名稱並沒有表明這一點。如果它效能消耗很大且會引發閃爍，這就可能會導致一些討厭的情況出現，而大多數使用者會把這種現象解釋為可怕的錯誤。

請想像一下，如果應用程式新加了一項功能，允許使用者截取螢幕的截圖。Listing 6.20 展示了實作的程式碼。captureScreenshot() 函式透過呼叫 getPixel() 函式逐個讀取像素。這會導致為螢幕截圖中的每個像素都會呼叫 canvas.redraw()。假設一個重繪事件需要 10 毫秒，而使用者顯示畫面為 400 x 700 像素（或總共 280,000 像素），截取螢幕截圖會讓應用程式凍結並閃爍 47 分鐘。幾乎所有使用者都會把這種現象解釋為應用程式已崩潰當掉，並可能會重新啟動，因此可能會遺失未存檔的工作。

Listing 6.20 螢幕截圖

```
class UserDisplay {
  private final Canvas canvas;
  ...
  Color getPixel(Int x, Int y) { ... }      // 副作用是執行大約需要 10 毫秒
  ...

  Image captureScreenshot() {
    Image image = new Image(
        canvas.getWidth(), canvas.getHeight());
    for (Int x = 0; x < image.getWidth(); ++x) {
      for (Int y = 0; y < image.getHeight(); ++y) {
        image.setPixel(x, y, getPixel(x, y));     // getPixel() 被多次呼叫
      }
    }
    return image;
  }
}
```

打破呼叫方的假設

即使重繪畫布耗時不多，取名為 captureScreenshot() 的函式看起來也不會產生副作用，因此大多數呼叫它的工程師可能會認為它不會有副作用，但這種錯誤假設的事實可能會導致 bug 出現。

Listing 6.21 顯示的是一個截取塗消過螢幕之截圖的函式，此函式會先刪除畫布中含有使用者個人資訊的範圍區域，然後呼叫 captureScreenshot()。此函式用於在使用者提供反饋或提交錯誤報告時截取匿名的螢幕截圖，刪除畫布區域時會清除其中這些像素內容，直到下一次呼叫 canvas.redraw()。

captureRedactedScreenshot() 函式的開發者會假設 canvas.redraw() 不會被 captureScreenshot() 呼叫。不幸的是這個假設是錯的，因為 captureScreenshot() 會呼叫 getPixel()，而 getPixel() 會呼叫 canvas.redraw()。這表示塗消功能完全被破壞，使用者的個人資訊會在反饋報告中發送出現，這是對使用者隱私嚴重侵犯的錯誤。

Listing 6.21　截取塗消過的螢幕截圖

```
class UserDisplay {
  private final Canvas canvas;
  ...

  Color getPixel(Int x, Int y) { ... }

  Image captureScreenshot() { ... }

  List<Box> getPrivacySensitiveAreas() { ... }

  Image captureRedactedScreenshot() {
    for (Box area in getPrivacySensitiveAreas()) {
      canvas.delete(
          area.getX(), area.getY(),
          area.getWidth(), area.getHeight());
    }
    Image screenshot = captureScreenshot();
    canvas.redraw();
    return screenshot;
  }
}
```

- getPixel()：透過呼叫 canvas.redraw() 會引起副作用
- captureScreenshot()：透過呼叫 getPixel() 間接引起副作用
- getPrivacySensitiveAreas()：返回的畫布區域含有使用者個人資訊
- canvas.delete(...)：刪除任何含有使用者個人資訊的像素內容
- captureScreenshot()：螢幕截圖被捉下來了
- canvas.redraw()：故意的清理：開發者認為 canvas.redraw() 唯一有被呼叫的位置

多執行緒程式碼中的 bug

如果一支程式需要相對獨立地執行多個任務，最常見的實作方式是在分別其自己的執行緒中執行各項任務，隨後電腦可以透過輪流反複搶占和恢復執行緒來快速地在多項任務之間來回切換，這就是多執行緒的處理。因為不同的執行緒大都可以存取相同的資料，所以某個執行緒引起的副作用有時會導致另一個執行緒出現問題。

請想像一下，應用程式中另外有個功能允許使用者與朋友即時共享他們的螢幕畫面。這可以透過讓另一個執行緒定期捕捉螢幕截圖並將其發送給朋友來達成。如果多個執行緒同時呼叫 captureScreenshot()，則螢幕截圖可能會損壞，因為某個執行緒可能正在重繪畫布，而另一個執行緒正要嘗試讀取。圖 6.1 展示了來自兩個獨立執行緒的兩個 getPixel() 呼叫所產生的可能互動，這裡以圖解方式說明這一點。

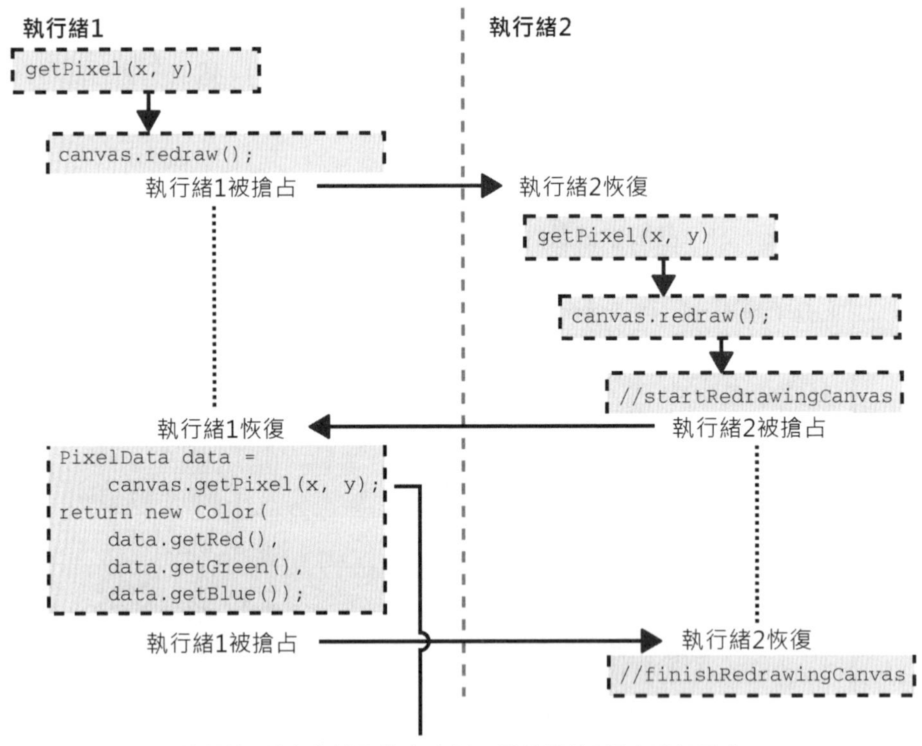

圖 6.1：如果程式碼曾經在多執行緒的環境中執行，而且開發者沒有採取積極措施讓執行緒安全（例如使用 lock 鎖住），那麼產生副作用的程式碼通常會出問題。

在單獨呼叫函式時發生多執行緒問題的可能性通常很低，但是當一個函式被呼叫數千次（甚至數百萬次）時，累積發生的機會就變得非常高。與多執行緒問題相關的 bug 也很難除錯與測試。

看到名稱為 captureScreenshot() 或 getPixel() 函式的工程師並不會預期到它們會有副作用去破壞在另一個執行緒中執行的程式碼。編寫在多執行緒環境中表現不好的程式碼可能會帶來一系列特別令人討厭的意外。除錯和解決問題會浪費工程師的大量時間，所以最好避免副作用或是讓副作用變得明顯。

6.3.3 解決方案：避免副作用或是讓副作用變得明顯

我們應該問的第一個問題是有必要在讀取像素之前呼叫 canvas.redraw() 嗎？也許這只是沒有經過適當考量的程式寫法，讓程式沒有副作用是避免引起意外的最好方法。如果不需要呼叫 canvas.redraw()，那就應該刪除掉，這樣也代表著問題會消失掉。

如果在讀取像素之前必需呼叫 canvas.redraw()，那麼應該重新命名 getPixel() 函式來突顯其副作用。更好的名字是 redrawAndGetPixel()，這樣很明顯告知函式有引起重繪事件的副作用，以下 Listing 6.22 顯示了這樣的處理方式。

Listing 6.22　取更具資訊性的名稱

```
class UserDisplay {
  private final Canvas canvas;
  ...

  Color redrawAndGetPixel(Int x, Int y) {
    canvas.redraw();
    PixelData data = canvas.getPixel(x, y);
    return new Color(
        data.getRed(),
        data.getGreen(),
        data.getBlue());
  }
}
```

函式名稱讓副作用突顯出來

這是一個非常簡單的修改，強調了取好名稱的威力。呼叫 redrawAndGetPixel() 函式的工程師現在被迫注意到函式的副作用，知道此函式會導致重繪事件。這對於解決我們在上一小節中看到的三個問題會有幫助：

- 重繪看起來可能很耗費效能，因此 captureScreenshot() 函式的開發者可能會重新思考在 for 迴圈中呼叫 redrawAndGetPixel() 數千次是否妥當，這提醒他們使用不同的方式實作其功能，例如只執行一次重繪，然後一次性讀取所有像素。
- 如果 captureScreenshot() 函式的開發者也修改名稱讓副作用突顯出來，那可能會改名為 redrawAndCaptureScreenshot()。現在工程師不容易做出錯誤的假設（不會引發重繪事件），因為函式的名稱已明顯告知。
- 如果需要呼叫 redrawAndCaptureScreenshot() 函式，那麼實作螢幕共享功能的工程師會立即意識到從多執行緒環境呼叫是有風險的。他們必須做一些工作來確保其安全（例如使用 lock 鎖住），雖然多了一些工作，但比忘記處理造成令人討厭的意外驚訝是好得多了。

大多數取得一條資訊的函式不會引起副作用，因此工程師的自然心智模型是假設這樣的函式不會引起副作用。因此責任就要放在會引起副作用的函式開發者，要讓會引起副作用這一事實對所有呼叫方都是明顯易見的。不引發副作用是避免意外驚訝的最佳做法，但這並不是都可行。當不可避免會引發副作用時，好好地取個名稱來突顯副作用是最有效的做法。

➢6.4 小心改變輸入參數

上一節討論了非預期的副作用是如何產生問題的。本節則討論一種特定類型的副作用：函式改變（mutating）了輸入參數。這可能是很常見的意外和錯誤來源，因此值得單獨在一節中探討。

6.4.1 改變輸入參數可能會導致錯誤

如果您把一本書借給朋友，他們還書時撕掉了一些頁面，而且在頁邊空白處寫滿了筆記，您可能會很生氣。您還打算自己閱讀這本書或再借給其他朋友，當您意識到這本書被破壞了，您會非常意外和驚訝。朋友把您借給他們的書撕掉並在頁邊亂塗亂畫，那他可能是個壞朋友。

把某個物件當作輸入傳給另一個函式有點像借一本書給朋友。這個物件中有其他函式需要的一些資訊，在此函式呼叫之後，其他處理仍可能需要這個物件。

如果有個函式修改了輸入參數，那麼它的程式碼執行就相當於撕掉頁面並在頁邊空白處亂塗亂畫。呼叫方通常知道傳給函式的物件是被借用的，如果函式在處理過程中破壞了物件，那這個函式有點像是個壞朋友。

修改（或改變）輸入參數是副作用的另一個例子，因為這個函式會影響其自身之外的某些東西。函式通常透過參數取得（或借用）輸入內容，並透過返回值提供結果。因此，對於大多數工程師來說，會改變的輸入參數是一種意想不到的副作用，並且可能會引發意外。

Listing 6.23 展示了會改變的輸入參數是怎麼引發意外和錯誤的。這裡顯示的程式碼是用來處理一家線上服務公司的銷售訂單，該公司會為新使用者提供免費試用。processOrders() 函式做了兩件事：發送可計費的帳單，然後為使用者啟用其訂購的服務。

getBillableInvoices() 函式用來確定哪些帳單是可計費的。如果使用者不再是使用免費試用版，則可以開具帳單。不幸的是，在執行計算的時候，getBillable Invoices() 透過刪除免費試用使用者的所有資料來改變其中一個輸入參數（userInvoices map），這會引發程式碼出錯，因為 processOrders() 稍後還會重用 userInvoices map 使用者資料並啟用其訂購的服務，這表示所有免費試用的使用者都不會啟用任何服務。

Listing 6.23　改變了某個輸入參數

```
List<Invoice> getBillableInvoices(
    Map<User, Invoice> userInvoices,
    Set<User> usersWithFreeTrial) {
  userInvoices.removeAll(usersWithFreeTrial);
  return userInvoices.values();
}

void processOrders(OrderBatch orderBatch) {
  Map<User, Invoice> userInvoices =
      orderBatch.getUserInvoices();
  Set<User> usersWithFreeTrial =
      orderBatch.getFreeTrialUsers();

  sendInvoices(
      getBillableInvoices(userInvoices, usersWithFreeTrial));
  enableOrderedServices(userInvoices);
}

void enableOrderedServices(Map<User, Invoice> userInvoices) {
  ...
}
```

透過刪除免費試用使用者的所有項目的資料來改變 userInvoices

getBillableInvoices() 非預期地改變了 userInvoices

免費試用的使用者將無法啟用服務

這個錯誤源自於 getBillableInvoices() 函式改變了 userInvoices 的 map（有點像壞朋友從借來的書中撕了幾頁）。如果修改此函式，讓它不會改變輸入參數會更好。

6.4.2 解決方案：在改變之前先複製備存

如果輸入參數中的一組值確實需要改變，那麼最好在執行任何改變之前將它們複製到新的資料結構中，這樣可以防止改變原始物件。以下 Listing 6.24 顯示了 getBillableInvoices() 函式在執行此操作時的樣子。

Listing 6.24　不會改變輸入參數

```
List<Invoice> getBillableInvoices(
    Map<User, Invoice> userInvoices,
    Set<User> usersWithFreeTrial) {
  return userInvoices
      .entries()
      .filter(entry ->
          !usersWithFreeTrial.contains(entry.getKey()))
      .map(entry -> entry.getValue());
}
```

取得 userInvoices map 中所有鍵-值對的串列

filter() 會把匹配符合條件的所有值複製到新串列中

複製值顯然會影響程式碼的效能（在記憶體使用、CPU 使用或兩者方面都有影響）。與改變輸入參數可能引發的意外和錯誤相比，這是兩害取其輕。但如果某段程式碼可能處理大量資料或可能在低階硬體上執行，那麼改變輸入參數可能是必要之惡。最常見的例子是對串列或陣列進行排序，值的數量可能非常多，將其就地排序而不是建立副本是更有效率的做法。如果出於這樣的效能原因我們確實需要改變輸入參數，此時最好確保函式名稱（和所有說明文件）能清楚地表明會發生改變輸入參數。

NOTE **改變參數有時很常見**。在某些程式語言和程式碼庫中，對函式改變參數是相當普遍的做法。在 C++ 語言中，許多程式碼利用了輸出參數的概念，以一種高效率且安全的方式從函式返回像類別的物件，這在過去是很棘手的做法。C++ 現在有新的功能特性可以讓輸出參數在新程式碼中變得很特別（例如 move semantic）。請留意，在某些程式語言中，改變參數是比較常用的做法。

NOTE　**保持防禦**。本節討論了要確保編寫的程式碼表現良好且不會「破壞」屬於其他程式碼的件。從另一個角度來看，這也是保護我們的程式碼擁有的物件不會被其他程式碼破壞。第 7 章會討論讓物件不可變，這是達到此目標的有效方法。

6.5 避免寫出誤導性的函式

當工程師處理呼叫函式的程式碼時，他們會根據看見的內容來形成對事情的想法。程式碼契約中顯而易見的部分（例如名稱）通常是工程師在瀏覽某些程式碼時最會注意到的內容。

正如我們在本章中已經看到的內容，如果程式碼契約中顯而易見的部分遺漏了一些東西，就可能引發意外。然而，更糟糕的是程式碼契約中明顯的部分具有誤導性。如果我們看到一個名為 displayLegalDisclaimer() 的函式，我們會假設呼叫它會顯示一個法律免責聲明。如果情況並非都是如此，很容易引發令人意外的行為和錯誤。

6.5.1 缺少關鍵輸入時什麼都不做可能會引發意外

如果有個函式允許使用不存在的參數來呼叫，然後在該參數不存在時什麼都不做，那麼這個函式很可能產生誤導的作用。呼叫方可能不知道在參數不提供值的情況下呼叫函式會出什麼狀況，而且所有閱讀程式碼的人可能被誤導以為函式呼叫後都會處理一些事。

Listing 6.25 的程式碼是在使用者的顯示中秀出法律免責聲明。displayLegalDisclaimer() 函式會將一些法律文字當作參數，並將其顯示在覆蓋層中。legalText 參數可以為 null，如果為 null，則 displayLegalDisclaimer() 函式直接返回，不向使用者顯示任何內容。

Listing 6.25　關鍵的參數可以為 null

```
class UserDisplay {
  private final LocalizedMessages messages;
  ...

  void displayLegalDisclaimer(String? legalText) {
```

legalText 可以為 null

```
    if (legalText == null) {
      return;
    }
    displayOverlay(
        title: messages.getLegalDisclaimerTitle(),
        message: legalText,
        textColor: Color.RED);
  }
}

class LocalizedMessages {
  ...
  String getLegalDisclaimerTitle();
  ...
}
```

當 legalText 為 null，函式返回不顯示任何內容

內含的訊息轉譯成使用者的當地語言

為什麼能接受 null 然後什麼也不做？

您可能想知道為什麼有人會寫出像 Listing 6.25 中的函式。答案是工程師有時這樣做是為了避免呼叫方在呼叫函式之前必須檢查 null（如下面所示的程式碼）。他們的意圖是好的：試圖減輕呼叫方的負擔，但不幸的是，這可能會產生誤導和令人意外的程式碼。

```
...
  String? message = getMessage();
  if (message != null) {
    userDisplay.displayLegalDisclaimer(message);
  }
...
```

如果 displayLegalDisclaimer() 函式不接受 null 值，那麼呼叫方必須檢查 null 才能呼叫函式

要理解為什麼這樣的程式碼會引發意外，有必要思考一下呼叫 displayLegalDisclaimer() 函式時的程式碼會是什麼樣子。假設有家公司正在為某項服務實作使用者登錄註冊的流程。程式碼需要滿足以下幾個很重要的要求：

- 在使用者登錄註冊之前，公司有法律義務展示以當地語言敘述的法律免責聲明。
- 如果無法以使用者的當地語言顯示法律免責聲明，則應中止登錄註冊。若繼續執行下去有違法之虞。

稍後我們會查閱完整的實作，現在先讓我們專注於確保滿足上述要求的 ensure LegalCompliance() 函式（如下所示的程式碼片段）。閱讀此程式碼的工程師可能會做出結論，這個函式始終都會顯示法律免責聲明，因為 userDisplay.displayLegalDisclaimer() 都會是被呼叫，而且在程式碼契約明確無誤的部分中沒有內容表示它有時什麼都不做。

```
void ensureLegalCompliance() {
  userDisplay.displayLegalDisclaimer(
      messages.getSignupDisclaimer());
}
```

與大多數閱讀此程式碼的工程師不同，我們碰巧熟悉 userDisplay.displayLegal Disclaimer() 的實作細節，因為之前有看到過這些內容（Listing 6.25），所以我們知道如果使用 null 值呼叫它，函式會什麼也不做。Listing 6.26 展示了登錄註冊流程處理邏輯的完整實作內容。我們現在可以看到 messages.getSignup Disclaimer() 有時可以返回 null。這表示 ensureLegalCompliance() 函式並不總是滿足所有法律要求。使用此程式碼的公司可能有違法之虞。

Listing 6.26　誤導性的程式碼

```
class SignupFlow {
  private final UserDisplay userDisplay;
  private final LocalizedMessages messages;
  ...

  void ensureLegalCompliance() {
    userDisplay.displayLegalDisclaimer(        ] 程式碼看起來都是會顯示免
        messages.getSignupDisclaimer());      ] 責聲明，但實際上並沒有
  }
}

class LocalizedMessages {
  ...
  // Returns null if no translation is available in the
  // user's language, because using a default language
  // for specific legal text may not be compliant.
  String? getSignupDisclaimer() { ... }          如果沒有轉譯成使用者語
  ...                                            言的內容，則返回 null
}
```

這裡問題最大的部分是 UserDisplay.displayLegalDisclaimer() 函式能接受一個可為 null 的值，然後當它為 null 時什麼也不做。所有閱讀呼叫 displayLegal Disclaimer() 程式碼的人心中所想的是：「哦！太好了，免責聲明肯定會顯示出來」。事實上，呼叫方必須知道函式不要以 null 值來呼叫，心中所想的情況才為真。下一小節會解釋我們如何避免這種潛在的意外。

6.5.2 解決方案：要求關鍵輸入

讓關鍵參數可以為 null 就表示呼叫方不必在呼叫之前檢查 null 值，這樣可以讓呼叫方的程式碼更簡潔，但不幸的是，這樣也會讓呼叫方的程式碼產生誤導。這不是好的取捨做法：呼叫方的程式碼會稍微變短，但在此過程中，混淆和錯誤的可能性會大幅增加。

如果函式在沒有某個參數的情況下無法執行其操作，則這個參數對函式來說是個關鍵。如果有這樣的參數，將其設為「必需」會更安全，如果值不可用，就不能呼叫該函式。

Listing 6.27 展示了修改後的 displayLegalDisclaimer() 函式，只接受非 null 參數。呼叫 displayLegalDisclaimer() 現在能保證顯示法律免責聲明了。所有 displayLegalDisclaimer() 的呼叫方會被迫面對這樣的事實，就是在沒有提供法律文字時是無法顯示免責聲明的。

Listing 6.27 關鍵參數是必需的

```
class UserDisplay {
  private final LocalizedMessages messages;
  ...

  void displayLegalDisclaimer(String legalText) {      // legalText 不能為 null
    displayOverlay(
        title: messages.getLegalDisclaimerTitle(),    ┐ 免責聲明都
        message: legalText,                           │ 會顯示
        textColor: Color.RED);                        ┘
  }
}
```

ensureLegalCompliance() 函式中的程式碼現在減少了誤導性。程式碼的開發者會意識到必須處理沒有翻譯的設想場景。Listing 6.28 展示了 ensureLegalCompliance() 函式修改後的樣子，它現在必須檢查轉譯成當地語言的法律文字是否可用，如果不能用，則發出信號返回 false，告知沒有符合規定，該函式還使用 @CheckReturnValue 進行註解，確保返回值不會被忽略（如第 4 章所述）。

Listing 6.28 清楚明確的程式碼

```
class SignupFlow {
  private final UserDisplay userDisplay;
  private final LocalizedMessages messages;
  ...
```

```
  // Returns false if compliance could not be ensured
  // meaning that signup should be abandoned. Returns true
  // if compliance has been ensured.
  @CheckReturnValue
  Boolean ensureLegalCompliance() {
    String? signupDisclaimer = messages.getSignupDisclaimer();
    if (signupDisclaimer == null) {
      return false;
    }
    userDisplay.displayLegalDisclaimer(signupDisclaimer);
    return true;
  }
}
```

確保返回值不會被忽略

返回布林值來指示是否符合規定

如果不符合規定則返回 false

呼叫 displayLegalDisclaimer() 都會顯示免責聲明

第 5 章討論了為什麼不要為了縮減程式碼總行數而犧牲程式碼品質是很重要的。把 if-null 陳述句移到呼叫方來處理會增加程式碼行數（尤其是在呼叫方很多的情況下），但這麼做也減少了程式碼被誤解或出意外的機會。修復由令人意外的程式碼所引發的錯誤所花費的時間和精力可能比多加一些 if-null 陳述句所花費的時間要高出幾個量級。程式碼清晰和明確的好處通常遠遠超過多幾行額外程式碼的成本。

➢6.6 防止過時的 enum 處理

本章到目前為止的例子都集中在確保我們程式碼的呼叫方不會對它所做的事情或返回的值感到意外，換句話說，就是確保依賴於我們程式碼的這些程式是正確且沒有錯誤的。但如果我們對所依賴的程式碼本身就是個脆弱的假設，這樣也會引發意外。本節以一個例子來說明。

Enum（列舉）在軟體工程師之間引起了一定程度的分歧。有些人認為，enum 是提供型別安全並避免對函式或系統進行無效輸入的好用又簡單方法。但也有人爭論說，enum 妨礙了乾淨的抽象層，因為如何處理特定 enum 值的邏輯最終都會遍布到各處。後一組工程師常爭論說，多型（polymorphism）是更好的方法：將每個值的資訊和行為封裝在一個專用於該值的類別中，然後讓所有這些類別實作一個公用的介面。

不管您對 enum 的看法是什麼，您都有可能會遇到 enum，而且必須在某個時候處理它們。這可能是因為：

- 您必須消耗別人程式碼的輸出，而他們真的很喜歡 enum，無論出於何種原因，或者，
- 您正在使用另一個系統提供的輸出。enum 通常是到處傳送資料格式中唯一實用的選項。

當您確實必須處理 enum 時，請記住將來有可能會向 enum 新增更多值。如果您編寫的程式碼忽略了這件事，那麼您可能會為自己或其他工程師帶來一些令人討厭的意外。

6.6.1 隱式處理未來的 enum 值可能會出問題

有時工程師查看 enum 中目前值的集合時會想說：「哦！太好了，我可以用 if 陳述句來處理它」。這種處理可能適用於 enum 中目前只有的一組值，但在未來加入的更多值後，這種處理就不穩健。

接著以一個範例來說明，假設有家公司開發了一個模型來預測若是公司追求給定的某項業務戰略會發生什麼情況。Listing 6.29 中含有 enum 的定義，它指示模型的預測，這裡還包含一個函式，該函式使用模型預測之後指示結果是否安全。如果 isOutcomeSafe() 返回 true，則下游的自動化系統將啟動這項業務戰略。如果返回 false，則不會啟動業務戰略。

目前 PredictedOutcome 中僅含有兩個值：COMPANY_WILL_GO_BUST 和 COMPANY_WILL_MAKE_A_PROFIT。工程師編寫 isOutcomeSafe() 函式注意到其中一個結果指示是「安全」的，而另一個不是，因此決定使用簡單的 if 陳述句來處理 enum。isOutcomeSafe() 把 COMPANY_WILL_GO_BUST 顯式處理為「不安全」的情況，而將所有其他 enum 值則隱式處理為「安全」。

Listing 6.29 隱式處理 enum 值

```
enum PredictedOutcome {
  COMPANY_WILL_GO_BUST,          ] 二個 enum 值
  COMPANY_WILL_MAKE_A_PROFIT,    ]
}
                                        COMPANY_WILL_GO_BUST
  ...                                   顯式處理為「不安全」

Boolean isOutcomeSafe(PredictedOutcome prediction) {
  if (prediction == PredictedOutcome.COMPANY_WILL_GO_BUST) {
    return false;
```

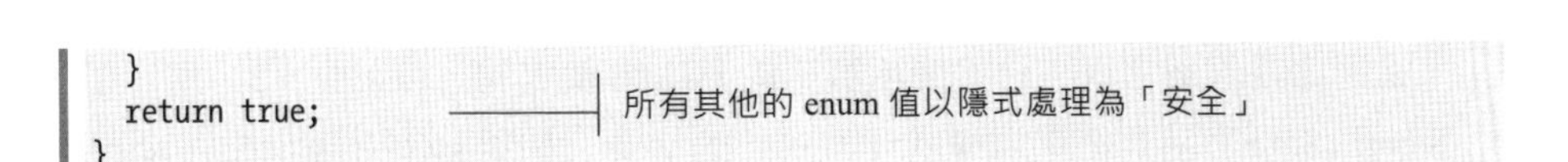

```
  }
  return true;
}
```

所有其他的 enum 值以隱式處理為「安全」

Listing 6.29 中的程式碼在只有兩個 enum 值時有效，但如果有人要引入一個新的 enum 值後，則可能會出大錯。請想像一下，模型和 enum 現在更新了一個新的潛在結果：WORLD_WILL_END。從名稱來看，這個 enum 值表示該模型預測是如果公司啟動給定的業務戰略，整個世界將結束，這個 enum 定義類似下面的 Listing 6.30。

Listing 6.30　新的 enum 值

```
enum PredictedOutcome {
  COMPANY_WILL_GO_BUST,
  COMPANY_WILL_MAKE_A_PROFIT,
  WORLD_WILL_END,
}
```

值指出世界預測將結束

isOutcomeSafe() 函式定義可能與 enum 定義的位置相差數百行，或者位於完全不同的檔案或套件中，它們也可能由完全不同的團隊維護。因此，假設所有向 PredictedOutcome 新增 enum 值的工程師都會意識到需要去更新 isOutcome Safe() 函式的內容是不切實的。

```
Boolean isOutcomeSafe(PredictedOutcome prediction) {
  if (prediction == PredictedOutcome.COMPANY_WILL_GO_BUST) {
    return false;
  }
  return true;
}
```

如果預測是 WORLD_WILL_END 返回 true

isOutcomeSafe() 函式的開發者忽略了將來可能會新增更多 enum 值的事實。因此程式碼含有可能導致災難性結果的脆弱和不可靠的假設。現實情況不太可能真的導致世界終結，但如果是對客戶資料管理不善或做出錯誤的自動化決策，對公司組織的後果仍然是很嚴重的。

6.6.2 解決方案：使用窮舉的 switch 陳述句

上一小節程式碼的問題是 isOutcomeSafe() 函式隱式處理了一些 enum 值，而不是顯式處理。更好的方法是顯式處理所有已知的 enum 值，然後確保在入新的未處理 enum 值時，程式碼會停止編譯或測試失敗。

達到此目的最常用方法是使用窮舉的 switch 陳述句。Listing 6.31 顯示了 isOutcomeSafe() 函式使用這種處理方式時的樣子。如果 switch 陳述句在沒有窮舉每一種情況的處理，則表示遇到了未處理的 enum 值。如果發生這種情況，則表示是程式設計的錯誤：工程師未能更新 isOutcomeSafe() 函式中的程式碼來處理新的 enum 值。這可以透過拋出非受檢例外來發出信號，確保程式碼會快速失效且高調失效（如第 4 章所述）。

Listing 6.31　窮舉的 switch 陳述句

```
enum PredictedOutcome {
  COMPANY_WILL_GO_BUST,
  COMPANY_WILL_MAKE_A_PROFIT,
}

...

Boolean isOutcomeSafe(PredictedOutcome prediction) {
  switch (prediction) {
    case COMPANY_WILL_GO_BUST:
      return false;
    case COMPANY_WILL_MAKE_A_PROFIT:
      return true;
  }
  throw new UncheckedException(
      "Unhandled prediction: " + prediction);
}
```

每個 enum 值都以顯式的方式來處理

沒有處理 enum 值是程式設計的錯誤，所以會拋出非受檢例外

這個可以與單元測試結合使用，單元測試使用每個潛在的 enum 值來執行對函式的呼叫。如果對任何值拋出例外，則表示測試失敗，而向 PredictedOutcome 加入新值的工程師會意識到需要更新 isOutcomeSafe() 函式的內容。以下 Listing 6.32 顯示了這個單元測試的樣貌。

Listing 6.32　單元測試所有 enum 值

```
testIsOutcomeSafe_allPredictedOutcomeValues() {
  for (PredictedOutcome prediction in
      PredictedOutcome.values()) {
    isOutcomeSafe(prediction);
  }
}
```

遍訪 enum 中的每個值

如果因為有未處理的值而引發例外，則測試會失敗

假設 PredictedOutcome 的 enum 定義和 isOutcomeSafe() 函式是在同一個程式碼庫，而且有足夠的預提交檢查，除非工程師記得更新 isOutcomeSafe() 函式，否則會阻止他們提交程式碼。這樣能迫使工程師注意到問題，他們會去更新函式以顯式的方式處理 WORLD_WILL_END 值。以下 Listing 6.33 顯示了更新後的程式碼。

Listing 6.33　處理新的 enum 值

```
Boolean isOutcomeSafe(PredictedOutcome prediction) {
  switch (prediction) {
    case COMPANY_WILL_GO_BUST:
      return false;
    case WORLD_WILL_END:
      return false;
    case COMPANY_WILL_MAKE_A_PROFIT:
      return true;
  }
  throw new UncheckedException(
      "Unhandled prediction: " + prediction);
}
```

WORLD_WILL_END 這個 enum 值會以顯示方式來處理

使用更新的程式碼，testIsOutcomeSafe_allPredictedOutcomeValues() 測試再次通過。如果工程師正確地完成了他們的工作，那他們還會加入一個額外的測試用例，以確保 isOutcomeSafe() 函式為預測的 WORLD_WILL_END 時返回 false。

透過使用窮舉的 switch 陳述句與單元測試結合使用，可以避免程式碼出現令人討厭的意外和潛在的災難性錯誤。

> NOTE　**編譯時安全性**。在某些程式語言（例如 C++）中，編譯器可能會為 switch 陳述句生成警告，指出該陳述句沒有窮舉每個 enum 值來處理。如果您的團隊的建置設定（Build setup）配置會把警告視為錯誤，那就能有效快速地識別此類錯誤。如果來自另一個系統，仍然建議把未處理的 enum 值拋出例外（或以某種方式快速失效），這是因為其他系統可能正在執行含有新 enum 值的更新版本程式碼，而您的程式碼的目前版本可能是舊版本且沒有更新 switch 陳述句的處理邏輯。

6.6.3 留意 default case

Switch 陳述句通常支援 default case，這裡捕捉了所有未處理的值。把這種語法加到 switch 陳述句來處理 enum 值，這可能會導致未來的 enum 值被隱式處理，進而導致意外和錯誤。

把 default case 加到 isOutcomeSafe() 函式中，讓它看起來像 Listing 6.34 所示，該函式現在預設為碰到任何新的 enum 值時返回 false。這表示任何未明確處理之預測的業務戰略都被視為「不安全」且「不會被啟動」。這似乎是合理的預設設定，但不一定是正確的。有個新的預測結果 enum 值可能是 COMPANY_WILL_AVOID_LAWSUIT，在這種情況下預設為 false 就不是明智的做法。使用 default case 會導致隱式處理新的 enmu 值，正如我們在本節前面所提過的內容，這可能會導致意外和錯誤。

Listing 6.34　default case 語法

```
Boolean isOutcomeSafe(PredictedOutcome prediction) {
  switch (prediction) {
    case COMPANY_WILL_GO_BUST:
      return false;
    case COMPANY_WILL_MAKE_A_PROFIT:
      return true;
    default:
      return false;    ] 對於所有新的 enum 值，預設都是返回 false
  }
}
```

從 default case 中拋出錯誤

有時使用 default case 語法的另一種方式是拋出例外，指出 enum 值未處理。Listing 6.35 展示了這種寫法的程式碼，這裡與之前在 Listing 6.33 中看到的版本略有不同：「throw new UncheckedException()」陳述句現在放在 default case 下，而不是在 switch 陳述句之外。這好像只是無關緊要的風格選擇，但在某些程式語言中，這種寫法會反而會讓程式碼更容易出錯。

當 switch 陳述句沒有窮舉處理所有 enum 值時，某些程式語言（例如 C++）可能會顯示編譯器警告。這是個非常有用的警告，就算已有了檢測未處理 enum 值的單元測試，這個編譯器警告所提供的額外保護層也沒有什麼壞處。在測試失敗之前可能就會注意到編譯器警告，這樣反而節省工程師的時間，而且測試也可能被意外刪除或關閉的風險。若在 switch 陳述句加入 default case 語法（如 Listing 6.35 所示），編譯器就確定 switch 陳述句處理了所有的值，即使將來加入新值到 enum 中也是如此，這表示編譯器不會輸出警告，因此也失去了額外的保護層。

Listing 6.35　在 default case 中的例外處理

```
Boolean isOutcomeSafe(PredictedOutcome prediction) {
  switch (prediction) {
    case COMPANY_WILL_GO_BUST:
```

```
    return false;
  case COMPANY_WILL_MAKE_A_PROFIT:
    return true;
  default:
    throw new UncheckedException(
        "Unhandled prediction: " + prediction);
 }
}
```

default case 表示編譯器會始終認定所有值都已處理

從 default case 拋出例外

為了確保編譯器仍然為未處理的 enum 值輸出警告，最好把「throw new UncheckedException()」陳述句放在 switch 陳述句之後。我們在本節前面（Listing 6.31）看到的示範程式碼會在下面的 Listing 6.36 再展示一次。

Listing 6.36　例外處理放在 switch 陳述句之後

```
Boolean isOutcomeSafe(PredictedOutcome prediction) {
  switch (prediction) {
    case COMPANY_WILL_GO_BUST:
      return false;
    case COMPANY_WILL_MAKE_A_PROFIT:
      return true;
  }
  throw new UncheckedException(
      "Unhandled prediction: " + prediction);
}
```

例外的拋出是放在 switch 陳述句之後

6.6.4 提醒：依賴另一個專案的 enum

有時我們的程式碼可能依賴於不同專案或組織擁有的 enum。要如何處理這種 enum 是取決於我們與其他專案的關係和性質，以及我們自己的開發與釋出的週期。如果另一個專案可能會在沒有警告的情況下加入新的 enum 值，這會立即破壞我們的程式碼，我們可能別無選擇，只能在處理新值時更加寬容。與處理許多事情一樣，都是需要善用判斷力來取捨。

6.7 可以透過測試來解決這一切的問題嗎？

有一個論點是反對花過多心力來避免意外驚訝以提升程式碼品質，覺得這是浪費時間，因為「測試」應該能抓出所有的問題，但根據我的經驗，這樣的論點太理想化，在現實中是行不通的。

在編寫一些程式碼時，您覺得可以控制如何測試這些程式碼，您可能對測試非常用心且這方便的知識相當淵博，並編寫了一組近乎完美的測試來鎖定程式碼的所有正確行為和假設。但避免意外驚訝的處理不僅僅關乎您自己程式碼的技術正確性，也關係著其他工程師寫出的程式碼（呼叫您的程式碼）能否正常執行。由於以下原因，只靠測試可能不足以確保程式的品質：

- 其他工程師可能對測試並不太花心思，這代表他們沒有測試足夠多的設想場景或極端情況來發掘對您的程式碼所做的假設是錯誤的。如果問題僅在某些情況下或非常大的輸入中才會顯示出來時，這種狀況更是明顯。
- 測試並不真的都能準確模擬現實世界的所有狀況。測試程式碼的工程師可能被迫模擬出其中一個相依項目，在這種情況下，他們會對模擬的設想編寫測試程式，使其表現出他們認為模擬程式碼的行為。如果真實程式碼的行為會在某些情況下出現意外驚訝，而工程師沒有意識到這種情況，那麼就不可能會對模擬寫出正確的測試程式。當這種情況發生，引發意外驚訝行為的錯誤可能永遠不會在測試期間出現。
- 有些東西很難測試。副作用這個議題已展示過對多執行緒程式碼所造成的影響。眾所周知，與多執行緒問題相關的錯誤很難測試，因為它們發生的機率很低，而且只有在程式碼大規模執行時才會顯示出來。

這裡所提到的觀點也適用於「讓程式碼不易被誤用」這個議題（在本書第 7 章會介紹）。

這裡再次重申，測試是非常重要的，再多的程式碼結構化或程式碼契約的關注都無法取代對高品質和徹底測試的要求。但以我的經驗來看，測試也是一樣不能取代其他提升程式碼品質的努力。單獨測試是無法彌補寫得很爛或是會引發意外驚訝的程式碼。

總結

- 我們編寫的程式碼一般也會依賴於其他工程師寫出來的程式碼。
    - 如果其他工程師誤解了我們程式碼的功用，或是未能發現他們需要處理的特殊情況，那表示建構在我們程式之上的程式碼很可能會出現錯誤。
    - 避免為某段程式碼的呼叫方帶來意外驚訝的最好做法之一是確保重要的細節是放在程式碼契約的明確部分。
- 如果我們對所依賴的程式碼做出「脆弱的假設」，就有可能造就另一個意外的源頭。
    - 有個常見的例子是未能預期會有新值加到 enum 中。
    - 如果我們依賴的程式碼破壞了先前的假設，最好能確保程式碼會停止編譯或測試失敗。
- 單獨測試是無法彌補寫得很爛或會引發意外驚訝的程式碼：如果其他工程師誤解了我們程式碼的原意，也就有可能誤解了需要測試的設想場景。

7 讓程式碼不易被誤用

本章內容

- 誤用程式碼是怎麼導致錯誤的
- 常見的程式碼也很容易被誤用
- 讓程式碼不易被誤用的技術

第 3 章討論了我們編寫的程式碼通常只是一個大型軟體中的一塊拼圖。為了讓軟體能正常執行，不同的程式碼必須組合在一起並工作。如果某段程式碼很容易被誤用，那它遲早都會被誤用而造成整個軟體無法正常執行。

程式碼若是寫得很爛或是有模棱兩可的假設，而且無法阻止其他工程師犯錯，那這種程式碼很容易被誤用。程式碼被誤用的方式大致有如下情況：

- 呼叫方提供了無效的輸入。
- 其他程式碼產生的副作用（例如修改了輸入參數）。
- 呼叫方沒有在正確的時間或以正確的順序呼叫函式（見第 3 章）。
- 以破壞假設的方式修改了相關程式碼。

編寫說明文件並提供程式碼使用說明可以緩解上述這些問題。但正如我們在第 3 章中看到的，這些內容就像程式碼契約中的附屬細則，很常被忽略且內容可能忘了更新而過時。因此，以一種不易被誤用的方式設計和編寫程式碼就非常重要了。本章展示了程式碼容易被誤用的一些常見方式，並示範讓程式碼不易被誤用的技術。

不易被誤用

透過讓事情不易（或不可能）誤用來避免出問題的想法是在設計和製造領域中公認的原則。舉個例子說明，1960 年代 Shigeo Shingo 在減少汽車製造過程中缺陷的背景下提出的 poka yoke[a] 的精實製造概念。講白話一點，這是防禦型設計原則的共同特徵。以下是一些讓事情難以被誤用的真實案例：

- 許多食品加工機器的設計只有在蓋子正確蓋上時才能運作，這樣可以防止刀片運轉時誤傷操作人員的手指。
- 各種插孔和插頭有不同的專用形狀，例如，電源插頭無法插入 HDMI 的插孔（此範例在第 1 章中有介紹過）。
- 用於操作戰鬥機中彈射座椅的拉桿位於距離其他飛機控制器較遠的位置，以最大限度地減少意外操作的機會。以前舊的彈射座椅設計（頭頂的拉桿），其把手是放在乘客需要背部挺直去伸手拉的位置[b]（背部挺直

可減少彈射過程中受傷的風險)，這個把手位置同時發揮了不易誤用和減少受傷兩種作用。

在軟體工程的世界裡，這個原則在 API 和界面的陳述說明中看得到，它是以「容易使用且不易誤用(Easy to Use and Hard to Misuse)」的形式展現出來，其英文縮寫為 EUHM。

---

[a] https://tulip.co/ebooks/poka-yoke/

[b] http://mng.bz/XYM1

7.1 考慮讓事物不可變

如果某個東西的狀態在建立後無法更改，那它就是**不可變的**(**immutable**)。要理解為什麼「不可變」是值得使用的概念，可以從相反的「**可變**」來思考，看看「可變」是怎麼引發各種問題。本書前面的章節中已經介紹一些關於事物「可變」所引發的問題：

- 在第 3 章中，我們看到了具有設定函式的可變類別為什麼很容易發生錯誤配置，使得它處於無效狀態。
- 在第 6 章中，我們看到了會改變輸入參數的函式是怎麼引發令人討厭的意外驚訝。

除此之外，「可變」導致問題的原因還有很多，包括：

- **可變程式碼很難推理**。舉個例子來說，讓我們思考一個類似的現實設想場景。假設您從商店購買一箱果汁，箱子上面可能會有防篡改封條，這讓您知道箱子的內容在出廠到您購買之前並沒發生變異和換裝。您對箱子(果汁)裡面的內容會很有信心，也知道是誰(製造商)把它放在那裡販售。現在請想像一下，商店裡有一箱沒有封條的果汁：誰知道那箱子有什麼狀況？它可能被污染或是有壞人在其中加入別的東西，很難推斷箱子裡到底有什麼以及是誰把它放在那裡的。在編寫程式碼時，如果某個物件是不可變的，那就有點像上面那個貼有防篡改封條的箱子，您可以把物件傳到任何地方，同時可以肯定沒有人能對其更改或添加內容。

- **可變程式碼可能會導致多執行緒出問題**。我們在第 6 章看到了「副作用」是怎麼導致多執行緒程式碼出問題的。如果有個物件是可變的，那麼使用這個物件的多執行緒程式碼就很容易出問題。如果有個執行緒正在讀取物件，而另一個執行緒卻在修改它，這樣就可能發生錯誤。舉例來說，有個執行緒正要讀取串列中的最後一個元素，而另一個執行緒卻從串列中刪除該元素。

讓事物「不可變」不一定都能達成或也不一定都很恰當，程式碼中難免有一些部分必須追蹤不斷變化的狀態，而這些顯然需要某種「可變」的資料結構來完成。但正如剛才解釋的那樣，擁有可變物件會增加程式碼的複雜性並引發問題，因此把預設立場定為讓事物應盡可能「不可變」是個不錯的主意，而且只有在真的需要的地方才讓事物「可變」。

7.1.1 可變類別很容易被誤用

讓類別可變的最常見的作法是提供 setter 函式。Listing 7.1 展示了一個範例，其中 TextOptions 類別含有關於如何呈現某些文字的樣式資訊。其中的字型和字型大小可以分別透過呼叫 setFont() 和 setFontSize() 函式來設定。

Listing 7.1　一個可變的類別

```
class TextOptions {
  private Font font;
  private Double fontSize;

  TextOptions(Font font, Double fontSize) {
    this.font = font;
    this.fontSize = fontSize;
  }

  void setFont(Font font) {            // 可以隨時透過呼叫 setFont() 更改字型
    this.font = font;
  }

  void setFontSize(Double fontSize) {  // 可以隨時透過呼叫 setFontSize() 更改字型大小
    this.fontSize = fontSize;
  }

  Font getFont() {
    return font;
  }

  Double getFontSize() {
    return fontSize;
```

```
  }
}
```

Listing 7.2 示範了程式怎麼誤用 TextOptions 的實例。sayHello() 函式建立一個帶有一些預設樣式資訊的 TextOptions 實例，它將這個實例傳給 messageBox.renderTitle()，然後再傳給 messageBox.renderMessage()。不幸的是，messageBox.renderTitle() 改變了 TextOptions，把字型大小設為 18。這表示會使用指定字型大小為 18（而不是預期的 12）的 TextOptions 來呼叫 messageBox.renderMessage()。

我們在第 6 章中看過改變輸入參數並不是好的做法，所以 messageBox.renderTitle() 函式可能不是很好的程式碼寫法。雖然被勸阻，像這樣的程式碼仍可能存在程式碼庫，目前 TextOptions 類別沒有採取任何措施來保護自己免受這種誤用。

Listing 7.2　可變性所引起的錯誤

```
class UserDisplay {
  private final MessageBox messageBox;
  ...

  void sayHello() {
    TextOptions defaultStyle = new TextOptions(Font.ARIAL, 12.0);
    messageBox.renderTitle("Important message", defaultStyle);
    messageBox.renderMessage("Hello", defaultStyle);
  }
}

...

class MessageBox {
  private final TextField titleField;
  private final TextField messageField;
  ...

  void renderTitle(String title, TextOptions baseStyle) {
    baseStyle.setFontSize(18.0);
    titleField.display(title, baseStyle);
  }

  void renderMessage(String message, TextOptions style) {
    messageField.display(message, style);
  }
}
```

建立一個 TextOptions 實例

把實例傳給 messageBox.renderTitle()，然後再傳給 messageBox.renderMessage()

TextOptions 實例是可變的，其字型大小有變更

因為 TextOptions 類別是可變的，所以任何將它的實例傳給其他程式碼的寫法都存有因為更改而誤用的風險。如果程式碼可以自由傳遞 TextOptions 實例且

知道該實例不會被改變，這樣的程式碼就更好了。就像前面介紹過的一箱果汁範例，我們希望 TextOptions 類別像箱子貼有防篡改封條。接下來的兩個小節展示了我們達成這一目標所使用的一些方法。

7.1.2 解決方案：只在建構時設定值

我們可以透過確保在建構時才提供所有值，並且在此之後不能更改值的做法來讓類別不可變（防止它被誤用）。Listing 7.3 展示了移除 setter 函式的 TextOptions 類別。這樣可以防止類別之外的任何程式碼去修改 font 和 fontSize 成員變數。

在類別中定義變數時，有可能想要防止它被重新指定，即使是類別中的程式碼也最好不要重新指定，其做法可能因程式語言而異，但常見的關鍵字是 const、final 或 readonly。本書中的虛擬程式碼慣例是使用關鍵字 final 來表示這個概念。font 和 fontSize 變數已被標記為 final，這樣可以防止任何人不小心寫入程式碼到類別中來重新指定這兩個變數，並且清楚地表明它們是不會（也不應該）改變。

Listing 7.3　不可變的 TextOptions 類別

```
class TextOptions {
  private final Font font;            // 成員變數標記為 final
  private final Double fontSize;

  TextOptions(Font font, Double fontSize) {
    this.font = font;
    this.fontSize = fontSize;          // 成員變數只有在建構時設定
  }

  Font getFont() {
    return font;
  }

  Double getFontSize() {
    return fontSize;
  }
}
```

這樣修改後，使得其他程式碼不可能變動而誤用 TextOptions 物件。但這還不是全部，因為之前看到的 MessageBox.renderTitle() 函式需要一種方法只覆載某些 TextOptions 中的字型大小，為此，我們可以使用寫入時複製模式，這會在下一小節介紹，但最終結果是 MessageBox.renderTitle() 函式看起來會像下面的 Listing 7.4 所示。

Listing 7.4　TextOptions 不可變

```
class MessageBox {
  private final TextField titleField;
  ...

  void renderTitle(String title, TextOptions baseStyle) {
    titleField.display(
        title,
        baseStyle.withFontSize(18.0));
  }
  ...
}
```

返回 baseStyle 的副本，但字型大小已更改。原本的 baseStyle 物件不變

在我們剛剛看到的 TextOptions 範例中，所有文字選項的值都是必要的。但如果有些是可選的，那麼使用 builder（建造者）模式或 copy-on-write（寫入時複製）模式可能會更好（這兩種模式都將在下一小節中介紹）。把命名引數（named arguments）與可選參數（optional parameters）結合使用也是一種好方法，但是，正如第 5 章所述，並非所有語言都支援命名參數。

NOTE **C++中的 const 成員變數**。在 C++ 中，把成員變數標記為 final 的等價處理是使用 const 關鍵字。在 C++ 程式碼中，將成員變數標記為 const 並不是個好主意，因為它可能會引發移動語義（move semantics）問題。想要取得更全面的說明，請連到下列網站的這篇文章：http://mng.bz/y9Xo。

7.1.3 解決方案：使用設計模式來處理不變性

從類別中刪除 setter 函式並將成員變數標記為 final 可以防止類別的改變來避免錯誤。但正如剛才提到的，它也可能讓類別無法使用。如果某些值是可選的，或者如果需要建立類別的變異版本，則需要以更通用的方式實作該類別。一般來說，有兩種設計模式可用，如下所示：

- builder（建造者）模式
- copy-on-write（寫入時複製）模式

builder（建造者）模式

當用來建構類別的某些值是可選的，在建構函式中全部指定這些值會變得很笨拙。與其透過新增 setter 函式讓類別可變，還不如使用 builder 模式[1]。

builder（建造者）模式有效地把類別分成兩個：

- 允許逐個設定值的 builder 類別。
- 從 builder 建構的不可變、唯讀版本的類別。

在建構類別時，通常會出現某些值是必需而某些是可選的情況。為了示範 builder（建造者）模式是怎麼處理這個問題，我們假設 TextOptions 類別的 font 是必需值、fontsize 是可選值。Listing 7.5 展示了 TextOptions 類別以及它的 builder 類別。

需要注意的重點是，TextOptionsBuilder 類別將必需的 font 值當作為建構函式的參數（而不是透過 setter 函式處理），這樣就不太可能寫出建構無效物件的程式碼。如果 font 是使用 setter 函式指定的，我們需要在執行時期檢查以確保物件是有效的，但這樣的做法還不如在編譯時期檢查（如第 3 章所述）。

Listing 7.5　builder 模式

```
class TextOptions {
  private final Font font;
  private final Double? fontSize;

  TextOptions(Font font, Double? fontSize) {
    this.font = font;
    this.fontSize = fontSize;
  }

  Font getFont() {
    return font;
  }

  Double? getFontSize() {
    return fontSize;
  }
}
```

TextOptions 類別包含只有唯讀的 getter 函式

1. Erich Gamma、Richard Helm、Ralph Johnson 和 John Vlissides 所著的《Design Patterns: Elements of Reusable Object-Oriented Software》（Addison-Wesley，1994）一書中介紹和推廣了 builder（建造者）模式。

```
class TextOptionsBuilder {
  private final Font font;
  private Double? fontSize;

  TextOptionsBuilder(Font font) {
    this.font = font;
  }

  TextOptionsBuilder setFontSize(Double fontSize) {
    this.fontSize = fontSize;
    return this;
  }

  TextOptions build() {
    return new TextOptions(font, fontSize);
  }
}
```

builder 把所有必需值放入建構函式

builder 把所有可選值透過 setter 函式處理

setter 返回 this 以允許函式呼叫的鏈接

指定所有值後，呼叫方呼叫 build 來取得 TextOptions 物件

圖 7.1 展示說明了 TextOptions 類別和 TextOptionsBuilder 類別之間的關係。

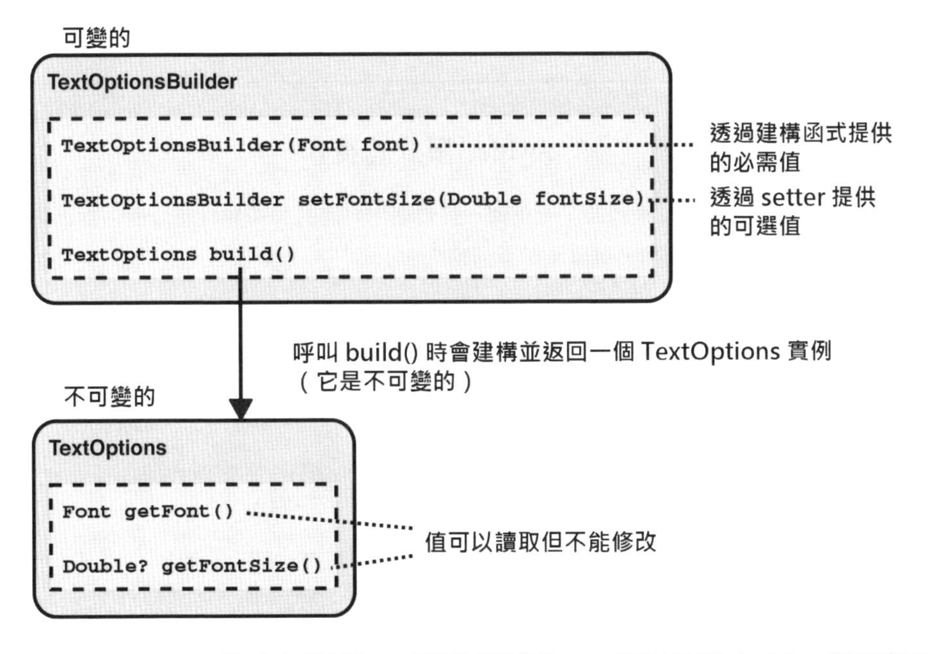

圖 7.1：builder 模式有效地把一個類別劃分為二。可以改變 builder 類別來設定值，然後呼叫 build() 函式返回含有配置值的不可變類別之實例。

以下程式碼段顯示了建構 TextOptions 實例的示範，其中指定了所需的 font 值和可選的 fontsize 值：

```
TextOptions getDefaultTextOptions() {
  return new TextOptionsBuilder(Font.ARIAL)
```

```
      .setFontSize(12.0)
      .build();
}
```

以下的程式碼片段顯示了建構 TextOptions 實例的示範，其中僅指定了所需的 font 值：

```
TextOptions getDefaultTextOptions() {
  return new TextOptionsBuilder(Font.ARIAL)
      .build();
}
```

當某些（或全部）值是可選的，builder 模式是建立不可變類別的一種好用方法。如果我們需要在建構後取得一個類別實例部分修改的副本，使用 builder 模式來處理會有點麻煩（透過提供函式從類別建立預填好值的 builder）。下一小節討論了替代的模式，此模式可以讓這樣的處理變得很容易。

builder 模式的實作

在實作 builder 模式時，工程師一般會使用特定的技術和程式語言功能來讓程式碼更易於使用與維護。如下列這些例子：

- 使用 inner 類別讓名稱區分更好一些。
- 在類別及其 builder 之間建立循環相依，以便可以從類別建立預填好值的 builder（透過 toBuilder() 函式建立）。
- 將類別的建構函式設為私有以強制呼叫方使用建構函式。
- 使用 builder 的實例作為建構函式的參數，以減少樣板的數量。

本書最後面的附錄 C 中含有一個更完整的範例（是用 Java 編寫），會使用所有這些技術實作 builder 模式。

還有一些工具可以自動生成類別和 builder 定義。Java 的 AutoValue 工具就是一個例子：http://mng.bz/MgPD。

copy-on-write（寫入時複製）模式

有時需要取得的類別實例是經過修改的版本。其範例是我們之前看到的 renderTitle() 函式（下面的程式碼片段有列出），它需要保留 baseStyle 中的所有樣式，但只修改字型大小。不幸的是，讓 TextOptions 實例可變的處理方式可能會導致問題，正如我們之前看到的：

```
void renderTitle(String title, TextOptions baseStyle) {
  baseStyle.setFont(18.0);
  titleField.display(title, baseStyle);
}
```

有一種方法能支援此用例同時還能確保 TextOptions 不可變，那就是 copy-on-write（寫入時複製）模式。Listing 7.6 展示了 TextOptions 類別在新增了兩個 copy-on-write 函式後的樣子。withFont() 和 withFontSize() 函式會返回新的 TextOptions 物件，其中分別只更改了字型 font 或字型大小 fontsize。

除了接受必需字型 font 值的公用建構函式之外，TextOptions 類別還有一個接受所有值（必需和可選）的私有建構函式，這個函式允許 copy-on-write 函式建立 TextOptions 的副本，其中僅更改了一個值。

Listing 7.6　copy-on-write（寫入時複製）模式

```
class TextOptions {
  private final Font font;
  private final Double? fontSize;

  TextOptions(Font font) {          // 公用建構函式接受所有必需值
    this(font, null);               // 呼叫私有建構函式
  }

  private TextOptions(Font font, Double? fontSize) {
    this.font = font;
    this.fontSize = fontSize;       // 私有建構函式接受所有值（必需值和可選值）
  }

  Font getFont() {
    return font;
  }

  Double? getFontSize() {
    return fontSize;
  }

  TextOptions withFont(Font newFont) {          // 返回只改了 font 值的新 TextOptions 物件
    return new TextOptions(newFont, fontSize);
  }
```

```
  TextOptions withFontSize(Double newFontSize) {
    return new TextOptions(font, newFontSize);
  }
}
```

返回只改了 font size 值的新 TextOptions 物件

圖 7.2 展示說明 TextOptions 類別的 copy-on-write（寫入時複製）實作原理。

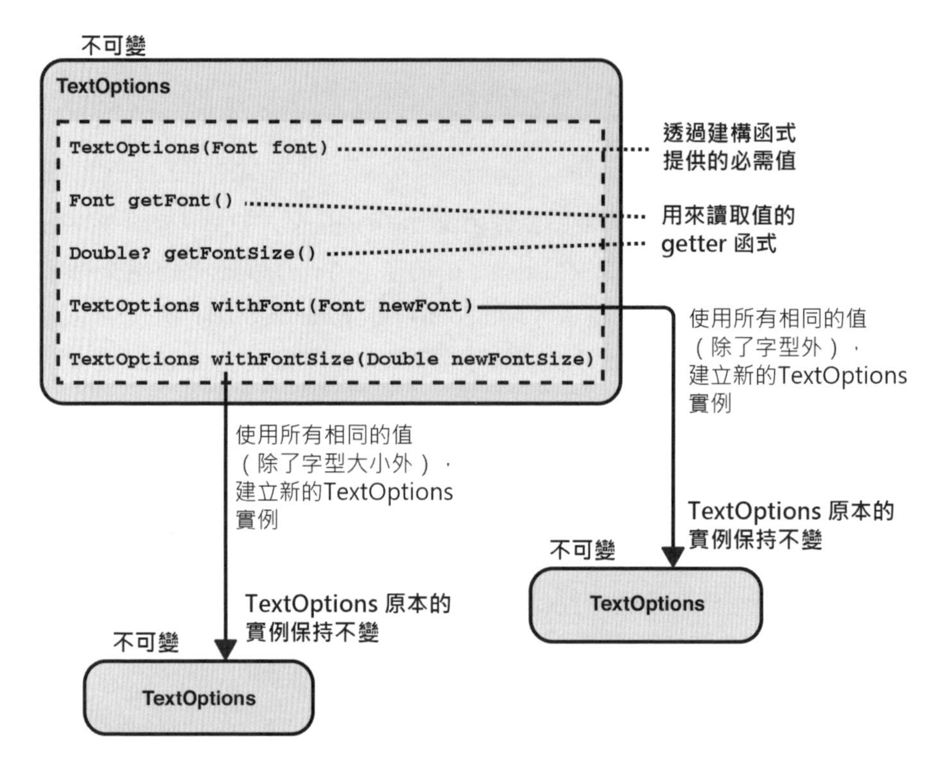

圖 7.2：使用 copy-on-write（寫入時複製）模式，對值的所有更改都會導致建立類別的新實例，而新實例中含有更改的值。類別的原本實例保持不變。

可以使用建構函式來建立 TextOptions 的實例並呼叫寫入時複製函式：

```
TextOptions getDefaultTextOptions() {
  return new TextOptions(Font.ARIAL)
      .withFontSize(12.0);
}
```

當 renderTitle() 函式這樣的程式碼需要一個 TextOptions 物件的變異版本時，它可以輕鬆取得變異副本而不影響原本的物件：

```
void renderTitle(String title, TextOptions baseStyle) {
  titleField.display(
      title,
```

```
        baseStyle.withFontSize(18.0));
}
```

透過呼叫 withFontSize() 建立修改變異版本的 baseStyle

讓類別不可變是減少被誤用的好方法。有時候法很簡單，只要刪除 setter 方法並只在建構時提供新值即可，但有時候可能需要使用適當的設計模式來配合。就算用了上述的做法，可變性仍然會以更深沉的方式潛入程式碼中，下一節將討論這個議題。

➢7.2 考慮讓事物深度不可變

工程師會意識到「不可變」的好處並遵循第 7.1 節中的建議來寫程式，但是很容易忽略類別在不經意間就寫成「可變」的程式。類別可能意外變為「可變」的情況是因為類別本身就具有深度可變性。當成員變數的型別本身是「可變」，而且其他程式碼能以某種方式來存取它，就會發生這種情況。

7.2.1 深度可變性可能導致誤用

如果 TextOptions 類別（繼續用第 7.1 節的範例）儲存了一系列字型家族而不是單個字型，這裡可能使用字型串列作為成員變數。以下的 Listing 7.7 展示了 TextOptions 類別存放一系列字型家族的樣貌。

Listing 7.7　深度可變的類別

```
class TextOptions {
  private final List<Font> fontFamily;
  private final Double fontSize;

  TextOptions(List<Font> fontFamily, Double fontSize) {
    this.fontFamily = fontFamily;
    this.fontSize = fontSize;
  }

  List<Font> getFontFamily() {
    return fontFamily;
  }

  Double getFontSize() {
    return fontSize;
  }
}
```

fontFamily 是一系列字型家族

這可能會無意中讓類別變成「可變」，因為該類別無法完全控製字型串列。想理解為什麼，其重點在於要知道 TextOptions 類別不是存放了字型串列，相反的，它存放的是對字型串列的參照（如圖 7.3 所示）。如果另一段程式碼也參照了同一個字型串列，那麼它對串列所做的任何更改也會影響到 TextOptions 類別，因為兩支程式都參照了同一個確切的串列。

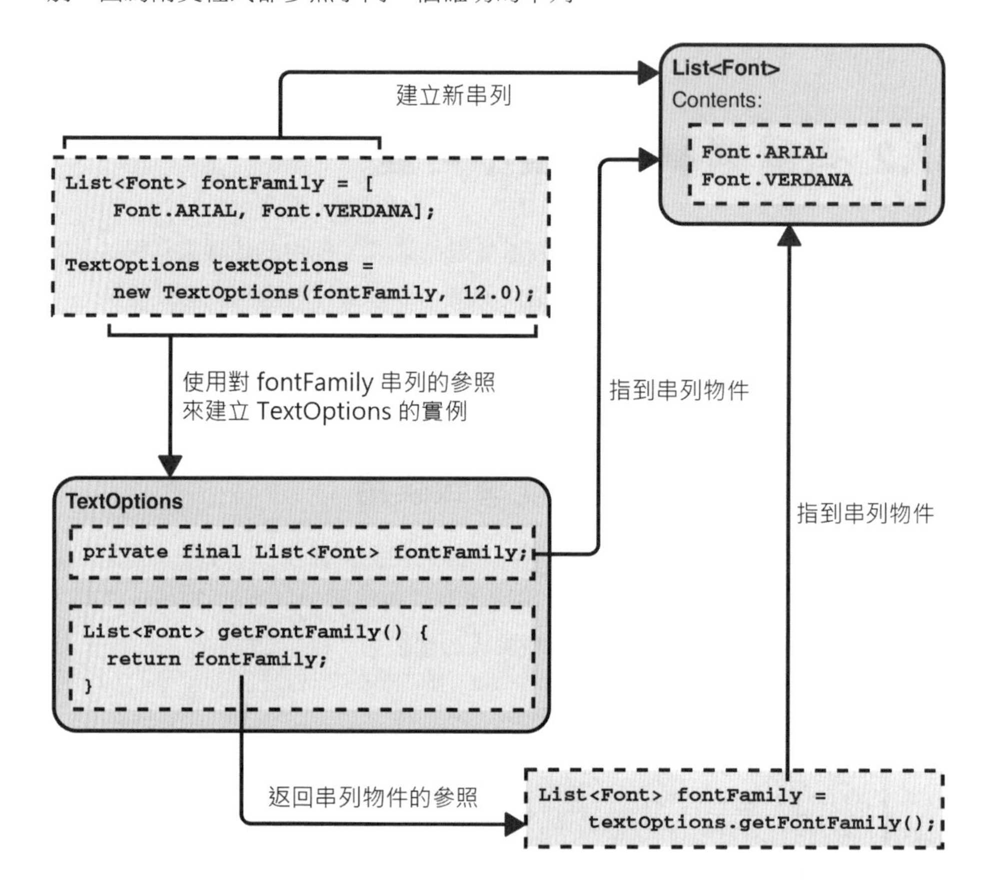

圖 7.3：物件通常是以參照來存放，這表示多段程式碼都可以參照同一個物件，這也是成為深度可變性的原因。

如圖 7.3 所示，在兩種場景下，其他程式碼可能會參照到 TextOptions 類別內含的相同字型串列：

- **場景 A**——建構 TextOptions 類別的程式碼可能會保留對字型串列的參照，並在稍後進行更改。

- **場景 B**——呼叫 TextOptions.getFontFamily() 的程式碼會取得對字型串列的參照，它可以利用這個參照來修改串列的內容。

場景 A 的程式碼範例

Listing 7.8 展示了場景 A 的程式碼範例。程式中建立了一個含有 Font.ARIAL 和 Font.VERDANA 的字型串列，隨後它用這個串列建構一個 TextOptions 的實例。在此之後，串列被清除並新增了 Font.COMIC_SANS。因為 Listing 7.8 中的程式碼和 TextOptions 實例都參照同一個串列，TextOptions 實例中的 font Family 現在也被設定為 Font.COMIC_SANS。

Listing 7.8　建構之後的串列修改

```
...
List<Font> fontFamily = [Font.ARIAL, Font.VERDANA];

TextOptions textOptions =
    new TextOptions(fontFamily, 12.0);

fontFamily.clear();
fontFamily.add(Font.COMIC_SANS);
...
```

對 fontFamily 串列的參照被傳到 TextOptions 建構函式

fontFamily 串列被修改，這個串列是 textOptions 參照到的同一個串列

場景 B 的程式碼範例

Listing 7.9 展示了場景 B 的程式碼範例。TextOptions 的實例是由一個含有 Font.ARIAL 和 Font.VERDANA 的字型串列所建構而成。有些程式碼隨後會呼叫 textOptions.getFontFamily() 取得這個串列的參照。之後程式碼會清除參照的串列並新增 Font.COMIC_SANS 到串列中，這樣就改變了參照的串列。這也代表 TextOptions 實例中的 fontFamily 字型家族現在也變成 Font.COMIC_SANS。

Listing 7.9　呼叫方修改了串列

```
...
TextOptions textOptions =
    new TextOptions([Font.ARIAL, Font.VERDANA], 12.0);

List<Font> fontFamily = textOptions.getFontFamily();
fontFamily.clear();
fontFamily.add(Font.COMIC_SANS);
...
```

取得的參照與 textOptions 參照到的串列是同一個

修改的串列完全與 textOptions 參照的串列是同一個

上述的處理方式讓程式碼是「可變」，所以很容易誤用。當工程師呼叫 textOptions.getFontFamily() 之類的函式時，這個串列也可能多次傳入其他函式或建構函式的呼叫中。這樣很容易忘記它的來源和不了解進行修改是否安全。遲早有些程式碼會修改到串列，如此就有可能導致難以追蹤的奇怪錯誤。讓類別「深度不可變」且在一開始時就避免此類問題是個比較好的做法。接下來的小節展示了幾種可以達成此目標的做法。

7.2.2 解決方案：防禦性複製

正如剛才所談的內容，當類別持有另一段程式碼也可能持有的物件參照時，可能會出現「深度可變性」的問題。解決方法是確保類別參照的物件是只有它使用，而且沒有其他程式碼可以取得這個參照。

解法方案是透過在建構類別時以及從 getter 函式返回物件時製作物件的防禦性副本來達成。雖然不一定是最好的解決方案（本小節和下一節會解釋說明），但確實有效，而且這是讓事物「深度不可變」的簡單方法。

Listing 7.10 展示的程式碼內容就是 TextOptions 類別製作 fontFamily 串列的防禦性副本的樣貌。建構函式建立 fontFamily 串列的副本並儲存此副本的參照（場景 A 的解決方案）。getFontFamily() 函式建立 fontFamily 的副本並返回該副本的參照（場景 B 的解決方案）。

Listing 7.10　防禦性複製

```
class TextOptions {
  private final List<Font> fontFamily;      // 只有這個類別參照到 fontFamily 串列的副本
  private final Double fontSize;

  TextOptions(List<Font> fontFamily, Double fontSize) {
    this.fontFamily = List.copyOf(fontFamily);   // 建構函式複製串列並儲存該副本的參照
    this.fontSize = fontSize;
  }

  List<Font> getFontFamily() {
    return List.copyOf(fontFamily);   // 返回串列的副本
  }

  Double getFontSize() {
    return fontSize;
  }
}
```

防禦性複製可以快速有效地讓類別變得「不可變」，但有一些明顯的缺點：

- 複製處理可能要花費很多資源。以 TextOptions 類別來看，這種做法可能很好，因為我們不希望字型家族系列中有太多字型，而且建構函式和 getFontFamily() 函式不會被呼叫那麼多次。但如果某個字型家族中有數百種字型，而且 TextOptions 類別被廣泛使用，那麼這些複製處理可能成為效能上的大問題。
- 這種做法不能防止來自類別內部的更改。在大多數語言中，將成員變數標記為 final（或 const、readonly）並不能防止深度可變。就算把 fontFamily 串列標記為 final，工程師也可以在呼叫 fontFamily.add(Font.COMIC_SANS) 的類別中加入程式碼。如果工程師不小心這樣做了，程式碼仍然可以編譯和執行，所以僅僅複製並不能保證防止深度可變性。

幸運的是，在很多情況下還有一種更有效、更強固的方法可以讓類別深度不可變。下一小節會討論這種方法。

傳值

在 C++ 這樣的程式語言中，程式設計師可以更好地控制物件怎麼傳到函式或從函式返回。傳址（或指標）和傳值之間是不一樣的，傳值表示建立物件的副本，而不是對其的參照（或指標）來處理。這種做法可以防止程式碼修改原本的物件，但仍然會有複製處理的缺點。

C++ 也有 const 正確的用法（在下一小節中會提到），這種寫法是保持事物不可變的更好方式。

7.2.3 解決方案：使用不可變的資料結構

讓事物不可變是廣泛被大家接受的實務做法，因此，已經有許多工具程式來提供不可變版本的通用型別或資料結構。這種做法的好處是，一旦建構之後，任何人都不能修改其內容，這表示它們可以被傳遞而無須製作防禦性副本。

根據使用的程式語言不同，fontFamily 串列適用的不可變資料結構如下所示：

- Java ——來自 Guava 程式庫的 ImmutableList 類別（http://mng.bz/aK09）。
- C# ——來自 System.Collections.Immutable 的 ImmutableList 類別（http://mng.bz/eMWG）。
- 以 JavaScript 為基礎的語言——有以下幾個選擇：
    - Immutable.js 模組中的 List 類別（http://mng.bz/pJAR）。
    - JavaScript 陣列，但使用 Immer 模組使其不可變（https://immerjs.github.io/immer/）。

這些程式庫內含大量不同的「不可變」型別，例如 set、map 等，因此都能找到所需要之標準資料型別的不可變版本。

Listing 7.11 展示了 TextOptions 類別更改為使用 ImmutableList 後的樣貌。無須防禦性複製任何內容，因為其他程式碼是否有參照了相同的串列並不重要（因為它是不可變的）。

Listing 7.11　使用 ImmutableList

```
class TextOptions {
  private final ImmutableList<Font> fontFamily;
  private final Double fontSize;

  TextOptions(ImmutableList<Font> fontFamily, Double fontSize) {
    this.fontFamily = fontFamily;
    this.fontSize = fontSize;
  }

  ImmutableList<Font> getFontFamily() {
    return fontFamily;
  }

  Double getFontSize() {
    return fontSize;
  }
}
```

就算是此類別中的程式碼也無法修改 ImmutableList 的內容

建構函式的呼叫方在未來也無法修改串列

返回 ImmutableList，因為呼叫方無法修改它，所以很安全

使用「不可變」資料結構是確保類別深度不可變的最佳做法之一，這個方法避免了防禦性複製的缺點，並能確保就算是類別中的程式碼也不會在無意中修改其內容。

C++ 中的 const 正確性

C++ 在編譯器層級對不可變有相當進階的支援。在定義類別時，工程師可以通過將其標記為 const 來指示有哪些成員函式是不會改變的。如果函式返回對標記為 const 之物件的參照（或指標），則編譯器會確保 this 只能用來呼叫該物件不可變的成員函數。

這樣就不需要使用分開的類別來表示某事物的不可變版本。C++ 中 const 正確性的更多資訊，請連到到 https://isocpp.org/wiki/faq/const-correctness 查閱。

7.3 避免過於籠統的資料型別

簡單型資料型別，如整數、字串和串列等，是最基本的程式碼建構積木。它們很通用且用途廣泛，可以用來表示各種不同的事物。通用和用途廣泛的另一面就是不具描述性，而且這種型別可以包含的值也相當寬鬆。

可用整數或串列之類的型別來表示某些事物，但這不一定是表示該事物的最好方法。缺乏描述性和過於寬鬆的包容性會讓程式碼容易被誤用。

7.3.1 過於籠統的型別容易被誤用

某些資訊通常需要多個值才能完全表示出來。舉例來說，二維平面地圖上的位置：需要緯度和經度的值才能完全描述出來。

如果要編寫一些程式碼來處理地圖上的位置，那麼我們可能需要一個資料結構來代表位置。資料結構需要包含位置的緯度和經度的值。最為快速簡單的方法是使用串列（或陣列）來處理，其中串列中的第一個值代表緯度，第二個值代表經度。這表示單個位置的型別為 List<Double>，而多個位置之串列的型別為 List<List<Double>>。圖 7.4 展示了這個位置的表示和運用情況。

在地圖上的單個位置：

```
List<Double> location = [51.178889, -1.826111];
```

緯度　　經度

多個位置的集合：

```
List<List<Double>> location = [
    [51.178889, -1.826111],
    [53.068497, -4.076231],
    [57.291302, -4.463927]
];
```

每個內部串列代表一個位置

圖 7.4：像串列這種非常通用的資料型別可用來表示地圖上的位置（配對的緯度和經度值）。雖然串列可以表示位置，但不一定是最好的表示方法。

不幸的是，串列是一種非常通用的資料型別，以這種方式來處理位置可能會讓程式碼容易被誤用。舉個例子來證明這一點，Listing 7.12 是一個用來在地圖上顯示位置的類別。markLocationsOnMap() 函式用來取得位置串列，並在地圖上將各個位置標記上去。如圖 7.4 所示，每個位置由 List<Double> 表示，這也意味著要在地圖上標記所有位置的集合是 List<List<Double>> 型別。這種處理方式有點複雜，需要說明文件來解釋應該如何使用輸入參數。

Listing 7.12　過於籠統的資料型別

```
class LocationDisplay {
  private final DrawableMap map;
  ...

  /**
   * Marks the locations of all the provided coordinates
   * on the map.
   *
   * Accepts a list of lists, where the inner list should
   * contain exactly two values. The first value should
   * be the latitude of the location and the second value
   * the longitude (both in degrees).
   */
  void markLocationsOnMap(List<List<Double>> locations) {
    for (List<Double> location in locations) {
      map.markLocation(location[0], location[1]);
    }
  }
}
```

需要有點複雜的說明文件來解釋輸入參數的使用

從每個內部串列中讀取第一項和第二項

這看起來好像既快速又簡單，但這種寫法有許多讓程式碼容易被誤用的缺點，以下所示（以及圖 7.5 所示）。

- List<List<Double>> 型別從字面上無法解釋自己所代表的意義：如果工程師如果不去看 markLocationsOnMap() 函式的說明文件，那就不知道這個串列到底代表什麼或如何解釋它。
- 工程師很容易混淆經緯度的方向和順序。如果他們沒有完全閱讀說明文件，或者誤解了說明文件的內容，那麼就可能會把經度和緯度的前後順序弄錯，這樣會出問題的。
- 幾乎沒有型別安全性（type safety）：編譯器無法保證串列中有多少元素。某些內部串列可能含有數量錯誤的值（如圖 7.5 所示）。如果發生這種情況，那麼程式碼有可能編譯成功，但會在執行時期會出現到問題。

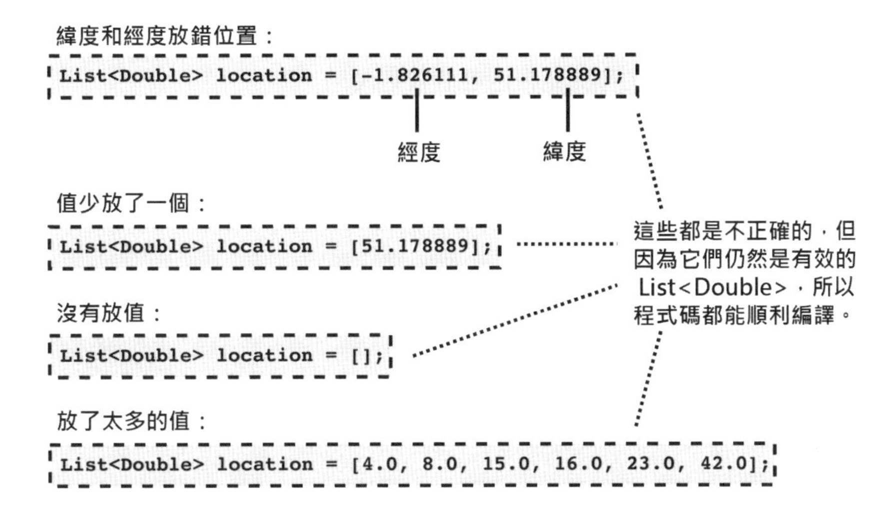

圖 7.5：使用雙精度串列來表示特定的東西，比如緯度-經度的配對有可能讓程式碼容易被誤用。

總而言之，如果不仔細了解（並正確遵循）程式碼契約中的附屬細則說明，幾乎不可能正確呼叫 markLocationsOnMap() 函式。由於其他工程師不一定會看附屬細則的內容，這種做法並不可靠，使得 markLocationsOnMap() 函式有可能會被誤用而導致錯誤。

範式的使用會推播開來

第 1 章中以架子來比喻，說明了以某種快捷偷懶方式來處理某件事往往會導致更多的事情都以這種方式來完成。地圖位置的所用的 List<Double> 表示方式很容易發生這種情況。請想像一下，有位工程師正在實作一個類別來表示地圖上的某個特徵，而且該類別的輸出必須輸入到 markLocationsOnMap() 函式中，無形中就會被導向使用 List<Double> 來表示位置，好讓程式碼可以輕鬆與 markLocationsOnMap() 函式互動。

Listing 7.13 展示了這個程式碼範例，getLocation() 函式會返回一個含有緯度和經度的 List<Double>。請留意這裡還是需要另一塊有點複雜的說明文件來解釋函式的返回型別。這種做法會讓我們有點擔心：關於串列是怎麼儲存緯度和經度的說明現在被寫在兩個不同的地方（MapFeature 類別和 LocationDisplay 類別）。程式碼讓某件事實出現了兩個說明源頭而不是單一源頭。這樣的做法有可能導致錯誤，在第 7.6 節中進行更多討論。

Listing 7.13　其他的程式碼會適應這個範式

```
class MapFeature {
  private final Double latitude;
  private final Double longitude;
  ...

  /*
   * Returns a list with 2 elements in it. The first value
   * represents the latitude and the second value represents
   * the longitude (both in degrees).
   */
  List<Double> getLocation() {
    return [latitude, longitude];
  }
}
```

需要有點複雜的說明文件來解釋返回型別

原本的 LocationDisplay.markLocationsOnMap() 函式開發者可能知道使用 List<Double> 是一種表示地圖位置的快捷偷懶方式，但他們可能覺得這只是在一個函式中使用而已，應該不太會對整個程式碼庫造成太大損傷。但問題是，像這樣的快捷偷懶的處理方式會推播開來，因為其他工程師與這個函式互動也一樣要用這種方式來處理。如此一來就會推播得很快而且很遠：如果別的工程師需要使用 MapFeature 類別來處理其他事情，可能也會被迫採用 List<Double> 來表示位置。不知不覺中，List<Double> 形式就無處不在，而且很難擺脫。

7.3.2 pair 型別容易誤用

許多程式語言都有 pair（成對）資料型別，它可能是標準程式庫中的一部分，如果不是，通常會以附加程式庫來提供實作。

pair 的意義在於它存放的兩個值可以是相同或不同型別，這些值指到第一個和第二個位置。此資料型別的簡單實作類似如下的 Listing 7.14。

Listing 7.14　Pair 資料型別

```
class Pair<A, B> {
  private final A first;
  private final B second;

  Pair(A first, B second) {
    this.first = first;
    this.second = second;
  }

  A getFirst() {
    return first;
  }

  B getSecond() {
    return second;
  }
}
```

泛型（或模板）允許 Pair 儲存任何型別

值分別指到 first 和 second

如果使用 Pair<Double, Double> 來表示地圖上的位置（而不是 List<Double>），那麼 markLocationsOnMap() 函式就會寫成類似 Listing 7.15 的程式碼。請留意，解釋輸入參數仍然需要有點複雜的說明文件來配合，而且輸入參數型別「(List<Pair<Double, Double>>)」這種字面呈現方式還是不太能自我描述。

Listing 7.15　使用 Pair 來表示位置

```
class LocationDisplay {
  private final DrawableMap map;
  ...

  /**
   * Marks the locations of all the provided coordinates
   * on the map.
   *
   * Accepts a list of pairs, where each pair represents a
   * location. The first element in the pair should be the
   * latitude and the second element in the pair should be
   * the longitude (both in degrees).
   */
  void markLocationsOnMap(List<Pair<Double, Double>> locations) {
    for (Pair<Double, Double> location in locations) {
      map.markLocation(
          location.getFirst(),
          location.getSecond());
    }
  }
}
```

需要有點複雜的說明文件來解釋輸入參數

使用 Pair<Double, Double> 而不是 List<Double> 解決了上一小節中提到的某些問題：pair 必須含有兩個值，因此可以防止呼叫方意外提供過多或過少的輸入值，但 pair 還沒有解決其他問題：

- List<Pair<Double, Double>> 型別在字面上來看仍很難自我描述。
- 工程師仍然很容易混淆經度和緯度的順序。

工程師仍然需要詳細了解程式碼契約中的附屬細則才能正確呼叫 markLocationsOnMap()，因此在這種情況下使用 Pair<Double, Double> 仍然不是最好的解決方案。

7.3.3 解決方法：使用專用型別

第 1 章解釋了走捷徑偷懶的方式從中長期來看會拖慢我們的速度。對於非常具體的事物使用太過通用的資料型別（如串列或配對型別）算是走捷徑的偷懶方式。定義一個新的類別（或結構）來表示某些東西看似要花一些心力和有點矯枉過正，但這種方式還是比走捷徑偷懶的方式來得省力，會讓工程師節省很多頭疼的問題和潛在的錯誤。

以表示地圖的平面位置這種應用場景來看，讓程式碼不易被誤用和誤解的簡單方式就是定義一個表示緯度和經度的專用類別。Listing 7.16 展示了這個新類別的程式碼，這是個非常簡單的類別，不用幾分鐘就能寫出來和測試。

Listing 7.16　LatLong 類別

```
/**
 * Represents a latitude and longitude in degrees.
 */
class LatLong {
  private final Double latitude;
  private final Double longitude;

  LatLong(Double latitude, Double longitude) {
    this.latitude = latitude;
    this.longitude = longitude;
  }

  Double getLatitude() {
    return latitude;
  }

  Double getLongitude() {
```

```
    return longitude;
  }
}
```

在使用這個新的 LatLong 類別時，markLocationsOnMap() 函式看起來會像 Listing 7.17，它現在不需要說明文件解釋輸入參數的複雜性，因為從類別名稱來看就不言自明。現在有了很好的型別安全性，而且不太會把緯度與經度的順序混淆。

Listing 7.17　使用 LatLong

```
class LocationDisplay {
  private final DrawableMap map;
  ...

  /**
   * Marks the locations of all the provided coordinates
   * on the map.
   */
  void markLocationsOnMap(List<LatLong> locations) {
    for (LatLong location in locations) {
      map.markLocation(
          location.getLatitude(),
          location.getLongitude());
    }
  }
}
```

使用一般、現成的資料型別看起來可以快速簡單地表示某些東西，但如果我們需要表示某個特定的東西時，最好還是花一點額外的精力來定義一個專用的型別，從長遠來看，這樣反而可以節省時間，因為程式碼本身就具有自我描述的能力，而且不易被誤用。

資料物件

定義僅將資料組合在一起的簡單物件是很常見的做法，因此許多程式語言都具有很容易使用的功能（或外掛公用程式）來配合：

- Kotlin 有資料類別的概念，用一行程式碼就有可能定義一個含有資料的類別：http://mng.bz/O15j。
- 在較新的 Java 版本中，可以使用 record 來處理：https://openjdk.java.net/jeps/395。若是在舊版本的 Java 中，則可以使用 AutoValue 工具來

配合：http://mng.bz/ YAaj。

- 在各種語言（如 C++、C#、Swift 和 Rust）中，可以定義 structs，有時它比類別更簡潔。
- 在 TypeScript 中可以定義一個界面，然後以物件必須含有的屬性來處理，這樣就具備了編譯時期安全性：http://mng.bz/G6PA。

更傳統的物件導向程式設計支持者有時會認為定義純資料物件是一種不好的做法。他們認為資料和任何需要資料的功能都應該封裝在同一個類別中。

如果某些資料必需與特定功能緊密耦合，這樣封裝在一起就有其意義，但許多工程師也體認到，在某些應用場景中，只把一些資料組合在一起而不必將其與某些特定功能連起來，這樣更能發揮其效果。在這種情況下，純資料物件就非常有用。

➢7.4 處理時間

上一節討論了使用過於通用、籠統的資料型別來表示特定的事物會導致程式碼容易被誤用。有個經常出現的具體範例是表示以時間為基礎的概念。

時間看起來很簡單，但時間的表示實際上並不容易：

- 有時我們指的是某個瞬間，它可以是絕對的，例如「02:56 UTC July 21, 1969」，但有時也可以是相對的，例如「五分鐘之後」。
- 有時我們指的是一段時間，例如「在烤箱中烤 30 分鐘」。時間量可以是任意數量的不同單位來表示，例如小時、秒或毫秒。
- 更複雜的是，還有時區、夏令時節、閏年甚至閏秒等概念。

處理時間的程式碼很容易混淆和誤用。本節討論在處理以時間為基礎的概念時，怎麼利用適當的資料型別和程式語言結構來避免混淆和誤用。

7.4.1 用整數表示時間可能有問題

表示時間的常用方法是使用一個整數（或長整數）來呈現，用來表示秒數（或毫秒）。以下用於表示時間的某個瞬間和時間量：

- 時間的某個瞬間通常是用 unix 紀元（1970 年 1 月 1 日 00:00:00 UTC）以來的秒數（忽略閏秒）來表示。
- 時間量通常表示為秒數（或毫秒）。

整數是一種非常通用的型別，因此在用來表示這樣的時間會讓程式碼容易被誤用。現在來看看可能發生誤用的三種常見情況。

是指某個瞬間還是某段時間量？

請思考 Listing 7.18 中的程式碼。sendMessage() 函式有一個名為 deadline 的整數參數，該函式的說明文件解釋了 deadline 參數的作用以及以秒為單位，但忘了提及 deadline 值實際是代表什麼。在呼叫函式時不清楚應以什麼作為引數提供給 deadline 參數，所以有幾個可能的選項：

- 該參數代表某個絕對的瞬間，我們應該提供自 unix 紀元以來的秒數。
- 該參數表示時間量。呼叫該函式時會啟動一個計時器，傳入 deadline 指定秒數，當此計時器達到指定的秒數時表示抵達截止時間。

Listing 7.18　是指某個瞬間還是某段時間量？

```
/**
 * @param message The message to send
 * @param deadline The deadline in seconds. If the message
 * has not been sent by the time the deadline is exceeded,
 * then sending will be aborted
 * @return true if the message was sent, false otherwise
 */
Boolean sendMessage(String message, Int64 deadline) {
  ...
}
```

解釋參數的作用和單位，但沒有說明值代表什麼

如果留下這麼多歧義，這表示說明文件顯然寫得不好，改進說明文件是一種方法，但這只是在程式碼契約的附屬細則中堆積更多的文字而已。附屬細則並不是防止程式碼被誤用的最可靠方法，此外，若考量到這個參數已經需要三行說明文件來解釋了，再加入更多文字就更不理想了。

單位不相符

如本節開頭所述，衡量時間有許多不同的單位。程式碼中最常用的單位通常是毫秒和秒，但也可以使用其他單位（如微秒），具體取決於程式碼的上下文脈內容。

整數型別絕對沒辦法指示「值」的單位。我們可以使用函式名稱、參數名稱或說明文件來指示單位，但這讓程式碼很容易誤用。

Listing 7.19 顯示了程式碼庫中的兩個不同部分。UiSettings.getMessageTimeout() 函式返回一個表示秒數的整數。showMessage() 函式則有一個名為 timeoutMs 的參數，它表示毫秒數。

Listing 7.19　時間單位不相符

```
class UiSettings {
  ...

  /**
   * @return The number of seconds that UI messages should be
   * displayed for.
   */
  Int64 getMessageTimeout() {
    return 5;
  }
}

...

/**
 * @param message The message to display
 * @param timeoutMs The amount of time to show the message for
 * in milliseconds.
 */
void showMessage(String message, Int64 timeoutMs) {
  ...
}
```

這部分的程式碼使用的單位是秒數

這部分的程式碼使用的單位是毫秒數

雖然有說明文件（以及 timeoutMs 參數名稱上後置的「Ms」）提醒，但工程師在將這兩段程式碼插入一起使用時很容易出錯。以下程式碼片段中的函式呼叫看起來並沒有明顯錯誤，但它會導致警告的顯示只有 5 毫秒而不是 5 秒，這表示警告訊息只閃了一下，在使用者注意到之前就不見了。

```
showMessage("Warning", uiSettings.getMessageTimeout());
```

時區處理不當

表示時間的某個瞬間，其常用方法是用自 unix 紀元以來的秒數（忽略閏秒）。這個通常被稱為「時間戳記」，是一種非常準確的方式來識別某些事件何時發生（或將發生）。但從人類的角度來看，我們在談論某些事件發生的時間常常會以不太精確的方式描述。

就以生日為例來說，如果某人出生於 1990 年 12 月 2 日，我們並不特別關心其出生的精確時間。相反地，我們可能只想知道是 12 月 2 日，每年到這一日時會祝他生日快樂和在吃蛋糕。

某個日期和某個瞬間的差異可能很微妙，但如果不小心區別對待就可能導致問題。圖 7.6 說明了出錯的原由。如果使用者輸入一個日期（如他們的生日）並且這個日期被解譯為當地時區內的日期和時間，當處於不同時區的使用者存取資訊時，就有可能會顯示出不同的日期。

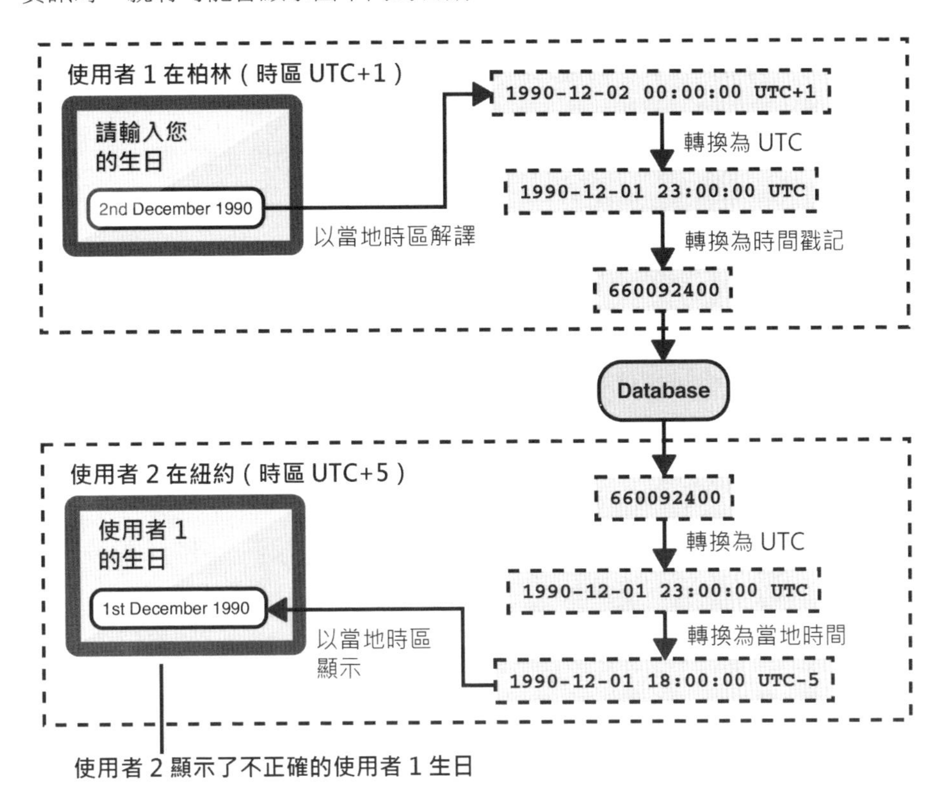

圖 7.6：時區處理不當很容易導致錯誤。

如果伺服器在不同的地區執行，而且它們的系統設定為不同的時區，則類似於圖 7.6 中描述的問題也可能發生在純伺服器端的處理邏輯。舉例來說，位在加州的伺服器可能儲存了位在歐洲不同伺服器最終處理的日期值。

以時間為基礎的概念，如某個瞬間、時間量和日期等，有時可能是件不太好處理的工作。但如果使用很通用的型別（如整數）來表示時間，則會讓自己和其他工程師的判斷更困難。整數所能傳達的含義或代表的資訊量非常少，這使整數很容易被誤用。下一小節會解釋怎麼使用更合適的型別來改進處理時間的程式碼。

7.4.2 解決方案：使用合適的時間資料結構

正如前面所看到的，時間的相關處理是複雜且細膩的，其中有很多混亂的操作空間。大多數程式語言都有專用於處理時間的內建程式庫，但不幸的是，其中還是有一些缺點或設計問題，使得在運用時很容易出錯。幸運的是，大多數對處理時間概念支援較差的程式語言，大都已經有第三方開放原始碼的程式庫，有提供更強大的公用程式集。這表示有方法可以用穩健的方式來處理以時間為基礎的概念，但需要花費一些心力來為正在使用的程式語言尋找最佳的程式庫。有些可用的選項範例如下所示：

- 在 Java 中，可以使用 java.time 套件中的類別（http://mng.bz/0rPE）。
- 在 C# 中，Noda Time 程式庫提供了許多公用程式，可以穩健地處理時間（https://nodatime.org）。
- 在 C++ 中，可以使用 chrono 程式庫（https://en.cppreference.com/w/cpp/header/chrono）。
- 在 JavaScript 中，有許多第三方程式庫可選用。其中一個例子是 js-joda 程式庫（https://js-joda.github.io/js-joda/）。

這些程式庫讓上一小節中討論的問題更容易處理。以下小節會解釋這些程式庫是怎麼改進程式碼的應用。

區分時間的某個瞬間和某段時間

java.time、Noda Time 和 js-joda 程式庫都提供了一個名為 Instant 的類別（用來表示時間的某個瞬間、某個時間點）和一個名為 Duration 的單獨類別（用於表示某段時間）。同樣地，C++ 的 chrono 程式庫提供了一個名為 time_point 的類別和一個名為 duration 的單獨類別。

使用其中之一則表示函式參數的型別決定了它是表示時間的某個瞬間還是某段時間。舉例來說，如果以之前看到的 sendMessage() 函式來使用 Duration 型別，其程式碼會看起來像 Listing 7.20 所示，現在很明顯看到該值代表的是某段時間量，而不是某個瞬間。

Listing 7.20　使用 Duration 型別

```
/**
 * @param message The message to send
 * @param deadline If the message has not been sent by the time
 * the deadline is exceeded, then sending will be aborted
 * @return true if the message was sent, false otherwise
 */
Boolean sendMessage(String message, Duration deadline) {
  ...
}
```

Duration 型別清楚地表明了 deadline 代表的是什麼

不再搞混「單位」的使用

像 Instant 和 Duration 這樣的型別也完成的另一件工作，那就是把「單位」封裝在型別內。這意味著程式碼契約中不需要用附屬細則來解釋預期的「單位」，因為這裡不可能意外地提供錯誤的值。以下程式碼片段示範了怎麼使用不同的 factory（工廠）函式來以不同的「單位」建立 Duration。無論使用哪種單位來建立 Duration，它稍後都以「毫秒」來處理。這允許程式碼的各個部分使用自己喜歡的單位，而不會因為不同程式碼段的互動而產生單位不相符的風險。

```
Duration duration1 = Duration.ofSeconds(5);
print(duration1.toMillis());  // Output: 5000

Duration duration2 = Duration.ofMinutes(2);
print(duration2.toMillis());  // Output: 120000
```

下面的 Listing 7.21 顯示了透過使用 Duration 型別而不是整數來處理訊息顯示，這裡應該以 timeout 的時間段來讓 showMessage() 函式顯示。

Listing 7.21　單位封裝進 Duration 型別

```
class UiSettings {
  ...

  /**
   * @return The duration for which the UI messages should be
   * displayed.
   */
  Duration getMessageTimeout() {
    return Duration.ofSeconds(5);
  }
}

...

/**
 * @param message The message to display
 * @param timeout The amount of time to show the message for.
 */
void showMessage(String message, Duration timeout) {
  ...
}
```

Duration 型別完整封裝了單位

更好地處理時區

在前面表示生日的範例中，我們實際上並不關心時區是什麼，但如果想把生日連結到精確的時間點（使用時間戳記）來表示生日的日期，那麼要仔細考慮時區的問題。幸運的是，處理時間的程式庫通常提供了一種表示日期（和時間）的方法，無須連結到精確的時間點。java.time、Noda Time 和 js-joda 程式庫都提供了一個名為 LocalDateTime 的類別，它能完成這項工作。

正如本節所示，處理時間可能會很棘手，一不小心就有可能寫出很容易被誤用和引入錯誤的程式碼。幸運的是，我們並不是第一個面對這些挑戰的工程師，因此，已經有很多現成的程式庫可以幫我們更穩定強健地處理時間。我們可以透過使用這些程式庫來改進程式碼。

7.5 資料的單一真實來源

程式碼通常是在處理某種型別的資料，無論是數值、字串還是位元串流。資料通常有兩種形式：

- **初級資料**（**Primary data**，或譯**原始資料**）——提供給程式碼的內容。程式碼必須在提供資料的情況下去進行相關處理。
- **導出資料**（**Derived data**，或譯**衍生資料**）——程式碼根據初級資料運算出來的東西。

舉例來說，以描述銀行會計帳戶狀態所需的資料為例，有兩項初級資料：貸方金額（credit）和借方金額（debit）。我們可能還想知道的導出資料是帳戶餘額（balance），即貸方金額減去借方金額的結果。

初級資料通常為程式提供事實來源。貸方和借方的值完全描述了帳戶的狀態，是唯一需要儲存和追蹤帳戶的內容。

7.5.1 第二個事實來源可能導致無效狀態

以銀行帳戶為例，帳戶餘額的值完全依賴兩項初級資料，如果貸方是 5 元，借方是 2 元，那麼餘額變成 10 元是無效的，這在邏輯上並不正確。這個例子就是有兩個互不認同的「真相」來源：貸方和借方的值表明一個事實來源（餘額為 3 元），但提供的餘額值卻是另一個事實來源（10 元）。

在編寫處理初級資料和導出資料的程式碼時，有可能會出現這樣的邏輯錯誤狀態。如果我們編寫的程式碼允許發生不正確的邏輯狀態，那麼程式碼就很容易被誤用。

Listing 7.22 展示了這種狀況，UserAccount 類別由 credit、debit 和 balance 的值所構成。正如我們剛剛看到的，balance 是多餘的資訊，因為它可以從 credit 和 debit 導出，所以這個類別允許呼叫方在邏輯上不正確的狀態下進行實例化。

Listing 7.22　balance 有第二個事實來源

```
class UserAccount {
  private final Double credit;
  private final Double debit;
  private final Double balance;

  UserAccount(Double credit, Double debit, Double balance) {
    this.credit = credit;
    this.debit = debit;
    this.balance = balance;
  }

  Double getCredit() {
    return credit;
  }

  Double getDebit() {
    return debit;
  }

  Double getBalance() {
    return balance;
  }
}
```

credit、debit 和 balance 都提供給建構函式

以下程式碼段顯示了如何把 UserAccount 類別實例化為無效狀態的範例。有位工程師不小心把 balance 的計算寫成 debit 減去 credit，而不是 credit 減去 debit。

```
UserAccount account =
    new UserAccount(credit, debit, debit - credit);
```

以 debit 減去 credit 的結果來當作 balance，這是不正確的

我們希望測試能發現這種錯誤，如果沒有，這可能會導致可怕且討厭的錯誤。銀行最終可能會發出 balance 值是錯誤的報表。或者，由於邏輯上不正確的值，導致內部系統做出不可預測的處理。

7.5.2 解決方案：以初級資料作為唯一的事實來源

因為 balance 帳戶餘額可以由 credit 貸方和 debit 借方算出，所以最好在需要時以運算取得。Listing 7.23 展示了 UserAccount 類別改進後的程式碼。balance 餘額不再當作建構函式的參數，甚至不存放在成員變數中。在需要 balance 時才呼叫 getBalance() 函式即時計算。

Listing 7.23　即時計算取得 balance

```
class UserAccount {
  private final Double credit;
  private final Double debit;

  UserAccount(Double credit, Double debit) {
    this.credit = credit;
    this.debit = debit;
  }

  Double getCredit() {
    return credit;
  }

  Double getDebit() {
    return debit;
  }

  Double getBalance() {
    return credit - debit;
  }
}
```

balance 餘額是根據 credit 貸方和 debit 借方計算取得

銀行帳戶餘額這個例子很簡單，大多數工程師都有可能會發覺提供餘額是多餘的，因為它可以從貸方和借方中計算取得。但是，與此類似的更複雜的情況通常會突然出現且很難發覺。很值得花一點時間思考可能定義的各種資料模型，以及是否允許邏輯上不正確的狀態。

當取得資料的代價很高時

以前面的範例來看，從貸方和借方計算帳戶餘額非常簡單，而且計算所花費的處理效能也不高。但有時計算導出的值所花費的處理效能要高很多，請想像一下，假設我們有一個交易串列，而不是貸方和借方的單一值。現在交易（transactions）串列是初級資料，而貸方和借方是導出資料，現在計算這些導出資料的效能花費就很高，因為這需要遍訪整個交易串列來進行處理。

如果像這樣計算導出值的成本很高，那麼以推遲式計算並快取結果是個不錯的做法。推遲式計算是指我們會推遲做這項處理，直到必須處理時才動作（與現實生活中的懶惰推遲行為一樣）。Listing 7.24 顯示了 UserAccount 類別進行這種修改後的樣貌。cachedCredit 和 cachedDebit 成員變數以 null 為初始，但在分別在呼叫 getCredit() 和 getDebit() 函式時才填入值。

cachedCredit 和 cachedDebit 成員變數儲存導出資訊，因此它們是第二個事實來源。從範例來看，這是允許的，因為第二個事實來源完全放在 UserAccount 類別中，而且交易的類別和串列都是不可變的，這表示我們知道 cachedCredit 和 cachedDebit 變數將與 transactions 串列維持一致且永遠不會改變。

Listing 7.24　推遲式計算和快取

```
class UserAccount {
  private final ImmutableList<Transaction> transactions;

  private Double? cachedCredit;    // 成員變數存放 credit
  private Double? cachedDebit;     // 和 debit 快取值

  UserAccount(ImmutableList<Transaction> transactions) {
    this.transactions = transactions;
  }

  ...

  Double getCredit() {
    if (cachedCredit == null) {                       // 如果尚未快取
      cachedCredit = transactions                     // credit，則計算（並
          .map(transaction -> transaction.getCredit()) // 快取）credit
          .sum();
    }
    return cachedCredit;
  }

  Double getDebit() {
    if (cachedDebit == null) {                        // 如果尚未快取
      cachedDebit = transactions                      // debit，則計算（並
          .map(transaction -> transaction.getDebit()) // 快取）debit
          .sum();
    }
    return cachedDebit;
  }

  Double getBalance() {
    return getCredit() - getDebit();   // 使用潛在的快取值來計算 balance
  }
}
```

如果類別不是「不可變」的，那麼事情就會變得更複雜：我們必須確保在類別發生變異時把快取變數重置為 null，這樣的處理會變得非常繁瑣且容易出錯，這是另一個為什麼要讓事物不可變的有力論據。

➤7.6 邏輯的單一事實來源

事實來源不僅適用於提供給程式碼的資料，也適用於程式碼中的處理邏輯。在許多應用場景中，某段程式碼所做的事情需要與另一段程式碼所做的事情相符匹配。如果兩段程式碼的處理不相符匹配，軟體就會停止正常的執行。因此，確保這種處理邏輯只有單一的事實來源是很重要的事情。

7.6.1 邏輯有多個真實來源可能會導致錯誤

Listing 7.25 展示了一個類別，是用來記錄一些整數值，然後將整數值儲存到一個檔案中。這段程式碼中有兩個關於整數值怎麼儲存到檔案的重要細節：

1. 每個值都轉換為字串格式（使用以 10 為底的基數）。
2. 然後將每個值的字串連接在一起，並以逗號分隔。

Listing 7.25　序列化和儲存值的程式碼

```
class DataLogger {
  private final List<Int> loggedValues;
  ...

  saveValues(FileHandler file) {
    String serializedValues = loggedValues
        .map(value -> value.toString(Radix.BASE_10))
        .join(",");
    file.write(serializedValues);
  }
}
```

使用以 10 為底的基數將值轉換為字串

這些值以逗號分隔並連接在一起

在其他地方還有一些程式碼會讀取檔案並從中解析整數（DataLogger.saveValues() 的相反處理）。Listing 7.26 展示了執行此項操作的程式碼。此程式碼與 DataLogger 類別位於完全不同的檔案（可能是程式碼庫的不同部分）中，但處理邏輯需要相符匹配。若想要成功解析檔案內容中的值，需要執行以下這些步驟：

1. 字串需要依逗號字元來拆分到字串的串列。
2. 串列中的每個字串都需要解析成一個整數（使用以 10 為底的基數）。

Listing 7.26　讀取和解析序列值的程式碼

```
class DataLoader {
  ...

  List<Int> loadValues(FileHandler file) {
    return file.readAsString()
        .split(",")
        .map(str -> Int.parse(str, Radix.BASE_10));
  }
}
```

檔案內容被拆分到字串的串列

使用以 10 為底的基數將每個字串解析為整數

> NOTE **錯誤處理**。在將資料寫入檔案或從檔案讀取和解析資料時，顯然需要考慮到錯誤處理。Listing 7.25 和 7.26 為簡潔起見而省略了錯誤處理，但在現實中我們會考量使用第 4 章中討論的技術來配合，在寫入或讀取檔案失敗或無法解析字串成整數時發出信號。

在這種情況下，「值」儲存在檔案中的格式是關鍵的處理邏輯，但是對於這種格式是什麼，有兩個事實來源。DataLogger 和 DataLoader 類別都獨立地放入指定格式的處理邏輯。當兩個類別的處理邏輯都相同時，一切會正常，但是如果一個被修改而另一個沒有改到，就會出現問題。

工程師可能對處理邏輯有一些潛在修改，如下所示。如果工程師對 DataLogger 類別而不是 DataLoader 類別修改下列內容中的一項，那麼就有可能出錯。

- 有位工程師決定使用 16 進制而不是基數 10 來儲存值，這樣可以節省空間（這表示檔案中會含有諸如「7D」而不是「125」這樣的字串）。
- 工程師決定使用換行符號而不是逗號來分隔值，讓檔案更易於閱讀。

如果工程師修改了其中一支程式碼而沒有意識到也需要修改另一支程式碼時，有兩個邏輯的事實來源很容易造成問題。

7.6.2 解決方案：單一的事實來源

第 2 章討論了某段程式碼是怎麼透過將其分解為一系列子問題來解決高層次的問題。DataLogger 和 DataLoader 類別解決了高層次的問題：分別是記錄資料和載入資料。但在進行這樣的處理時，需要解決應該使用什麼「格式」來序列化整數串列及儲存在檔案中的子問題。

圖 7.7 說明了 DataLogger 和 DataLoader 類別是怎麼解決相同的子問題（儲存序列化整數的格式）。但不是一次性解決這個問題，而且兩個類別都使用了那個單一的解決方案，類別中都含有自己的處理邏輯來解決它。

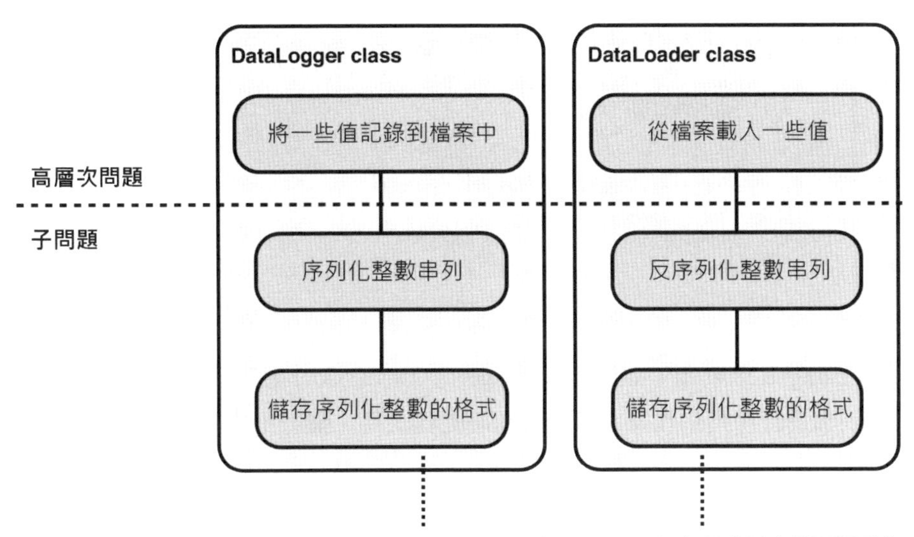

圖 7.7：儲存序列化整數的格式是 DataLogger 和 DataLoader 類別共有的子問題。但它們並沒有共享相同的解決方案，而是各自放在自己的處理邏輯中來解決問題。

讓「儲存序列化整數的格式」這個子問題變成單一事實來源，這樣可以使程式碼更強健、更不易被破壞。我們可以透過讓整數串列的序列化和反序列化成為單一且可重複使用的程式碼層來達成這項要求。

Listing 7.27 這裡定義一個名為 IntListFormat 的類別來達成相關處理，該類別中含有兩個函式：serialize() 和 deserialize()。所有與儲存序列化整數格式相關的處理邏輯現在都放在這個單一事實來源的類別中。另一個需要注意的細節是逗號分隔符號和基數是指定在常數中存放，因此在類別中也是單一的事實來源。

Listing 7.27　IntListFormat 類別

```
class IntListFormat {
  private const String DELIMITER = ",";
  private const Radix RADIX = Radix.BASE_10;

  String serialize(List<Int> values) {
    return values
        .map(value -> value.toString(RADIX))
        .join(DELIMITER);
  }

  List<Int> deserialize(String serialized) {
    return serialized
        .split(DELIMITER)
        .map(str -> Int.parse(str, RADIX));
  }
}
```

分隔符號和基數在 DELIMITER、RADIX 常數中指定

Listing 7.28 展示了如果 DataLogger 和 DataLoader 類別都使用 IntListFormat 類別來進行序列化和反序列化處理時的程式碼。關於把整數串列序列化成字串和從字串反序列化為整數的所有細節，現在都由 IntListFormat 類別來處理。

Listing 7.28　DataLogger 和 DataLoader

```
class DataLogger {
  private final List<Int> loggedValues;
  private final IntListFormat intListFormat;
  ...
  saveValues(FileHandler file) {
    file.write(intListFormat.serialize(loggedValues));
  }
}

...

class DataLoader {
  private final IntListFormat intListFormat;
  ...
  List<Int> loadValues(FileHandler file) {
    return intListFormat.deserialize(file.readAsString());
  }
}
```

用來解決子問題的 IntListFormat 類別

圖 7.8 說明了高層次問題和子問題現在是怎麼在程式碼層之間進行劃分的。在這裡可以看到 IntListFormat 類別把儲存序列化整數的格式變成單一的事實來源。這樣就消除了工程師修改了 DataLogger 類別使用的格式但忘記修改 DataLoader 類別的風險。

當兩段不同程式碼執行的邏輯需要相符匹配時，我們不應該讓這兩者只是剛好相符匹配，工程師在處理程式碼庫中某部分時很可能不知道程式碼庫另一部分的某些程式所做的假設。透過確保重要的處理邏輯片段只有單一事實來源，這樣可以讓程式碼更強健，也消除了不同程式碼段相互不一致所造成的錯誤。

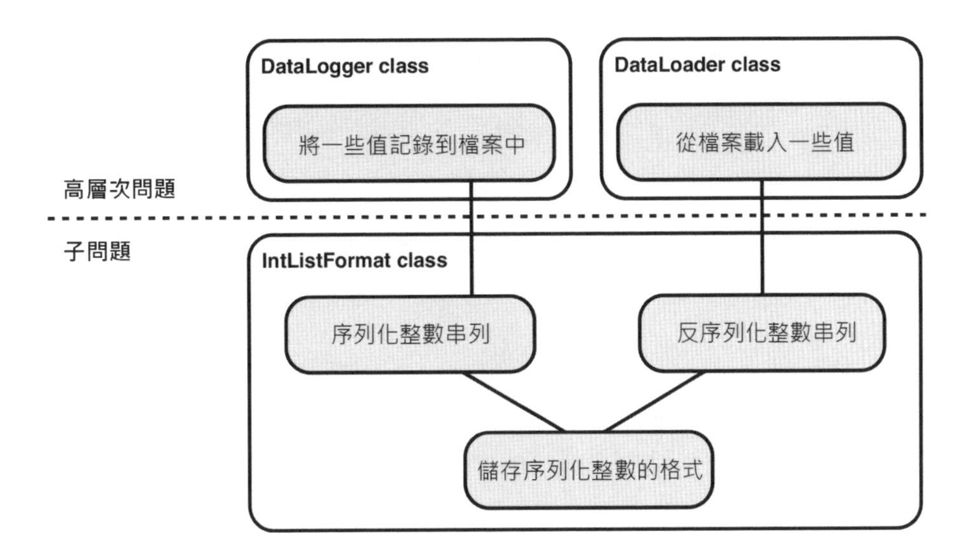

圖 7.8：IntListFormat 類別把儲存序列化整數的格式變成單一的事實來源。

總結

- 如果程式碼很容易被誤用，那麼在某些時候它很可能就是會被誤用，這樣就會造成錯誤。
- 程式碼誤用的一些常見方式如下：
  - 呼叫方提供無效的輸入。
  - 其他程式碼的副作用。
  - 呼叫方沒有在對的時間或以正確的順序呼叫函式。
  - 以破壞假設的方式來修改相關程式碼。
- 正確的設計和建構程式碼是可以讓程式碼很難（或不可能）被誤用。如此可以大幅減少出現 bug 的機會，從長遠來看是會幫工程師節省很多時間。

7

8 讓程式碼模組化

本章內容

- 程式碼模組化的好處
- 不夠理想的程式碼模組化有哪些
- 如何讓程式碼更模組化

第 1 章討論了「需求」在軟體的整個生命週期中是怎麼演變的。在許多情況下，需求甚至在軟體發布之前就已經有變化了，因此先寫出程式然後在幾周或幾個月後對其進行調整的情況並不少見。試圖準確預測需求會如何演變是浪費時間的，因為幾乎不可能準確做到，但還是可以或多或少地確定需求會以某種方式進化。

模組化的主要目標之一是建立可以輕鬆調整和重新配置的程式碼，但不必確切知道要怎麼調整或重新配置。達成這個想法的關鍵目標是讓不同的功能（或需求）對映到程式碼庫的不同部分。如果我們做到這一點，稍後在軟體需求變更時，我們只需要對程式碼庫中與該需求或功能相關的地方進行修改即可。

本章主要建立在乾淨抽象層的思維（在第 2 章中討論過）。讓程式碼模組化就是要確保子問題解決方案的具體細節都是獨立的，而不是彼此緊密耦合。這樣可以讓程式碼更具適應性，同時也讓軟體系統更容易推理。正如在第 9 章、第 10 章和第 11 章中所談到的內容，模組化會讓程式碼更具可重用性和可測試性，因此讓程式碼模組化是有很多好處的。

➢8.1 考慮使用依賴注入

類別依賴於其他類別的情況是很常見的。第 2 章展示了程式碼通常是透過把高層次問題分解為子問題來解決處理。在結構良好的程式碼中，各項子問題通常分別由各個專門的類別來處理。然而，子問題並不總是只有一個單獨的解決方案，因此以允許重新配置子問題解決方案的方式來建構程式碼是很有用的。依賴注入（dependency injection）可以幫助我們達成這個目的。

8.1.1 寫死的依賴可能有問題

Listing 8.1 展示了某個類別中的一些程式碼，該類別實作了汽車旅行的路線規劃程式。RoutePlanner 類別依賴於 RoadMap 的一個實例。RoadMap 是一個介面，可能有許多不同的實作（每個地理區域一個實作）。但在這個範例中，RoutePlanner 類別在其建構函式中建構了 NorthAmericaRoadMap，這表示它對 RoadMap 的特定實作是寫死的依賴（hard-coded dependency），這意味著 RoutePlanner 類別只能用來規劃北美的旅程，它對於規劃世界其他地方的旅程是完全沒有作用的。

Listing 8.1　寫死的依賴

```
class RoutePlanner {
  private final RoadMap roadMap;          // RoutePlanner 依賴於 RoadMap

  RoutePlanner() {
    this.roadMap = new NorthAmericaRoadMap();   // RoutePlanner 類別建構一個 NorthAmericaRoadMap
  }

  Route planRoute(LatLong startPoint, LatLong endPoint) {
    ...
  }
}

interface RoadMap {                        // RoadMap 是個介面
  List<Road> getRoads();
  List<Junction> getJunctions();
}

class NorthAmericaRoadMap implements RoadMap {   // NorthAmericaRoadMap 是 RoadMap 的眾多潛在實作之一
  ...
  override List<Road> getRoads() { ... }
  override List<Junction> getJunctions() { ... }
}
```

因為依賴於RoadMap的特定實作，所以不可能用不同的實作重新配置程式碼。這還不是寫死依賴到程式碼的唯一問題，請想像一下，如果 NorthAmericaRoad Map 類別被修改了，現在需要一些建構函式的參數配合，Listing 8.2 示了 NorthAmericaRoad Map 類別修改後的樣子，它的建構函式接受兩個參數：

- useOnlineVersion 參數控制了這個類別是否要連接到伺服器以取得最新版本的地圖。
- includeSeasonalRoads 參數控制了地圖是否含有在一年中特定時間才開放的道路。

Listing 8.2　一個可配置的依賴關係

```
class NorthAmericaRoadMap implements RoadMap {
  ...

  NorthAmericaRoadMap(
      Boolean useOnlineVersion,
      Boolean includeSeasonalRoads) { ... }

  override List<Road> getRoads() { ... }
  override List<Junction> getJunctions() { ... }
}
```

這樣做的連鎖反應是 RoutePlanner 類別一定要在提供這些值的情況下才能建構 NorthAmericaRoadMap 的實例。這迫使 RoutePlanner 類別處理特定於 North AmericaRoadMap 類別的概念：是否連接到伺服器以取得最新地圖以及是否放入季節性開放的道路。這使得抽象層變得混亂，甚至會進一步限制程式碼的適應性。Listing 8.3 展示了 RoutePlanner 類別現在的樣貌。現在寫死在程式中的地圖是使用線上版本，且不放入季節性開放的道路。這些隨意的要求讓 Route Planner 類別能運用的場合更有限。現在只要沒有網路連線或需要放入季節性開放道路，這個類別就毫無用處。

Listing 8.3　配置某個寫死的依賴項目

```
class RoutePlanner {
  private const Boolean USE_ONLINE_MAP = true;
  private const Boolean INCLUDE_SEASONAL_ROADS = false;

  private final RoadMap roadMap;

  RoutePlanner() {
    this.roadMap = new NorthAmericaRoadMap(
        USE_ONLINE_MAP, INCLUDE_SEASONAL_ROADS);
  }

  Route planRoute(LatLong startPoint, LatLong endPoint) {
    ...
  }
}
```

NorthAmericaRoadMap 的建構函式引數已放進去

RoutePlanner 類別有個優點：它非常容易建構。它的建構函式沒有參數，因此呼叫方不必擔心提供任何相關配置。然而，缺點是 RoutePlanner 類別不是很模組化，也不通用。使用北美的路線地圖是寫死在程式中的，需要連線到網路取得地圖的線上版本，且都會排除季節性開放的道路。這樣的寫法並不理想，因為有可能北美以外一些使用者需要用來規劃旅程，而且也希望應用程式在使用者離線時也能正常工作。

8.1.2 解決方案：使用依賴注入

如果允許使用不同的路線地圖來建構 RoutePlanner 類別，我們可以讓程式更模組化和通用。我們可以透過在建構函式中以參數**注入** RoadMap 來達成這個目的。這樣的寫法消除了 RoutePlanner 類別只能處理特定路線地圖，這表示我們可以用任何路線地圖對其進行配置。以下 Listing 8.4 展示了 RoutePlanner 類別在修改寫法後的樣貌。

Listing 8.4 依賴注入

```
class RoutePlanner {
  private final RoadMap roadMap;

  RoutePlanner(RoadMap roadMap) {
    this.roadMap = roadMap;
  }

  Route planRoute(LatLong startPoint, LatLong endPoint) {
    ...
  }
}
```

RoadMap 透過建構函式注入

現在工程師可以使用他們喜歡的任何路線地圖來建構 RoutePlanner 的實例。以下是工程師使用 RoutePlanner 類別的範例：

```
RoutePlanner europeRoutePlanner =
    new RoutePlanner(new EuropeRoadMap());

RoutePlanner northAmericaRoutePlanner =
    new RoutePlanner(new NorthAmericaRoadMap(true, false));
```

像這樣注入 RoadMap 的缺點是 RoutePlanner 類別建構起來更加複雜。現在，工程師必須先建構 RoadMap 的實例，然後才能建構 RoutePlanner。透過提供一些其他工程師可以使用的工廠函式，這樣的處理就變得更容易了。Listing 8.5 展示了這種寫法的樣貌。createDefaultNorthAmericaRoutePlanner() 函式使用一些「合理的」預設值來建構帶有 NorthAmericaRoadMap 的 RoutePlanner。這樣的做法可以讓工程師輕鬆快速建立能滿足他們需要的 RoutePlanner，而且不會阻止其他具有不同用例的人使用不同路線地圖的 RoutePlanner，因此對於預設用例，RoutePlanner 幾乎同樣易於使用，如同上一小節所示，但它現在也適用於其他用例。

Listing 8.5 工廠函式

```
class RoutePlannerFactory {
  ...

  static RoutePlanner createEuropeRoutePlanner() {
    return new RoutePlanner(new EuropeRoadMap());
  }

  static RoutePlanner createDefaultNorthAmericaRoutePlanner() {
    return new RoutePlanner(
        new NorthAmericaRoadMap(true, false));
  }
}
```

建構帶有一些「合理」預設值的 NorthAmericaRoadMap

手動編寫工廠函式的替代方案是使用**依賴注入框架**。

依賴注入框架

我們已經看到，依賴注入可以讓類別更易於配置，但也有讓建構變複雜的缺點。我們可以使用手動編寫的工廠函式來舒緩這種情況，但如果我們最終使用了很多這樣的函式，它會變得有點費力且導致出現大量的樣板程式碼。

我們可以透過使用依賴注入框架來讓這些工作變得更輕鬆，框架能自動化搞定很多工作。目前市面上有許多不同的依賴注入框架，無論是使用哪一種程式語言，都能找到很多選擇。由於種類繁多且特定於某種程式語言，所以我們不會在這裡討論太多細節。重點是了解依賴注入框架可以讓我們建立非常模組化和通用的程式碼，而且不會有一大堆工廠函式樣板程式碼。很值得您花一點時間去查詢適用於您目前使用程式語言的依賴注入框架，並確定該框架是否有用。

需要注意的是，就算是喜歡使用依賴注入的工程師也不要太過迷戀依賴注入框架。如果使用上太過大意，也有可能會寫出不合理的程式碼。原因在於我們很難完全弄清楚框架的哪些配置適用於哪些程式碼。如果您真的選用了依賴注入框架，就要仔細閱讀說明文件的最佳實務範例，以避免潛在的錯用陷阱。

8.1.3 設計程式碼時把依賴注入放在心上

在編寫程式碼時，把「使用依賴注入是有益」的想法放在心上。有一些程式碼的寫法幾乎不能使用依賴注入，所以當我們知道可能會用到依賴注入時，就會避免這樣的寫法。

為了證明上述的論點，我們以另一種方式來思考工程師實作 RoutePlanner 和路線地圖的程式範例，Listing 8.6 展示了程式碼的內容。NorthAmericaRoadMap 類別現在含有靜態函式（而不是透過類別的實例來呼叫函式）。這表示 RoutePlanner 類別不依賴於 NorthAmericaRoadMap 類別的實例，相反地，它直接依賴於靜態函式 NorthAmericaRoadMap.getRoads() 和 NorthAmericaRoadMap.getJunctions()。這裡展示了本節開頭所陳述的相同問題：RoutePlanner 類別無法與北美路線地圖以外的任何地圖一起使用，而且現在問題更嚴重了，因為我們無法修改 RoutePlanner 類別以使用依賴注入來解決這個問題，就算我們想改也沒辦法。

在前面的範例中，當 RoutePlanner 類別在其建構函式內建立 NorthAmerica RoadMap 的實例時，我們能夠透過使用依賴注入來改進程式碼，而不是注入 RoadMap 的實作。但現在不能這樣做，因為 RoutePlanner 類別沒有依賴於 Road Map 的實例，它反而是直接依賴於 NorthAmericaRoadMap 類別中的靜態函式。

Listing 8.6　依賴於靜態函式

```
class RoutePlanner {

  Route planRoute(LatLong startPoint, LatLong endPoint) {
    ...
    List<Road> roads = NorthAmericaRoadMap.getRoads();
    List<Junction> junctions =
        NorthAmericaRoadMap.getJunctions();
    ...
  }
}

class NorthAmericaRoadMap {
  ...
  static List<Road> getRoads() { ... }

  static List<Junction> getJunctions() { ... }
}
```

呼叫 NorthAmericaRoadMap 類別上的靜態函式

靜態函式

當我們編寫程式碼來解決子問題時，很容易假設這是所有人都想要的問題唯一解法。如果我們都以這種心態來設計程式，很容易會以建立靜態函式來處理。如果是真的只有一種解決方案的最基本子問題，這種寫法是很好，但是如果是高層次程式碼想要重新配置的子問題，這種寫法可能會出問題。

> NOTE　**靜態附著**。過度依賴靜態函式（或變數）通常被稱為「靜態附著（static cling）」，其潛在問題大家都知道且有據可查。在對程式碼進行單元測試時，這種寫法尤其成問題，因為它可能無法使用測試替身（第 10 章會詳細介紹）。

第 2 章討論了如果子問題有多個潛在的解決方案，定義一個介面的做法會生什麼樣的情況。在這種情況下，路線地圖解決了某個子問題，不難想像程式碼（或測試）有時可能需要針對不同地理區域（或不同測試場景）的子問題使用不同的解決方案。因為我們可以預見這有可能會發生，所以最好為路線地圖定義一個介面，並讓 NorthAmericaRoadMap 成為一個實作它的類別（這也意味著使函式不是靜態的）。如果我們這樣做，最終會得到之前看到的程式碼（在 Listing 8.7 會再次列出）。這表示任何使用路線地圖的人都可以使用依賴注入，並根據需要讓他們的程式碼具有適應性。

Listing 8.7 可實例化的類別

```
interface RoadMap {
  List<Road> getRoads();
  List<Junction> getJunctions();
}

class NorthAmericaRoadMap implements RoadMap {
  ...
  override List<Road> getRoads() { ... }
  override List<Junction> getJunctions() { ... }
}
```

RoadMap 是個介面

NorthAmericaRoadMap 是 RoadMap 的眾多潛在實作之一

依賴注入是讓程式碼模組化並確保能適應不同用例的絕佳方式。每當我們處理可能有替代解決方案的子問題時，這種做法尤其重要。就算不是這種情況，依賴注入仍然很有用，第 9 章會展示依賴注入怎麼幫助我們避免全域狀態。第 11 章則會探討依賴注入如何讓程式碼更具備可測試性。

8.2 優先依賴於介面

上一節示範了使用依賴注入的好處：能更輕鬆地重新配置 RoutePlanner 類別。能這樣是因為所有不同的路線地圖類別都實作了相同的 RoadMap 介面，這表示 RoutePlanner 類別可以依賴於此。這樣就能使用 RoadMap 的所有實作，從而讓程式碼更加模組化和加強其適應性。

這樣就導致我們使用更通用的技術來讓程式碼更加模組化和強化其適應性：如果我們依賴於實作介面的類別，且該介面捕捉了我們需要的功能，那最好是依賴於該介面而不是直接依賴於類別。上一節已經暗示過這個論點，現在就更明確地探討說明。

8.2.1 依賴於具體的實作會限制其適應性

Listing 8.8 展示了 RoutePlanner 類別的程式碼（來自上一節的範例），這裡使用依賴注入但直接依賴於 NorthAmericaRoadMap 類別而不是 RoadMap 介面。

這種做法仍然可以得到依賴注入的一些好處：RoutePlanner 類別不需要知道怎麼建構 NorthAmericaRoadMap，但是錯過了使用依賴注入的重要優勢：這裡不能讓 RoutePlanner 類別與 RoadMap 的其他實作一起使用。

Listing 8.8　依賴於具體的類別

```
interface RoadMap {
  List<Road> getRoads();
  List<Junction> getJunctions();
}

class NorthAmericaRoadMap implements RoadMap {
  ...
}

class RoutePlanner {
  private final NorthAmericaRoadMap roadMap;

  RoutePlanner(NorthAmericaRoadMap roadMap) {
    this.roadMap = roadMap;
  }

 Route planRoute(LatLong startPoint, LatLong endPoint) {
    ...
  }
}
```

RoadMap 介面

NorthAmericaRoadMap 實作了 RoadMap 介面

直接依賴於 NorthAmericaRoadMap 類別

我們已經在上一小節中確定了可能會有一些北美以外的使用者，這個 Route Planner 類別對其他地理位置的路線地圖是不起作用，所以這樣的寫法並不理想。如果程式碼可以配合所有路線地圖一起使用會更好。

8.2.2 解決方案：盡可能依賴介面

與依賴於介面相比，依賴於具體的實作類別會限制其適應性。我們可以把介面視為為解決子問題提供了一個抽象層，該介面的具體實作為子問題提供了不太抽象且更注重實作的解決方案。依賴於較抽象的介面通常能做出更清晰的抽象層和更好的模組化。

以 RoutePlanner 類別這個例子來看，我們應該依賴於 RoadMap 介面，而不是直接依賴於 NorthAmericaRoadMap 類別。如果我們這樣做，就會得到如第 8.1.2 小節相同的程式碼（如 Listing 8.9 所示）。工程師現在可以使用他們喜歡的任何路線地圖來建構 RoutePlanner 實例。

Listing 8.9 依賴於介面

```
class RoutePlanner {
  private final RoadMap roadMap;

  RoutePlanner(RoadMap roadMap) {
    this.roadMap = roadMap;
  }

  Route planRoute(LatLong startPoint, LatLong endPoint) {
    ...
  }
}
```

依賴於 RoadMap 介面

第 2 章討論了介面的使用，特別是在解決子問題的方法可能不止一種時，定義介面是很有用的。正如本節中的應用場景也會如此建議。如果某個類別實作了一個介面，而且該介面捕捉了我們需要的處理行為，這就強烈暗示了其他工程師有可能會以不同的實作來與程式碼搭配使用。依賴於介面而不是依賴於某個特定類別的做法不必額外付出太多心力，但會讓程式碼更加模組化和具有更強的適應性。

NOTE **依賴反轉原則**。最好是依賴於抽象而不是更具體的實作，這是依賴反轉原則的核心[1]。可以在 https://stackify.com/dependency-inversion-principle/ 找到有關此設計原則的更詳細描述。

8.3 小心使用類別繼承

大多數物件導向程式語言的定義特徵之一是允許類別繼承自另一個類別。有個典型的範例是使用類別對車輛的階層結構進行建模（圖 8.1）。汽車（car）和卡車（truck）都是車輛（vehicle）的一種，因此我們可以定義一個 Vehicle 類別來提供所有車輛共有的功能，然後定義 Car 和 Truck 類別都繼承自 Vehicle 類別。另外，代表特定類型汽車的所有類別都可能繼承自 Car 類別。這就形成了一個**類別的階層結構**。

1. 依賴反轉原則與 Robert C. Martin 有關聯。此原則是 Martin 提倡的五項 SOLID 設計原則之一（SOLID 是 Michael Feathers 創造的縮寫，其中的 D 就是依賴反轉原則）。詳細內容請參閱 http://mng.bz/K4Pg。

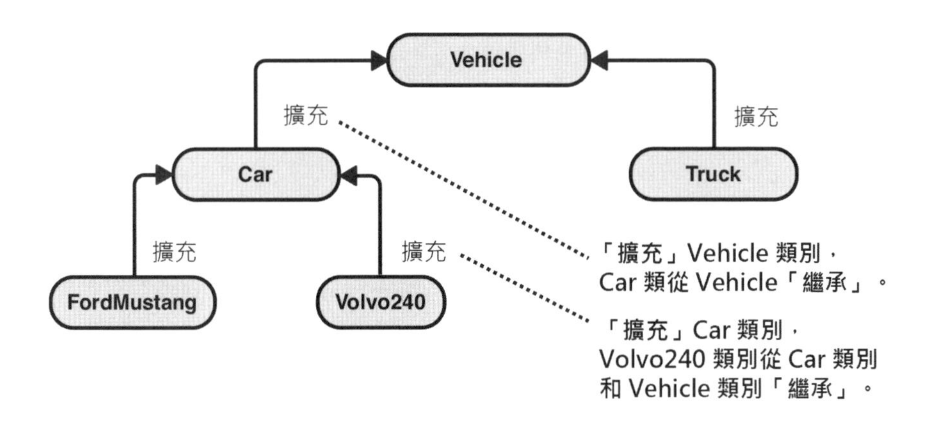
Vehicle
擴充
擴充
Car
Truck
擴充
擴充
FordMustang
Volvo240
「擴充」Vehicle 類別，
Car 類從 Vehicle「繼承」。
「擴充」Car 類別，
Volvo240 類別從 Car 類別
和 Vehicle 類別「繼承」。

圖 8.1：類別可以相互繼承，形成類別階層結構。

類別繼承當然有其用途，有時是完成工作的合適工具。當兩個事物具有真正的 **is-a** 關係（例如，汽車 is-a 車輛）時，這就表明繼承可能是合適的（請參閱第 8.3.3 小節中的注意事項）。繼承是個強大的工具，但也有一些缺點，它所引發的問題也很厲害，因此在編寫某個類別從另一個類別繼承的程式碼之前，需要仔細考量。

在很多應用場景中，繼承的替代方法是使用「**組合（composition）**」。這表示我們**組合**某個類別是透過內含類別的實例而不是對類別進行擴充。這樣可以避免一些繼承的陷阱，也讓程式碼更加模組化和更強健。本節示範了「繼承」可能導致的一些問題以及「組合」為什麼會變成更好的選擇。

8.3.1 類別繼承可能造成問題

車輛（vehicle ）和汽車（car）的範例展示了類別繼承的含義，但有點過於抽象，無法展示工程師會遇到的陷阱，所以我們以一個更真實的應用場景來當例子，說明工程師可能會嘗試使用的類別繼承。假設我們被要求編寫一個類別，該類別會從含有以逗號分隔值的檔案中逐個讀取整數值。我們思考這個類別的作用並確定以下子問題：

- 我們必須從檔案中讀取資料。
- 我們必須把檔案的逗號分隔內容拆分成單獨的字串。
- 我們必須將這些字串中的每一個值解析為整數。

NOTE **錯誤**。上述這個範例我們會忽略錯誤處理的情況（例如檔案不可存取或含有無效資料等）。但在真實的程式設計中，會考慮錯誤處理並使用第 4 章介紹的某種技術來配合。

前兩個子問題已經有一個名為 CsvFileHandler 的現有類別解決了（如 Listing 8.10 所示）。這個類別會開啟一個檔案，並允許我們從中逐個讀取以逗號分隔的字串。CsvFileHandler 類別實作了兩個介面：FileValueReader 和 FileValueWriter。我們只需要 FileValueReader 介面處理的功能，但正如稍後會提到的內容所言，這個類別繼承不允許我們依賴這樣的介面。

Listing 8.10　讀取 CSV 檔案的類別

```
interface FileValueReader {
  String? getNextValue();
  void close();
}

interface FileValueWriter {
  void writeValue(String value);
  void close();
}

/**
 * Utility for reading and writing from/to a file containing
 * comma-separated values.
 */
class CsvFileHandler
    implements FileValueReader, FileValueWriter {
  ...

    CsvFileReader(File file) { ... }

    override String? getNextValue() { ... }    // 從檔案中逐一讀取以逗號分隔的字串

    override void writeValue(String value) { ... }

    override void close() { ... }
}
```

為了讓 CsvFileHandler 類別幫助我們解決高層次的問題，必須以某種方式把它合併到我們的程式碼中。Listing 8.11 展示了當我們使用繼承來實作時，程式碼會是什麼樣貌。關於這段程式碼的注意事項列示如下：

- IntFileReader 擴充自 CsvFileHandler 類別，也就是說 IntFileReader 是 CsvFileHandler 的子類別，或者說 CsvFileHandler 是 IntFileReader 的父類別。

- IntFileReader 建構函式必須透過呼叫其建構函式來實例化 CsvFileHandler 父類別，其寫法是透過呼叫 super() 來完成。
- IntFileReader 類別中的程式碼可以存取 CsvFileHandler 父類別中的函式，就好像這些函式是 IntFileReader 類別的一部分，因此從 IntFileReader 類別中呼叫 getNextValue() 就會在父類別上呼叫此函式。

Listing 8.11　類別繼承

```
/**
 * Utility for reading integers from a file one by one. The
 * file should contain comma-separated values.
 */
class IntFileReader extends CsvFileHandler {
  ...

  IntFileReader(File file) {
    super(file);
  }

  Int? getNextInt() {
    String? nextValue = getNextValue();
    if (nextValue == null) {
      return null;
    }
    return Int.parse(nextValue, Radix.BASE_10);
  }
}
```

IntFileReader（子類別）擴充自 CsvFileHandler（父類別）

IntFileReader 建構函式呼叫父類別的建構函式

從父類別呼叫 getNextValue() 函式

繼承的關鍵特性之一是子類別會繼承父類別提供的所有功能，因此任何具有 IntFileReader 實例的程式碼都可以呼叫 CsvFileHandler 提供的所有函式，如 close() 函式。IntFileReader 類別的範例用法如下所示：

```
IntFileReader reader = new IntFileReader(myFile);
Int? firstValue = reader.getNextInt();
reader.close();
```

除了可以存取 close() 函式之外，任何具有 IntFileReader 實例的程式碼還可以存取 CsvFileHandler 中的所有其他函式，例如 getNextValue() 和 writeValue()，我們稍後會看到這兩個函式，但這樣的做法可能會出問題。

繼承會阻礙乾淨的抽象層

當某個類別擴充出另一個類別時，它會繼承父類別的所有功能。這種做法有時很有用（例如 close() 函式），但也可能外洩暴露出其中更多的功能，這樣有可能造成混亂的抽象層和實作細節的洩漏。

為了示範和說明，讓我們以 IntFileReader 類別的 API 為例，假設我們以顯式明確展示它提供的函式以及它從 CsvFileHandler 父類別繼承的函式。如 Listing 8.12 展示了 IntFileReader API 的實際程式碼樣貌。我們可以看到，IntFileReader 類別的任何使用者都可以根據需要呼叫 getNextValue() 和 writeValue() 函式，這對於聲稱只從檔案中讀取整數的類別，多出來的這些函式在公用的 API 中是很奇怪的。

Listing 8.12　IntFileReader 的公用 API

```
class IntFileReader extends CsvFileHandler {
  ...

  Int? getNextInt() { ... }

  String? getNextValue() { ... }
  void writeValue(String value) { ... }      從父類別繼承的函式
  void close() { ... }
}
```

如果類別的 API 外露了一些函式，其目的應該是期望有其他些工程師會使用到這些函式。在經過幾個月或幾年後，我們可能會發現 getNextValue() 和 writeValue() 函式已透過程式碼庫在多個地方被呼叫使用。如此一來，以後要修改 IntFileReader 類別的實作就不容易了。CsvFileHandler 的使用確實應該要當作是實作細節，但是使用繼承後，我們不小心把它變成了公用 API 的一部分。

繼承會讓程式碼的適應性變差

當我們實作 IntFileReader 類別時，我們被要求解決的問題是從含有以逗號分隔值的檔案中讀取整數。請想像一下，現在有一個新的需求加入，還要提供從含有以「分號」分隔值的檔案中讀取整數的方法。

我們再次注意到，已有現成的解決方案可以從含有以分號分隔值的檔案中讀取字串。有位工程師已經實作出一個名為 SemicolonFileHandler 的類別（如 Listing 8.13 所示），此類別實作與 CsvFileHandler 類別有完全相同的介面：FileValueReader 和 FileValueWriter。

Listing 8.13　類別可以讀取以「分號」分隔值的檔案

```
/**
 * Utility for reading and writing from/to a file containing
 * semicolon-separated values.
 */
```

```
class SemicolonFileHandler
    implements FileValueReader, FileValueWriter {
  ...

  SemicolonFileHandler(File file) { ... }

  override String? getNextValue() { ... }

  override void writeValue(String value) { ... }

  override void close() { ... }
}
```

實作與 CsvFileHandler 類別相同的介面

這裡需要解決的問題與我們已經解決的問題幾乎相同，只有一點不太一樣：就是有時需要用 SemicolonFileHandler 而不是 CsvFileHandler。我們希望這樣小的需求變化只會讓程式碼的小幅更動，但不幸的是，如果是使用繼承，則情況可能會複雜許多。

需求是**除了**處理以逗號分隔的檔案內容之外，**還需要**處理以分號分隔的內容，因此我們不能直接把 IntFileReader 切換到從 SemicolonFileHandler 繼承，而不是從 CsvFileHandler 繼承，因為這會破壞現有的功能。我們唯一的選擇是編寫新的 IntFileReader 類別獨立版本，讓這個版本是繼承自 SemicolonFileHandler，Listing 8.14 展示了程式碼的內容。新類別的名稱為 SemicolonIntFileReader，它幾乎是原本 IntFileReader 類別的複製副本。像這樣重複的程式碼並不理想，因為它增加了維護的成本和出現錯誤的機會（如第 1 章所述）。

Listing 8.14　SemicolonIntFileReader 類別

```
/**
 * Utility for reading integers from a file one by one. The
 * file should contain semicolon-separated values.
 */
class SemicolonIntFileReader extends SemicolonFileHandler {
  ...

  SemicolonIntFileReader(File file) {
    super(file);
  }

  Int? getNextInt() {
    String? nextValue = getNextValue();
    if (nextValue == null) {
      return null;
    }
    return Int.parse(nextValue, Radix.BASE_10);
  }
}
```

CsvFileHandler 和 SemicolonFileHandler 類別都實作了 FileValueReader 介面時，我們必須重複這麼多程式碼是令人沮喪的。這個介面為「讀取值」提供了一層抽象層且無須知道檔案的格式，但因為我們使用了繼承，所以不能利用這個抽象層。稍後我們會看到怎麼利用「組合」來解決這個問題。

8.3.2 解決方案：使用組合

使用繼承的最初動機是想要重複使用 CsvFileHandler 類別的一些功能來幫助我們實作 IntFileReader 類別。繼承是達成此目標的一種方法，但正如從剛才的例子中看到的，它可能有幾個缺點。重複使用 CsvFileHandler 處理邏輯的另一種方法是使用「**組合**」，這表示我們透過放入類別的實例而不是以擴充的方式來組合類別。

Listing 8.15 展示了使用組合後程式碼的樣貌。關於此程式碼的一些注意事項如下所示：

- 如前所述，FileValueReader 介面捕捉了我們關心的功能，因此我們不直接使用 CsvFileHandler 類別，而是使用 FileValueReader 介面來處理。這樣能確保更清晰的抽象層並讓程式碼更易於重新配置。
- IntFileReader 類別沒有擴充 CsvFileHandler 類別，而是持有 FileValueReader 的一個實例。從其意義上來看，IntFileReader 類別由 FileValueReader 的一個實例組成（因此我們稱之為「**組合（composition）**」）。
- FileValueReader 的實例是透過 IntFileReader 類別的建構函式進行依賴注入的（這在 8.1 節中有介紹）。
- 因為 IntFileReader 類別不再擴充 CsvFileHandler 類別，所以 IntFileReader 類別不再從它繼承 close() 方法。為了允許 IntFileReader 類別的使用者能關閉檔案，我們在類別中手動編寫一個 close() 函式，它只在 FileValueReader 實例上呼叫 close() 函式，這是轉發（forwarding）的寫法，因為 IntFileReader.close() 函式會把關閉檔案的指令轉發給 FileValueReader.close() 函式。

Listing 8.15　類別是使用「組合」來處理

```
/**
 * Utility for reading integers from a file one-by-one.
 */
class IntFileReader {
  private final FileValueReader valueReader;

  IntFileReader(FileValueReader valueReader) {
    this.valueReader = valueReader;
  }

  Int? getNextInt() {
    String? nextValue = valueReader.getNextValue();
    if (nextValue == null) {
      return null;
    }
    return Int.parse(nextValue, Radix.BASE_10);
  }

  void close() {
    valueReader.close();
  }
}
```

IntFileReader 擁有 FileValueReader 的一個實例

FileValueReader 的實例是依賴注入

close() 函式轉發給 valueReader.close()

委派（Delegation）

Listing 8.15 展示了 IntFileReader.close() 函式怎麼轉發給 FileValueReader.close() 函式。如果只需轉發一個函式時，這樣的處理並不麻煩。但是在某些情況下，需要把許多函式轉發到一個組合類別，而且要以手動來編寫所有這些函式是很乏味的工作。

這是個公認的問題，因此某些程式語言對委派有內建或擴充附加的支援，這樣就變得容易得多，使得類別可以用一種受控的方式從組合類別中公開一些函式。以下是幾種程式語言的特定範例：

- Kotlin 內建了委派的支援：https://kotlinlang.org/docs/reference/delegation.html
- 在 Java 中，Project Lombok 提供了一個擴充附加的 Delegate annotation，可用來把方法委派給組合類別：https://projectlombok.org/features/Delegate.html

「組合」的運用為我們帶來了程式碼重用的好處，並且避免了本節前面看到的繼承問題。以下小節解釋其細節和原因。

更清晰的抽象層

使用繼承時，子類別會繼承並暴露父類別的所有功能，這表示 IntFileReader 類別最終暴露了 CsvFileHandler 類別的所有函式，這樣就造成一個很奇怪的公用 API，它允許呼叫方讀取字串甚至寫入值。如果我們改為使用組合來處理，就不會暴露 CsvFileHandler 類別的所有功能（除非 IntFileReader 類別使用轉發或委派以顯式的方式暴露）。

為了示範抽象層有多乾淨，Listing 8.16 展示了 IntFileReader 類別的 API 使用組合來處理的樣子。只公開暴露了 getNextInt() 和 close() 函式，呼叫方不能再讀取字串或寫入值。

Listing 8.16　IntFileReader 的公用 API

```
class IntFileReader {
  ...

  Int? getNextInt() { ... }
  void close() { ... }
}
```

更具適應性的程式碼

讓我們思考一下之前看到的需求變化：希望還能支援處理以分號分隔值的檔案。因為 IntFileReader 類別現在依賴於 FileValueReader 介面，而且是依賴注入，所以這個需求很容易支援。IntFileReader 類別可以使用 FileValueReader 的任何實作來建構，因此使用 CsvFileHandler 或 SemicolonFileHandler 配置是非常容易的，無須複製任何程式碼。我們可以透過提供兩個工廠函式來建立適當配置的 IntFileReader 類別實例，從而讓這個新需求變容易。以下 Listing 8.17 展示了處理的程式碼。

Listing 8.17　工廠函式

```
class IntFileReaderFactory {

  IntFileReader createCsvIntReader(File file) {
    return new IntFileReader(new CsvFileHandler(file));
  }
```

```
  IntFileReader createSemicolonIntReader(File file) {
    return new IntFileReader(new SemicolonFileHandler(file));
  }
}
```

IntFileReader 類別相對簡單，因此在讓程式碼適應性和避免重複方面，使用組合的方式似乎不是太理想的做法，但這裡的範例只是個故意弄得很簡單的例子。在現實生活中，類別通常放入比這個例子還更多的程式碼和功能，因此如果程式碼無法應付需求微小的變化，也就是無法適應調整，那就會造成相當高的維護和修改成本。

8.3.3 真正的 is-a 關係是怎麼樣的？

本節開頭有提到，當兩個類別具有真正的 **is-a** 關係時「繼承」才有意義：「Ford Mustang is a car」，因此我們可以讓 FordMustang 類別擴充自 Car 類別。IntFileReader 和 CsvFileHandler 類別的範例顯然沒有遵循這種關係：IntFileReader 本質上不是「is-a」CsvFileHandler 的關係，因此這是個非常明確的應用場景，使用「組合」肯定比「繼承」更好。但是，當存在真正的 is-a 關係時，使用繼承是否真的是最好的方法就不太清楚了。不幸的是，這個問題沒有標準答案，這要取決於給定的設想場景和正要處理的程式碼。很值得留意的是，就算存在真正的 is-a 關係，使用繼承仍然可能出問題。需要注意的一些事項如下所示：

- **脆弱的基礎類別問題**——如果子類別繼承自父類別（有時稱為基礎類別），而這個父類別後來進行了修改，這就有可能會破壞子類別。如此一來，很難推斷某個程式碼的修改是否真的安全。
- **多重繼承的鑽石型問題**——有些程式語言支援**多重繼承**（一個類別可擴充自多個父類別）。如果多個父類別都提供了相同的函式版本，這可能會造成問題，因為函式到底要從哪個父類別繼承就很模稜兩可。
- **有問題的階層結構**——許多程式語言不支援多重繼承，這表示一個類別最多只能直接擴充出另一個類別，這稱為**單一繼承**，但這樣也可能會造成另一種問題。請想像一下，假設有一個名為 Car 的類別，所有代表一種汽車的類別都要擴充自 Car 類別，此外，還有一個名為 Aircraft 的類別，所有代表一種飛機的類別都應該擴充自 Aircraft 類別。圖 8.2 顯示了類別的階層結構。現在請想像一下，若有人發明了飛天汽車，我們要怎麼表示呢？由於 FlyingCar 類別都可以擴充自 Car 類別或 Aircraft 類別，但不能同時擴充自兩者，因此沒有好的方法可以將其放入類別階層結構中。

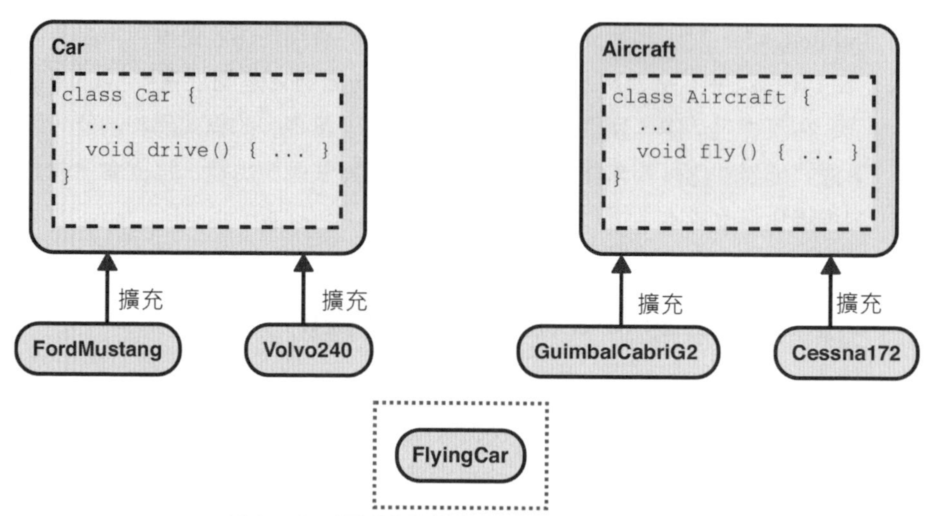

圖 8.2：許多程式語言只支援單一繼承。當某個類別在邏輯上是屬於多種階層結構時，這可能會造成問題。

有時不可避免地需要物件的階層結構。為了達成這個目的，在避免類別繼承許多陷阱的同時，工程師通常會執行以下的操作：

- 使用介面來定義物件的階層結構。
- 使用組合來完成程式碼的重用。

如果 Car 和 Aircraft 是介面，圖 8.3 展示了 Car 和 Aircraft 階層結構的外觀。為了完成所有汽車之間通用程式碼的重用，每種汽車類別都由一個 Driving Action 實例組成。同樣地，飛機的類別則是由 FlyingAction 的實例來組成。

類別繼承有很多陷阱，要小心使用，很多工程師都會盡量避免使用。幸運的是，使用組合和介面能發揮繼承的許多好處，而不用遭受其缺點的困擾。

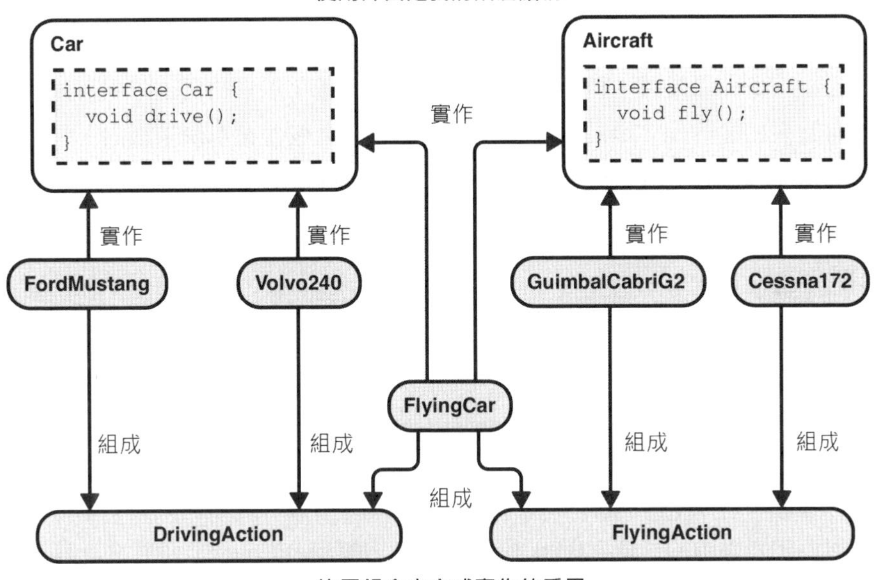

圖 8.3：可以使用介面定義階層結構，而使用組合來完成程式碼的重用。

Mixin 和 Trait

Mixin 和 Trait 是某些程式語言支援的功能，它們允許將功能區塊加到類別中（並在類別之間共享），而無須使用傳統的類別繼承。Mixin 和 Trait 的確切定義以及它們之間的區別會因程式語言而不同。實作的方法在不同程式語言也可能有很大的差異。

Mixin 和 Trait 有助於克服多重繼承和有問題類別階層結構的一些問題。但是，與類別繼承類似，它們仍然會造成程式碼沒有清晰的抽象層和適應性不足，因此在考量使用 Mixin 和 Trait 時，仍然要小心和謹慎。各種程式語言的 Mixin 和 Trait 的範例如下所示：

- **Mixin**——Dart 程式語言支援 Mixin 並提供使用實際範例：http://mng.bz/9NPq。在 TypeScript 中使用 Mixin 也很常見：http://mng.bz/jBl8。
- **Trait**——Rust 程式語言支援 Trait：http://mng.bz/Wryl。最新版本的 Java 和 C# 的預設介面方法提供了在這些程式語言中實作 Trait 的方式。

➢8.4 類別應該關注本身的狀況

正如本章開頭所述，模組化的關鍵目標之一是在需求的更改時只需修改與需求有直接相關的程式碼即可。如果單個概念完全包含在單個類別內，那這個目標通常可以達成，與該概念相關的需求有更動時只需要修改這個單一的類別。

與此相反的是，當某個概念延展到多個類別時，與該概念相關的需求有更動時，就需要修改多個類別。如果工程師忘記修改其中某個類別，則可能會造成錯誤。發生這種情況的大都是因為某個類別過度關注另一個類別的實作細節。

8.4.1 過度關注其他類別可能會造成問題

Listing 8.18 含有兩個獨立類別的部分程式碼。第一個類別代表一本書，第二個類別代表書中的一章。Book 類別提供了一個 wordCount() 函式來計算書中有多少單字。這涉及計算每一章中的單字，然後再相加。Book 類別含有一個 get ChapterWordCount() 函式，是用來計算一章中的單字數量，雖然是放在 Book 類別中，但這個函式只關心與 Chapter 類別相關的事情，這表示關於 Chapter 類別的很多實作細節現在都被寫死到 Book 類別內。例如，Book 類別會假設一章會含有序言和章節的串列。

Listing 8.18　Book 和 Chapter 類別

```
class Book {
  private final List<Chapter> chapters;
  ...

  Int wordCount() {
    return chapters
        .map(getChapterWordCount)
        .sum();
  }

  private static Int getChapterWordCount(Chapter chapter) {
    return chapter.getPrelude().wordCount() +
        chapter.getSections()
            .map(section -> section.wordCount())
            .sum();
  }
}

class Chapter {
  ...
```

這個函式只關注 Chapter 類別

```
  TextBlock getPrelude() { ... }

  List<TextBlock> getSections() { ... }
}
```

把 getChapterWordCount() 函式放在 Book 類別中會讓程式碼的模組化程度降低。如果需求發生變化，現在打算在章節尾端加入總結，那就需要更新 getChapterWordCount() 函式來計算總結中的單字，這表示與章節相關的需求有更動時所影響的不僅僅是 Chapter 類別。如果工程師在 Chapter 類別中加入了對總結摘要的支援，但後面又忘記更新 Book.getChapterWordCount() 函式，那麼計算書中單字的邏輯就會被破壞。

8.4.2 解決方案：讓類別只關注自己本身

為了保持程式碼模組化並確保對某件事的更改只影響該部分的程式碼，我們應該確保 Book 和 Chapter 類別盡可能只關注自己本身。Book 類別顯然需要 Chapter 類別的一些內容（因為一本書含有章節），但是我們可以透過把 getChapterWordCount() 函式中的邏輯移到 Chapter 類別來最小化這些類別對彼此細節的關注。

Listing 8.19 展示了這種做法的程式碼樣貌。Chapter 類別現在有一個名為 wordCount() 的成員函式，Book 類別使用了這個函式。Book 類別現在只關注自己本身而不關注 Chapter 類別的細節。如果需求發生了變化，要在章節的末尾加入總結，那只需要修改 Chapter 類別就可以了。

Listing 8.19　改進 Book 和 Chapter 類別

```
class Book {
  private final List<Chapter> chapters;
  ...

  Int wordCount() {
    return chapters
        .map(chapter -> chapter.wordCount())
        .sum();
  }
}

class Chapter {
  ...

  TextBlock getPrelude() { ... }
```

```
List<TextBlock> getSections() { ... }

  Int wordCount() {
    return getPrelude().wordCount() +
        getSections()
            .map(section -> section.wordCount())
            .sum();
  }
}
```

計算章節中單字數量的處理邏輯完全放在 Chapter 類別中

讓程式碼模組化的關鍵目標之一是在需求的更改時只需修改與需求有直接相關的程式碼即可。類別之間通常需要彼此了解一些相關內容，但最好盡可能減少彼此關注，這樣可以讓程式碼保持模組化，並大幅提高適應性和可維護性。

Demeter 法則

Demeter 法則[1]（有時縮寫為 LoD）是一種軟體工程原則，此原則指出一個物件應該對其他物件的內容或結構做出盡可能少的假設。特別是，該原則主張一個物件應該只與它直接相關的其他物件進行互動。

在本節範例的上下文脈中，Demeter 法則主張 Book 類別應該只與 Chapter 類別的實例互動，而不是與 Chapter 類別中的其他物件互動（例如表示序這和章節的 TextBlocks）。Listing 8.18 中原本的程式碼使用像 chapter.getPrelude().wordCount() 這樣的寫法已明確打破了這項原則，因此在這種情況下，可以使用 Demeter 法則來發現原本程式碼的問題。

不管是什麼軟體工程原則，最重要的是要考量原則背後的緣由以及在不同應用場景中的優缺點。Demeter 法則也不例外，如果您想了解更多關於此原則的資訊，我鼓勵您閱讀關於此原則的不同論點和相關意見。以下的文章是有用參考：

- 這篇內容詳細解釋了原理和一些優點：http://mng.bz/8WP5
- 這篇內容介紹了這個原則的一些缺點：http://mng.bz/EVPX

---

[1] Demeter 法則是由 Ian Holland 在 1980 年代提出。

➢8.5 把相關資料封裝在一起

類別允許我們把事物組合在一起。第 2 章提出了警告，當我們試圖把太多東西歸到一個類別時可能引起一些問題。我們應該對此保持謹慎，但如果這麼做是合理且有意義的，我們也會因為把事物組合在一起而得到某些好處。

有時候不同的資料片段不可避免地相互關聯，某段程式碼需要把它們合在一起來傳遞。在這種情況下，把它們組合成一個類別（或類似結構）是有意義的。這讓程式碼去處理項目群組所代表的更高層次的概念，而不是處理那些具體的細節，如此一來，就能讓程式碼更模組化，並且讓需求的變化更獨立。

8.5.1 未封裝的資料很難以處理

請看一下並思考 Listing 8.20 中的程式碼。TextBox 類別代表了使用者介面中的某個元素，renderText() 函式在該元素中顯示一些文字。renderText() 函式有四個參數，這些參數與文字的樣式相關。

Listing 8.20　以類別和函式來呈現文字

```
class TextBox {
  ...

  void renderText(
      String text,
      Font font,
      Double fontSize,
      Double lineHeight,
      Color textColor) {
    ...
  }
}
```

TextBox 類別很可能是一段比較低層次的程式碼，所以 renderText() 函式很可能被一個函式呼叫，而該函式又被另一個函式呼叫，以此類推。這表示與文字樣式相關的值可能要從一個函式傳接到另一個函式幾次。Listing 8.21 展示了這個應用的簡化版本。在這個範例中，UiSettings 類別是文字樣式值的來源。UserInterface.displayMessage() 函式從 uiSettings 讀取這些值並將它們傳給 renderText() 函式。

displayMessage() 函式實際上並不關心文字樣式的任何細節，它所關心的是 UiSettings 有提供了一些樣式，而 renderText() 需要這些樣式。但是由於文字樣式選項沒有封裝在一起，因此 displayMessage() 函式被迫詳細深入文字樣式的具體細節。

Listing 8.21　UiSettings 和 UserInterface 類別

```
class UiSettings {
  ...

  Font getFont() { ... }
  Double getFontSize() { ... }
  Double getLineHeight() { ... }
  Color getTextColor() { ... }
}

class UserInterface {
  private final TextBox messageBox;
  private final UiSettings uiSettings;

  void displayMessage(String message) {
    messageBox.renderText(
        message,
        uiSettings.getFont(),
        uiSettings.getFontSize(),
        uiSettings.getLineHeight(),
        uiSettings.getTextColor());
  }
}
```

displayMessage() 函式放入文字樣式的具體細節

在這樣的設想場景下，displayMessage() 函式有點像快遞，會把一些資訊從 UiSettings 類別傳遞到 renderText() 函式。在現實生活中，快遞是不會關心遞送包裹內到底有什麼東西的。如果您寄送一盒巧克力給朋友，快遞不需要知道您寄的是焦糖松露還是果仁糖口味的巧克力。但在前述的範例的情況中，display Message() 類別必須確切地知道它正在轉發的詳細內容。

如果需求發生變化並且需要修改 renderText() 函式定義的字型樣式（例如，改為斜體），我們不得不修改 displayMessage() 函式來傳遞新資訊。正如之前所看到的，模組化的目標之一是確保需求的在變動時只影響與該需求直接相關的程式碼部分。在前述範例的情況中，只有 UiSettings 和 TextBox 類別實際處理文字樣式，因此還要到 displayMessage() 函式進行修改是不理想的做法。

8.5.2 解決方案：將相關資料組合成為物件或類別

前述的範例來說，字型、字型大小、行高和文字色彩在本質上是相互關聯的：要知道如何設定某些文字的樣式，我們需要了解所有這些內容。由於它們是相連結的，把它們封裝在一起成為一個可以傳遞的物件是正確的做法。下面的 Listing 8.22 展示了一個名為 TextOptions 的類別，這裡的程式就進行了封裝的處理。

Listing 8.22　TextOptions 封裝類別

```
class TextOptions {
  private final Font font;
  private final Double fontSize;
  private final Double lineHeight;
  private final Color textColor;

  TextOptions(Font font, Double fontSize,
      Double lineHeight, Color textColor) {
    this.font = font;
    this.fontSize = fontSize;
    this.lineHeight = lineHeight;
    this.textColor = textColor;
  }

  Font getFont() { return font; }
  Double getFontSize() { return fontSize; }
  Double getLineHeight() { return lineHeight; }
  Color getTextColor() { return textColor; }
}
```

資料物件的替代做法

把資料封裝在一起（如 TextOptions 類別）可以是資料物件的另一個用例，這在上一章的 7.3.3 小節中有討論介紹過。

如前一章所述，較傳統的物件導向程式設計的支持者有時認為只有資料的物件是不好的做法，因此值得注意的是，在這個範例的情況中，另一種方法可能是把樣式資訊和實作文字樣式的處理邏輯捆綁在一起放入同一個類別中。如果我們這樣做，最終可能會得到用來傳遞的 TextStyler 類別。不過，關於把相關資料封裝在一起的觀點仍然適用。

使用 TextOptions 類別後，就可以把文字樣式資訊封裝在一起，而且只需傳遞一個 TextOptions 實例就能完成處理。Listing 8.23 展示了上一小節程式碼修改後的樣子。displayMessage() 函式現在不會知道文字樣式的細節。如果我們需要加入字型樣式，我們不需要對 displayMessage() 函式進行任何更改，它變得更像是一個優秀的快遞：勤奮地遞送包裹，但不太關心包裹裡面有什麼東西。

Listing 8.23　傳遞封裝物件

```
class UiSettings {
  ...

  TextOptions getTextStyle() { ... }
}

class UserInterface {
  private final TextBox messageBox;
  private final UiSettings uiSettings;

  void displayMessage(String message) {
    messageBox.renderText(
        message, uiSettings.getTextStyle());
  }
}

class TextBox {
  ...

  void renderText(String text, TextOptions textStyle) {
    ...
  }
}
```

displayMessage() 函式沒有特定的文字樣式細節內容

決定何時才把事物封裝在一起是需要仔細思考的。第 2 章有提過，當有太多的概念被捆綁到同一個類別中會出問題，需要謹慎考量。但是，當不同的資料不可避免地相互關聯，而且在實際的應用場景中不會有人只要其中某些資料而不是所有資料，那麼把這些資料都封裝在一起是正確且有意義的。

8.6 提防在返回型別中洩露實作細節

第 2 章有說明過建立乾淨抽象層的重要性。為了擁有乾淨的抽象層，有必要確保這些「層」不會洩露實作細節。如果實作細節被洩露，這可能會洩露程式碼中較低層的資訊，並可能讓未來修改或重新配置變得非常困難。程式碼洩漏實作細節最常見的方式之一是返回與該細節緊密耦合的型別。

8.6.1 在返回型別中洩露實作細節可能會出問題

Listing 8.24 展示了用來查詢給定使用者之個人頭像圖片的程式碼。ProfilePictureService 實作的處理是使用 HttpFetcher 從伺服器取得頭像圖片資料。使用 HttpFetcher 就是一項實作細節，因此，任何使用 ProfilePictureService 類別的工程師在理想情況下都不應該關注這項實作細節。

雖然 ProfilePictureService 類別沒有直接洩露使用 HttpFetcher 的細節，但不幸的是在返回型別中間接洩露了細節。getProfilePicture() 函式返回 ProfilePictureResult 的一個實例。如果我們查看 ProfilePictureResult 類別，就會看到它使用 HttpResponse.Status 來指示請求是否成功，並使用 HttpResponse.Payload 來儲存個人頭像圖片的資料，這些洩露了 ProfilePictureService 使用 HTTP 連接來取得個人頭像圖片的細節。

Listing 8.24　在返回型別中的實作細節

```
class ProfilePictureService {
  private final HttpFetcher httpFetcher;    // ProfilePictureService 是使用 HttpFetcher 實作的
  ...

  ProfilePictureResult getProfilePicture(Int64 userId) { ... }    // 返回 ProfilePictureResult 的一個實例
}

class ProfilePictureResult {
  ...

  /**
   * Indicates if the request for the profile picture was
   * successful or not.
   */
  HttpResponse.Status getStatus() { ... }    // 針對 HTTP 回應的資料型別

  /**
   * The image data for the profile picture if it was successfully
   * found.
   */
  HttpResponse.Payload? getImageData() { ... }
}
```

第 2 章強調了不洩露實作細節的重要性，因此從這個角度來看，我們會立即看出這段程式碼寫得並不理想。但要真正了解這段程式碼的危害有多大，就要深入研究其相關後果，例如：

- 任何使用 ProfilePictureService 類別的工程師都必須處理一些專用於 HttpResponse 的概念。要了解個人頭像圖片請求是否成功以及失敗的原因，工程師必須解釋 HttpResponse.Status 的 enum 值，這需要了解 HTTP 狀態碼以及伺服器實際使用的特定 HTTP 狀態碼。工程師猜想他們需要檢查 STATUS_200（表示成功）和 STATUS_404（表示找不到資源），但是 HTTP 的狀態碼還有 50 多個呢？

- 改變 ProfilePictureService 的實作是很困難的，所有呼叫 ProfilePictureService.getProfilePicture() 的程式碼都必須處理 HttpResponse.Status 和 HttpResponse.Payload 型別才能理解回應的狀態，因此建構在 ProfilePictureService 之上的程式碼層依賴於它返回的專用 HttpResponse。請想像一下，若需求發生了變化，我們的應用程式應該要能使用 WebSocket 連線（舉例）來獲取個人頭像圖片。但因為有那麼多的程式碼依賴於使用特定於 HttpResponse 的型別，所以需要在很多地方進行大量程式碼的更改，如此才能支援此類需求的變更。

如果 ProfilePictureService 沒有像這樣洩露實作細節會更好。更好的做法是，讓它返回的型別是個適合提供給抽象層的型別。

8.6.2 解決方案：返回適合抽象層的型別

ProfilePictureService 類別所解決的問題是取得使用者的個人頭像圖片，這也決定了此類別在理想情況下應該提供的抽象層，而且所有返回型別都應該反映這一點要求。我們應該盡量減少對使用該類別的工程師暴露處理概念的數量。以前述的這個範例來說，我們需要暴露的最少處理概念集合如下：

- 請求可能成功，也可能因為以下原因之一而失敗：
  - 使用者不存在。
  - 發生了某種暫時性錯誤（例如伺服器無法存取）。
- 代表個人頭像圖片的資料位元組。

Listing 8.25 展示了以這個暴露最少處理概念集合的程式碼，其中包含怎麼實作 ProfilePictureService 和 ProfilePictureResult 類別。這裡所做的重要更改是：

- 我們沒有使用 HttpResponse.Status 的 enum 列舉，而是定義了一個自訂的 enum，它只放了使用此類別的工程師真正需要關心的狀態集合。

■ 我們不返回 HttpResponse.Payload，而是返回一個位元組的串列。

Listing 8.25　返回型別符合抽象層

```
class ProfilePictureService {
  private final HttpFetcher httpFetcher;
  ...

  ProfilePictureResult getProfilePicture(Int64 userId) { ... }
}

class ProfilePictureResult {
  ...

  enum Status {
    SUCCESS,
    USER_DOES_NOT_EXIST,
    OTHER_ERROR,
  }

  /**
   * Indicates if the request for the profile picture was
   * successful or not.
   */
  Status getStatus() { ... }

  /**
   * The image data for the profile picture if it was successfully
   * found.
   */
  List<Byte>? getImageData() { ... }
}
```

定義一個自訂的 enum 是符合我們需要的狀態

返回自訂的 enum

返回位元組的串列

Enum

正如第 6 章中提到的，enum（列舉）的使用在工程師之間有一定程度的意見分歧。有些人喜歡使用，而另外一些人則認為多型（polymorphism）是更好的方法（建立不同類別來實作一般介面）。

無論您是否喜歡 enum，其關鍵是使用適合抽象層的型別（無論是 enum 還是類別）。

一般來說，能重複使用程式碼是好的，所以乍看之下，重用 ProfilePicture Result 類別中的 HttpResponse.Status 和 HttpResponse.Payload 型別似乎是好主意，但是當我們仔細考量後，就會意識到這些型別並不適合抽象層，因此定義自己的型別來捕捉最少的處理概念集合並使用此集合來代替，這樣就能產生更清晰的抽象層和更模組化的程式碼。

➢8.7 小心在例外處理中洩露實作細節

上一節展示了在返回型別中洩露實作細節是怎麼造成問題的。返回型別在程式碼契約中是顯而易見的部分，因此（有問題）很容易被發現，也容易避免。洩露實作細節的另一種常見方式是經由拋出的例外型別洩露。第 4 章討論了未受檢的例外是怎麼出現在程式碼契約的附屬細則中的，有時甚至根本就忘了放入契約內，所以如果把未受檢的例外用於呼叫方希望從中恢復的錯誤，那麼洩露其中的實作細節可能會造成問題。

8.7.1 在例外中洩露實作細節可能帶來的問題

未受檢例外（unchecked exception）的特徵之一是編譯器不會處理任何關於例外拋出的位置和時間，或者關於程式碼在哪裡捕捉例外的任何相關內容。有關未受檢例外的說明大都放在程式碼契約的附屬細則中傳達，或是工程師根本就忘了記錄，不會在契約中傳達。

Listing 8.26 含有兩個相鄰抽象層的程式碼。下層是 TextImportanceScorer 介面，上層是 TextSummarizer 類別。在這個應用場景中，ModelBasedScorer 是一個具體的實作，實作了 TextImportanceScorer 介面，但是 ModelBasedScorer.isImportant() 可以拋出未受檢例外 PredictionModelException。

Listing 8.26　例外洩露了實作細節

```
class TextSummarizer {
  private final TextImportanceScorer importanceScorer;
  ...

  String summarizeText(String text) {
    return paragraphFinder.find(text)
        .filter(paragraph =>
            importanceScorer.isImportant(paragraph))
        .join("\n\n");
  }
}
```

依賴於 TextImportanceScorer 介面

```
interface TextImportanceScorer {
  Boolean isImportant(String text);
}

class ModelBasedScorer implements TextImportanceScorer {
  ...
  /**
   * @throws PredictionModelException if there is an error
   * running the prediction model.
   */
  override Boolean isImportant(String text) {
    return model.predict(text) >= MODEL_THRESHOLD;
  }
}
```

TextImportanceScorer 介面的實作

可以拋出的未受檢例外

使用 TextSummarizer 類別的工程師遲早會留意到，他們的程式碼有時會因為 PredictionModelException 而崩潰當掉，他們希望能優雅地處理這種錯誤情況並從中恢復。為此，他們必須寫出像 Listing 8.27 的程式碼。程式碼會捕捉 PredictionModelException 例外並向使用者顯示錯誤訊息。為了讓程式碼順利運作，工程師必須意識到一件事，那就是 TextSummarizer 類別能使用以模型為基礎的預測（實作細節）。

這種做法不僅打破了抽象層的概念，還不太可靠且容易出錯。TextSummarizer 類別依賴於 TextImportanceScorer 介面，因此可以配置此介面的所有實作。ModelBasedScorer 只是其中一種實作，並不是唯一的。TextSummarizer 可能配置了 TextImportanceScorer 的不同實作，而該實作會拋出完全不同的例外。如果發生這種情況，catch 陳述句就捕捉不到例外，程式就會崩潰當掉，或是使用者會從程式碼的更高層中看到不太有用的錯誤訊息。

Listing 8.27　捕捉專用於實作的例外

```
void updateTextSummary(UserInterface ui) {
  String userText = ui.getUserText();
  try {
    String summary = textSummarizer.summarizeText(userText);
    ui.getSummaryField().setValue(summary);
  } catch (PredictionModelException e) {
    ui.getSummaryField().setError("Unable to summarize text");
  }
}
```

捕捉並處理 PredictionModelException

洩露實作細節的風險並不是未受檢例外所獨有的，但在這種情況下，它們的使用會讓問題更大。工程師很容易忘了記錄會拋出哪些未受檢的例外，而且實作介面的類別不會只拋出介面指示的錯誤。

8.7.2 解決方案：讓例外適合抽象層

為了防止洩露實作細節，程式碼中的每一層最好只顯示反映給定抽象層的錯誤型別。我們可以透過把來自較低層的所有錯誤包裹成適合目前層的錯誤型別來達成目的，這表示向呼叫方提供了適當的抽象層，同時還確保原始錯誤訊息不會遺失（因為它仍然存在於包裹的錯誤中）。

Listing 8.28 展示了這一點，程式碼中定義了一種稱為 TextSummarizerException 的新例外型別，指示與總結文字相關的所有錯誤。同樣地，定義了 TextImportanceScorerException 來指示與評分文字相關的所有錯誤（無論是使用哪個介面實作）。最後，程式碼已被修改為使用顯式發出錯誤信號的技術。在此範例是透過受檢例外（checked exception）來完成的。

有個明顯的缺點是現在會寫出更多的程式碼行，因為我們必須定義一些自訂例外類別，並捕捉、包裹和重新抛出各種例外。乍看之下程式碼可能「更複雜」，但如果把軟體看成一個整體，情況就不是如此了。使用 TextSummarizer 類別的工程師現在只需要處理一種型別的錯誤，而且肯定知道這是哪一種型別。程式碼中需要額外錯誤處理樣板的缺點，現在因為更模組化與 TextSummarizer 類別的更可預測的行為所帶來的好處所抵消。

複習：受檢例外的替代方案

受檢例外只是一種顯式的錯誤信號技術，而且（在主流程式語言中）或多或少是 Java 獨有的。第 4 章詳細介紹了這一點，並展示了一些可用於任何程式語言的替代顯式技術（例如結果型別和執行成果）。Listing 8.28 中使用了受檢例外，讓它更容易與 Listing 8.26 中的程式碼進行比較。

第 4 章討論的另一件主題是發出錯誤信號和處理為什麼會有爭議，特別是工程師不同意使用未受檢的例外和更明確的錯誤信號技術來處理呼叫方可能希望從中恢復的錯誤。但是，就算在鼓勵使用未受檢例外的程式碼庫上工作，確保程式碼不會洩漏實作細節仍然是很重要的（如前一小節所示）。

工程師更喜歡使用的未受檢例外處理方法是標準例外型別（如 ArgumentException 或 StateException），因為其他工程師更有可能預測到這些例外會被抛出，並能適當地處理它們，這種做法的缺點是會限制區分不同錯誤場景的能力（這也在第 4 章的 4.5.2 小節中有討論過）。

Listing 8.28　例外適合抽象層

```
class TextSummarizerException extends Exception {
  ...
  TextSummarizerException(Throwable cause) { ... }
  ...
}

class TextSummarizer {
  private final TextImportanceScorer importanceScorer;
  ...

  String summarizeText(String text)
    throws TextSummarizerException {
      try {
        return paragraphFinder.find(text)
            .filter(paragraph =>
                importanceScorer.isImportant(paragraph))
            .join("\n\n");
      } catch (TextImportanceScorerException e) {
        throw new TextSummarizerException(e);
      }
    }
}

class TextImportanceScorerException extends Exception {
  ...
  TextImportanceScorerException(Throwable cause) { ... }
  ...
}

interface TextImportanceScorer {
  Boolean isImportant(String text)
      throws TextImportanceScorerException;
}

class ModelBasedScorer implements TextImportanceScorer {
  ...
  Boolean isImportant(String text)
      throws TextImportanceScorerException {
    try {
      return model.predict(text) >= MODEL_THRESHOLD;
    } catch (PredictionModelException e) {
      throw new TextImportanceScorerException(e);
    }
  }
}
```

與總結文字相關並用來發出錯誤信號的例外

建構函式接受另一個例外並進行包裹（Throwable 是 Exception 的父類別）

TextImportanceScorerException 包裹在 TextSummarizerException 中並重新拋出

與評分文字相關並用來發出錯誤信號的例外

介面定義了抽象層暴露的錯誤型別

PredictionModelException 包裹在 TextImportanceScorerException 中並重新拋出

使用 TextSummarizer 類別的工程師現在只需要處理 TextSummarizerException，這表示他們不必了解任何實作細節，也意味著無論 TextSummarizer 類別如何配置或將來如何更改，他們的錯誤處理都能繼續運作。程式碼內容顯示在以下 Listing 8.29 中。

Listing 8.29　捕捉適合層的例外

```
void updateTextSummary(UserInterface ui) {
  String userText = ui.getUserText();
  try {
    String summary = textSummarizer.summarizeText(userText);
    ui.getSummaryField().setValue(summary);
  } catch (TextSummarizerException e) {
    ui.getSummaryField().setError("Unable to summarize text");
  }
}
```

如果我們確定某種錯誤不是所有呼叫方都希望從中恢復的，那麼洩漏實作細節就不是什麼大問題，因為更高層的程式是不會處理這種特定的錯誤。但是，每當我們遇到呼叫方想要從中恢復的錯誤時，確保錯誤的型別適合抽象層就很重要。顯式發出錯誤信號的技術（如受檢的例外、結果和執行成果）可以更容易地執行這項處理。

總結

- 模組化程式碼通常更容易適應不斷變化的需求。
- 模組化的主要目標之一是在需求有變動應該只影響與該需求直接相關的程式碼部分。
- 讓程式碼模組化與建立乾淨的抽象層有高度相關。
- 以下技術可用於讓程式碼模組化：
  - 使用依賴注入。
  - 依賴於介面而不是具體的類別。
  - 使用介面和組合而不使用類別繼承。
  - 讓類別只關注自己本身。
  - 把相關資料封裝在一起。
  - 確保返回型別和例外不會洩露實作細節。

9 讓程式碼可重用和可泛化

本章內容

- 如何編寫可以安全重用的程式碼
- 如何編寫可以泛化通用的程式碼來解決不同的問題

第 2 章討論了作為工程師，我們怎麼透過把高層級問題分解為一系列子問題來提出解決方案。當我們都以這種方式執行了很多的專案後，就會發現有同樣的子問題會一次又一次地重複出現。如果我們或其他工程師已經解決了某個給定的子問題，那麼重複使用（reuse，重用）這個解決方案是有意義的，這麼做可以節省時間並減少了出錯的機會（因為程式碼已試用過和完成測試）。

不幸的是，雖然子問題的解決方案已經存在，但不表示我們都能重用這個解決方案。如果解決方案做出的假設不適合我們的用例，或者它與我們不需要的其他處理邏輯捆綁在一起，就會發生無法重用的情況。因此，值得積極思考這種狀況，並以一種允許將來能重複使用的方式來設計編寫和建構程式碼。這可能需要更多的前期努力（通常不會太多），但從長遠來看，這會為我們和團隊節省許多時間和精力。

本章與建立乾淨的抽象層（第 2 章）和讓程式碼模組化（第 8 章）有高度相關。建立乾淨的抽象層並讓程式碼模組化往往會導致子問題的解決方案被分解為鬆散耦合的不同程式碼片段。這樣會讓程式碼更容易和更安全地重用（reuse）和泛化通用（generalize），但我們在第 2 章和第 8 章中討論的內容並不是讓程式碼可重用和可泛化的唯一考量因素，本章內容還包含一些額外需要考量的事項。

➢9.1 小心假設

做出假設（assumption）有時會能讓程式碼更簡單、更高效，或兩者兼備，但假設也往往會導致程式碼更脆弱、通用性更低，這會降低重用的安全性。很難準確追蹤在程式碼的哪些部分做出了什麼假設，因此這些假設很容易變成其他工程師無意中掉落的討厭陷阱。最初看起來像是改進程式碼的簡單方法實際上可能會在程式碼重用時出現錯誤和造成怪異行為的相反效果。

有鑑於此，在把假設放入程式碼之前，值得考量一下其產生的成本和效益。如果程式碼簡化或效率方面的明顯效益很少，那麼最好避免做出這種假設，因為增加脆弱性的成本可能超過這些效益。以下小節對此進行詳細的探討。

9.1.1 重複使用程式碼時，假設可能會造成錯誤

請思考 Listing 9.1 中的程式碼。Article 類別表示使用者可以閱讀之新聞網站上的一篇文章。getAllImages() 函式返回文章中含有的所有圖像。為此，它會遍訪整份文章中的各個小節（section），直到找到含有圖像的 section，然後從該 section 返回圖像。這段程式碼假設只有一個 section 含有圖像。這個假設在程式碼中有加上注釋說明，但程式碼的呼叫方不太可能會注意這些說明。

做出上述這個假設，程式碼的效能會稍微提高一些，因為它在找到含有圖像的 section 後就立即退出 for 迴圈了，但這種效能增益非常小，以至於沒有達到真正的效果。然而這種假設很可能產生的後果是，如果 getAllImages() 函式處理的是某份文章中多個 section 都含有圖像，則這個函式不會返回所有圖像。這種假設就像是一場等待發生的事故，當它真的發生時，很可能就會造成錯誤的結果。

Listing 9.1　含有假設的程式碼

```
class Article {
  private List<Section> sections;
  ...

  List<Image> getAllImages() {
    for (Section section in sections) {
      if (section.containsImages()) {
        // There should only ever be a maximum of one
        // section within an article that contains images.
        return section.getImages();
      }
    }
    return [];
  }
}
```

在程式碼的注釋中說明假設

僅從第一個含有圖像的 section 返回圖像

對於程式開發者所考量的原始用例，其中只有一個 section 含有圖像的假設無疑是正確的。但是，如果 Article 類別被重用於其他文章（或者如果文章中圖像的位置發生變化），那這支程式就很可能變得不正確。而且由於這個假設深埋在程式碼中，呼叫方有可能忽略而不知道這個假設。他們看到的是一個名為 getAllImages() 的函式，大概會假設此函式會返回「所有（All）」圖像。不幸的是，程式只有在符合隱藏的假設為真時，這種處理才是正確的。

9.1.2 解決方案：避免不必要的假設

「假設文章只有一個section含有圖像」的成本效益在權衡之後，表明這不是一個值得做的假設。這個假設的邊際效能提升不會很明顯，但如果有人重用程式碼或在需求發生變化，這樣的假設很有可能引入錯誤。有鑑於此，最好擺脫這個假設：它的存在帶來了風險而回報卻明顯很少。

> **過早的最佳化**
>
> 避免「過早最佳化（premature optimization）」的想望是軟體工程和電腦科學中大家公認的課題。最佳化程式碼通常會產生與之相關的成本：通常需要更多的時間和精力來實作最佳化的解決方案，而生成的程式碼可讀性可能較差和難以維護，也可能不太強健（如果有引入了假設）。除此之外，最佳化通常只有在程式執行數千或數百萬次才會產生明顯的效益。
>
> 因此，在大多數的應用場景中，最好還是專注於讓程式碼具有可讀性、可維護性和強健性，而不是追求效能的邊際收益。如果某段程式碼最終要執行很多次且最佳化是有益的，這可以放在未來有明顯需要時再來完成。

Listing 9.2 展示了修改 getAllImages() 函式後的程式碼內容，讓函式可以從所有 section（而不是只從含有圖像的第一個 section）返回圖像來消除假設。這使得該函式對不同的用例有更好的通用性和強健性，缺點是它可能會讓 for 迴圈執行更多次的迭代，但是，正如剛才提到的，這對效能產生的影響並不大。

Listing 9.2　消除假設的程式碼

```
class Article {
  private List<Section> sections;
  ...

  List<Image> getAllImages() {
    List<Image> images = [];
    for (Section section in sections) {
      images.addAll(section.getImages());
    }
    return images;
  }
}
```

從所有 section 蒐集圖像然後再返回

在編寫程式碼時，我們通常很在意執行一行程式碼超過必要次數的效能成本等問題。但請記住，「假設」也會讓程式的脆弱性帶來相關的成本。如果做出一個特定的假設會帶來巨大的效能提升或極大地簡化了程式碼，那麼就值得去做。但如果效益是微不足道，那麼把「假設」放入程式碼後所產生的相關成本很可能遠遠超過其效益。

9.1.3 解決方案：如果假設是必要的，則強制遵行

有時做出假設是必要的，或是程式碼簡化的效益超過成本很多，我們會在程式碼中做出假設，但仍然應該注意到其他工程師可能不知道這個假設，為了確保他們不會忽略掉程式中的假設，我們應該以強制遵行方式來處理這個假設，通常可以採取以下兩種方式來達成：

1. **讓假設「不可能被打破」**——如果我們能夠以這種方式來編寫程式碼，也就是在假設被打破時就無法編譯，那就能確保該假設始終都成立。這在第 3 章和第 7 章中有介紹。
2. **使用發出錯誤信號的技術**——如果無法讓假設不可能被打破，那麼我們可以編寫程式碼來檢測它假設是否被打破，並使用發出錯誤信號的技術來讓程式快速失效（fail fast）。這在第 4 章（以及第 3 章的結尾）中有介紹。

一個可能有問題的、未強制遵行的假設

為了示範未強制遵行的假設是怎麼造成問題的，我們以 Article 類別為例來思考一下，此類別含有的另一個函式，它返回圖像 section。Listing 9.3 展示了如果不強制遵行假設，這個函式的程式碼內容。它會找到含有圖像的 section，然後返回第一個找到的 section，如果沒有 section 含有圖像，則返回 null。這段程式碼再次假設一篇文章最多只一個 section 會含有圖像。如果這個假設被打破且文章中有多個 section 都含有圖像，而程式碼並不會失效或產生任何類型的警告。相反地，它只會返回第一個含有圖像 section 並繼續執行，就好像一切都沒問題（與快速失效相反）。

Listing 9.3　程式碼中含有假設

```
class Article {
  private List<Section> sections;
  ...
```

```
  Section? getImageSection() {
    // There should only ever be a maximum of one
    // section within an article that contains images.
    return sections
        .filter(section -> section.containsImages())
        .first();
  }
}
```

返回第一個含有圖像的 section，如果沒有則返回 null

getImageSection() 函式是由處理文章以顯示給使用者的一段程式碼來呼叫。如 Listing 9.4 所示，這段程式碼中呈現文章的範本只有一個圖像 section 的空間。因此，對於這個特定的用例來說，一篇文章最多只有一個圖像 section 的假設是必要的。

Listing 9.4　呼叫方依賴這個假設

```
class ArticleRenderer {
  ...

  void render(Article article) {
    ...
    Section? imageSection = article.getImageSection();
    if (imageSection != null) {
      templateData.setImageSection(imageSection);
    }
    ...
  }
}
```

文章範本最多只能處理一個含有圖像的 section

如果有人建立含有多個圖像 section 的文章，然後嘗試使用此程式碼來呈現時，文章就會以一種奇怪和意想不到的方式呈現出來。一切似乎都可以正常運作（因為沒有發生錯誤或警告），但實際上文章中有大量的圖像不見了。根據文章的性質，這樣可能會產生具有誤導性或荒謬的結果。

強制遵行假設

如第 4 章所述，最好是能確保故障失效和錯誤不會被忽略掉。在上述的應用場景中，並不支援呈現具有多個圖像 section 的文章，因此這是個錯誤的應用場景。如果程式碼在這種情況下能快速失效而不是試圖繼續執行，那對程式的應用會更好。我們可以修改程式碼，使用發出錯誤信號的技術來強制遵行假設。

Listing 9.5 的程式碼展示了 Article.getImageSection() 函式在使用 assertion（斷言）來強制遵行假設最多只有一個圖像 section。該函式也已重新命名為 get

OnlyImageSection()，這樣能更好地向該函式的所有呼叫方傳達只有一個圖像 section 的假設，這使得任何不想遵行這個假設的呼叫方都不能呼叫使用。

Listing 9.5　強制遵行假設

```
class Article {
  private List<Section> sections;
  ...

  Section? getOnlyImageSection() {
    List<Section> imageSections = sections
        .filter(section -> section.containsImages());

    assert(imageSections.size() <= 1,
        "Article contains multiple image sections");

    return imageSections.first();
  }
}
```

函式名稱傳達了呼叫者所做的假設

以 assert 來強制遵行假設

返回 imageSections 串列中的第一個項目，如果為空，則返回 null

> **發出錯誤信號的技術**
>
> 第 4 章詳細討論了各種不同的發出錯誤信號技術，重點在於技術的選擇通常取決於呼叫方是否希望從錯誤中恢復。
>
> Listing 9.5 使用了一個 assertion 斷言，如果確定沒有呼叫方想要從錯誤中恢復，這種做法是合適的。如果文章是在我們的程式內部生成的，那麼打破假設就表示程式設計有錯誤，這樣使用 assertion 是合適的。但是如果文章是由外部系統或使用者提供的，那麼有些呼叫方可能會想要捕捉錯誤並以更優雅的方式來處理它。在這種情況下，顯式發出錯誤信號的技術可能更合適。

正如我們所見，「假設」會增加程式的脆弱性並產生相關成本。當「假設」的成本超過收益時，最好避免這種假設。如果某個假設是必要的，那麼應該盡最大努力確保其他工程師不會受這個假設影響，我們可以透過強制遵行假設來達成這一點。

➢9.2 小心使用全域狀態

全域狀態（或全域變數）是在程式給定的實例內上下文脈之間共享的狀態。定義全域變數的常用方法如下所示：

- 在 Java 或 C# 等語言中將變數標記為 static（這是本書虛擬程式碼所使用的範例）。
- 用 C++ 等程式語言定義檔案級別的變數（在類別或函式之外）。
- 在以 JavaScript 為基礎的程式語言中定義全域 window 物件的特性。

為了示範全域變數的意義，請思考 Listing 9.6 中的程式碼範例。關於這段程式碼的一些注意事項如下所示：

- a 是個實例變數。MyClass 的每個實例都有自己的專用變數。類別的某個實例修改此變數是不會影響該類別的所有其他實例。
- b 是一個靜態變數（代表它是個全域變數）。因此，它在 MyClass 的所有實例之間共享（甚至可以在沒有 MyClass 實例的情況下存取，在下一個要點中會解釋說明）。
- getBStatically() 函式被標記為 static，表示它可以在不需要類別實例的情況下使用如下的呼叫：MyClass.getBStatically()。像這樣的靜態函式可以存取類別中定義的任何靜態變數，但它不能存取實例變數。

Listing 9.6　使用了全域變數的類別

```
class MyClass {
  private Int a = 3;                          // 實例變數
  private static Int b = 4;                   // 全域變數（因為標記為靜態）

  void setA(Int value) { a = value; }
  Int getA() { return a; }

  void setB(Int value) { b = value; }
  Int getB() { return b; }

  static Int getBStatically() { return b; }   // 靜態函式
}
```

以下的程式碼片段示範了實例變數 a 怎麼在類別的各個實例中應用，而全域變數 b 則在類別的所有實例（以及 static 程式碼的上下脈絡）之間共享：

```
MyClass instance1 = new MyClass();
MyClass instance2 = new MyClass();

instance1.setA(5);
instance2.setA(7);
print(instance1.getA()) // Output: 5
print(instance2.getA()) // Output: 7

instance1.setB(6);
instance2.setB(8);
print(instance1.getB()) // Output: 8
print(instance2.getB()) // Output: 8
print(MyClass.getBStatically()) // Output: 8
```

MyClass 的每個實例都有自己獨立的「a」變數

全域「b」變數在 MyClass 的所有實例之間共享

「b」也可以靜態存取，不需要 MyClass 的實例

NOTE　**全域（globalness）與可見性（visibility）不要混淆。**變數是否為全域的，不應與變數的可見性搞混。變數的可見性是指它是公用的還是私有的，這決定了程式碼的其他部分是否能看到和存取它。變數無論是否為全域的，它都可以是公用的或是私有的。關鍵是全域變數在整支程式內的上下脈絡之間共享，而不是在類別或函式的每個實例都有自己的版本。

因為全域變數會影響整支程式的上下脈絡，所以使用時都假設不會有人把程式碼重用於不同的目的。正如我們在上一節中看到的，「假設」會伴隨著產生相關成本。全域狀態往往會讓程式碼變得極其脆弱且不能安全地重用，因此成本通常大於收益。以下小節解釋了原因和替代的方法。

9.2.1 全域狀態會讓重用變得不安全

當程式的不同部分需要存取某個狀態時，將狀態放入某個全域變數中似乎是很好的做法，這樣能讓所有程式碼都可以很容易地存取該狀態。但是，正如剛才提到的，這種做法也會讓程式碼無法安全地重用。為了說明原因，這裡用一個範例說明，假設我們正在建構線上購物應用程式。在這個應用程式中，使用者可以瀏覽商品，將商品加到購物車，最後是結帳。

在這樣的應用場景中，使用者的購物車內容是應用程式的許多不同部分都需要存取的「狀態」，例如把商品的代碼加入購物車、使用者查看購物車內容的畫面顯示以及處理結帳等。因為應用程式的很多部分都需要存取這個共享的狀態，我們可能想要把使用者購物車的內容儲存在一個全域變數內。Listing 9.7

展示了使用全域狀態購物車的程式碼內容。關於這段程式碼的一些注意事項如下所示：

- items 變數標記了 static。這表示該變數不與 ShoppingBasket 類別的特定實例相關聯，會讓它成為全域變數。
- 函式 addItem() 和 getItems() 也都標記了 static。這表示可以從程式碼中的任何位置呼叫它們（不需要 ShoppingBasket 的實例），例如：ShoppingBasket.addItem(...) 和 ShoppingBasket.getItems()。當函式被呼叫時，它們會存取 items 全域變數。

Listing 9.7　ShoppingBasket 類別

```
class ShoppingBasket {
  private static List<Item> items = [];     // 標記為 static 靜態，使其成為全域變數

  static void addItem(Item item) {          // 函式也標記為 static 靜態
    items.add(item);
  }

  static void List<Item> getItems() {
    return List.copyOf(items);
  }
}
```

程式碼中任何需要存取使用者購物車的地方都能輕鬆做到。Listing 9.8 中顯示了一些範例。ViewItemWidget 允許使用者把查看的項目加到購物車，這是呼叫 ShoppingBasket.addItem() 來完成的。ViewBasketWidget 允許使用者查看購物車的內容，透過呼叫 ShoppingBasket.getItems() 就可以存取購物車的內容。

Listing 9.8　類別使用 ShoppingBasket

```
class ViewItemWidget {
  private final Item item;

  ViewItemWidget(Item item) {
    this.item = item;
  }
  ...

  void addItemToBasket() {
    ShoppingBasket.addItem(item);     // 修改全域狀態
  }
}

class ViewBasketWidget {
  ...
```

```
void displayItems() {
    List<Item> items = ShoppingBasket.getItems();   ── 讀取全域狀態
    ...
  }
}
```

修改和讀取購物車的內容非常容易，這就是為什麼以這種方式使用全域狀態是如此誘人的原因。但是像這樣使用全域狀態時，我們所建立的程式碼如果有人試圖重用，就有可能會破壞其狀態或產生奇怪的事情，以下小節解釋了原因。

當有人試圖重用此程式碼時會發生什麼事嗎？

不管您有沒有意識到，我們編寫這段程式碼時的隱含「假設」是軟體的每個執行實例只需要一個購物車。如果我們的購物應用程式僅在使用者的裝置上執行，以基本功能來看，這個「假設」會成立，並且一切都會正常運作，但是這個「假設」會被打破的理由有很多，這代表它非常脆弱。可能造成假設被打破的一些潛在情況如下所示：

- 我們決定在伺服器中備份使用者購物車的內容，所以開始在伺服器端的程式碼內使用 ShoppingBasket 類別。伺服器的各個實例會處理來自許多不同使用者的許多請求，因此現在每個執行的軟體實例（本例中的伺服器）會有很多購物車。
- 我們新增了一項功能，允許使用者儲存購物車中的內容以備日後取用，這表示客戶端應用程式現在必須處理多個不同的購物車：除了作用中的購物車之外，還有所有儲存下來備用的購物車。
- 除了一般庫存品之外，我們還開始銷售新鮮農產品。這裡使用了一組完全不同的供應商和交付機制，因此必須當作單獨的購物車來處理。

我們可能整天坐在這裡思索著各種打破最初假設的不同場景，而其中某個場景是否真的會發生誰也說不准。但關鍵是，若有足夠多的合理場景可能打破了最初的假設時，我們應該要意識到這種做法是很脆弱的，而且很可能隨時會以某種方式打破這個假設。

當最初的假設被打破時，軟體就會出問題。如果兩段不同的程式碼都在使用 ShoppingBasket 類別，它們會相互干擾（圖 9.1），若其中一人新增了一個項目，那麼該項目將會在購物車中供所有其他使用購物車的程式碼片段使用。在剛剛列出的所有應用場景中，這種做法可能導致錯誤的處理，因此 Shopping Basket 類別基本上不可能以安全的方式重用。

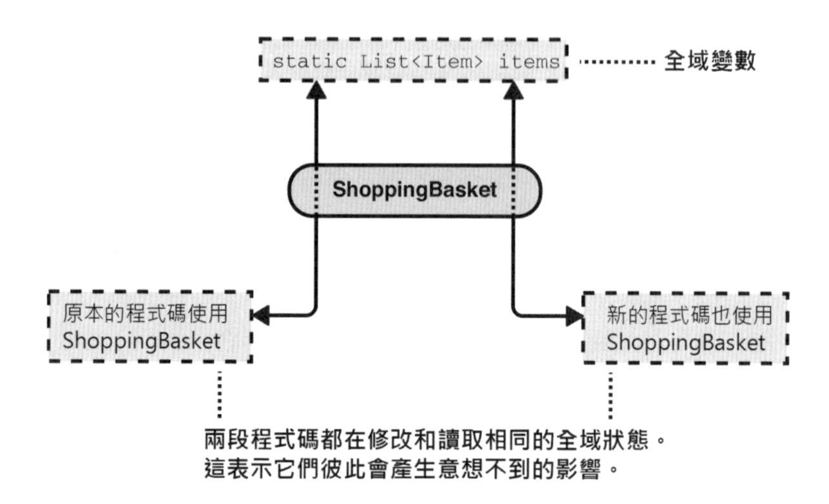

圖 9.1：使用全域狀態會讓程式碼重用不安全。

在最好的情況下，工程師會意識到 ShoppingBasket 類別的重用是不安全的，並為他們的新用例編寫全新且完全獨立的程式碼。在最壞的情況下，工程師則沒有意識到重用是不安全的，而軟體最終會引入錯誤。如果客戶最終訂購了他們不想要的物品，或是我們向其他人透露客戶購物車中的物品而侵犯了客戶的隱私，這些錯誤都會是嚴重等級的災難。總而言之，在最好的情況下，我們最終的結果是工程師需要維護的大量近乎重複的程式碼，而在最壞的情況下，我們會遇到一些令人討厭的錯誤。這些問題都不可取，因此避免使用全域狀態可能會更好。下一小節會討論替代的方案。

9.2.2 解決方案：依賴注入共享狀態

上一章討論過依賴注入的技術，這表示我們是透過「注入」它的依賴關係來建構一個類別，而不是以寫死的方式來處理依賴關係。依賴注入也是一種在不同類別之間共享狀態的好方法，且這種做法比使用全域狀態更可控。

我們在上一小節中看過 ShoppingBasket 類別使用了靜態變數和靜態函式，這表示狀態是全域的，因此第一步是讓 ShoppingBasket 類別成為需要實例化的類別，並確保類別的每個實例有自己特有的狀態。Listing 9.9 展示了修改後的程式碼內容。關於這段程式碼的一些注意事項和說明如下所示：

- items 變數不再是靜態的。它現在是一個實例變數，這表示它與 ShoppingBasket 類別的特定實例相關聯，因此如果我們以 ShoppingBasket 類別建立兩個實例，那這兩個實例都會含有不同且單獨的項目串列。
- addItem() 和 getItems() 函式不再是靜態的。這表示它們只能透過 ShoppingBasket 類別的實例來存取，因此像 ShoppingBasket.addItem(...) 或 ShoppingBasket.getItems() 這樣的呼叫方式都不再能用。

Listing 9.9　修改 ShoppingBasket 類別

```
class ShoppingBasket {
  private final List<Item> items = [];      // 實例變數（非靜態）

  void addItem(Item item) {                 // 非靜態的成員函式
    items.add(item);
  }

  void List<Item> getItems() {
    return List.copyOf(items);
  }
}
```

第二步是把 ShoppingBasket 的實例依賴注入到任何需要存取它的類別內。這樣做就可以讓我們可以控制哪些程式碼段共享同一個購物車，哪些程式碼段使用不同的購物車。Listing 9.10 展示了 ShoppingBaske 怎麼透過它們的建構函式注入依賴項目 ViewItemWidget 和 ViewBasketWidgets。對 addItem() 和 getItems() 的呼叫放在被注入的 ShoppingBasket 之特定實例中。

Listing 9.10　ShoppingBasket 依賴注入

```
class ViewItemWidget {
  private final Item item;
  private final ShoppingBasket basket;      // ShoppingBasket 依賴注入

  ViewItemWidget(Item item, ShoppingBasket basket) {
    this.item = item;
    this.basket = basket;
  }
  ...

  void addItemToBasket() {
    basket.addItem(item);                   // 呼叫被注入之 ShoppingBasket 的特定實例
  }
}

class ViewBasketWidget {
  private final ShoppingBasket basket;
```

```
  ViewBasketWidget(ShoppingBasket basket) {
    this.basket = basket;
  }

  void displayItems() {
    List<Item> items = basket.getItems();
    ...
  }
}
```

ShoppingBasket 依賴注入

呼叫被注入之 ShoppingBasket 的特定實例

為了示範要怎麼安全地重用 ShoppingBasket 程式碼，Listing 9.11 建立了兩個 ShoppingBasket：一個用於一般商品、一個用於新鮮農產品。它還建立了兩個 ViewBasketWidgets：每個購物車放一個。兩個購物車相互獨立，永遠不會相互干擾，而且每個 ViewBasketWidget 只顯示其建構的籃子中的項目。

Listing 9.11　分開的 ShoppingBasket 實例

```
ShoppingBasket normalBasket = new ShoppingBasket();
  ViewBasketWidget normalBasketWidget =
      new ViewBasketWidget(normalBasket);

ShoppingBasket freshBasket = new ShoppingBasket();
  ViewBasketWidget freshBasketWidget =
      new ViewBasketWidget(freshBasket);
```

圖 9.2 展示了程式碼的內部結構。ShoppingBasket 的每個實例現在都是各自獨立，其購物車中的物品項目也是如此，而不是所有東西都共享的全域狀態。

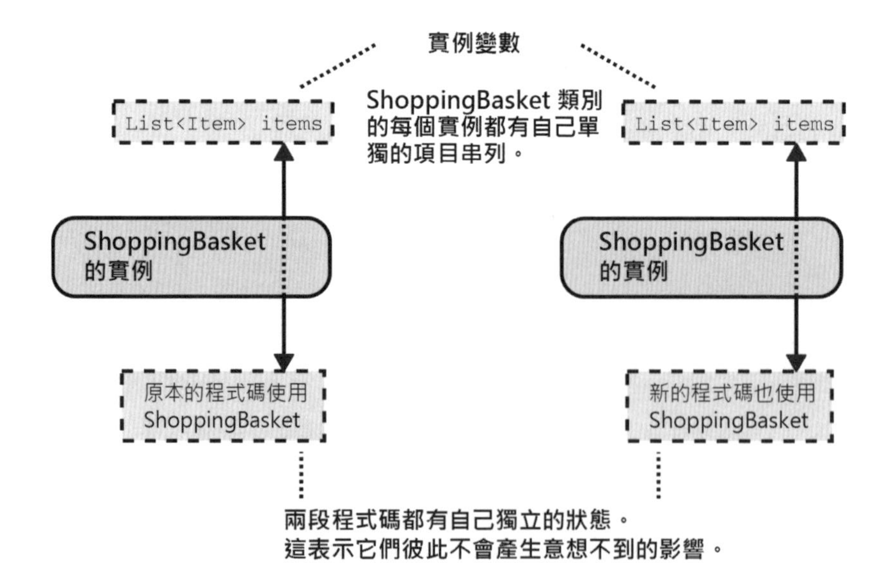

圖 9.2：把狀態封裝在類別的實例中，程式碼的重用會變得更安全。

全域狀態是最知名且有據可查的程式設計陷阱之一。全域狀態很容易使用，因為它看起來是在程式的不同部分共享資訊的快速簡便方法。但是使用全域狀態會讓程式碼的重用變後很不安全。使用全域狀態的這種做法對其他工程師來說並不明顯，因此當他們嘗試重用我們的程式碼時，有可能會造成奇怪的處理行為和錯誤。如果我們需要在程式的不同部分共享狀態，使用「依賴注入」的方式更可控，這種做法也較安全。

9.3 適當使用預設返回值

使用合理的預設值可能是讓軟體更好用的絕佳方式。請想像一下，如果在開啟文書處理應用程式時，老是被迫要先選想要的字型、文字大小、文字色彩、背景色彩、行距和行高等（沒有預設好的設定），然後才能輸入一個單字。這樣的軟體使用起來會很崩潰，我們可能會改用其他軟體。

實際上，大多數文書處理應用程式都提供了一組合理的預設值。開啟應用程式後，它會配置好字型、文字大小和背景色彩等預設選項，這表示我們可以立即開始輸入文字，並且只在需要時才去修改這些設定值。

即使在不是面對使用者的軟體，預設值仍然很有用。如果有個給定的類別可以使用 10 個不同的參數進行配置，那麼呼叫方就不必提供所有這些值，呼叫時就更輕鬆許多了。所以說，這個類別會在呼叫方沒有提供內容時就以預設值來進行處理。

提供預設值通常需要做出兩個假設：

- 使用什麼預設值才是合理明智的。
- 更高層的程式碼並不關心他們取得的是預設值還是顯式設定的值。

正如之前看到的，在做出假設時要考量其成本和效益。在高層程式碼中進行這樣的假設往往比在低層程式碼中進行的成本更低。更高層的程式碼往往與特定用例更緊密地耦合，這表示更容易選擇適合程式碼所有用途的預設值。另一方面，較低層的程式碼傾向於解決更基本的子問題，因此會用在更廣泛的多種用例，這使得選擇適合程式碼各種用途的預設值就變得更加困難。

9.3.1 低層程式碼中的預設返回值會損害可重用性

假設我們正在建置一個文書處理應用程式，剛才已確定了的可能需求是會有一些預設的文字樣式選擇，以允許使用者可以立即開始使用。如果使用者想要覆蓋原有的預設值，也允許他們進行設定。Listing 9.12 展示了可以選擇字型的實作方法。UserDocumentSettings 類別儲存了使用者對特定文件的偏好，其中之一是他們想要使用的字型。 如果他們沒有指定字型，那麼 getPreferredFont() 函式會返回預設的 Font.ARIAL。

這裡實作了剛才所說的需求，但是如果有人想在不以 Arial 作為預設字型的應用場景中重用 UserDocumentSettings 類別，那麼就變得很困難。無法明確區分使用者是特別選擇 Arial 的情況還是沒有提供偏好字型的情況（意味著返回預設值）。

Listing 9.12 返回預設值

```
class UserDocumentSettings {
  private final Font? font;
  ...

  Font getPreferredFont() {
    if (font != null) {
      return font;
    }
    return Font.ARIAL;
  }
}
```

如果使用者沒有喜愛的字型則返回預設的 Font.ARIAL

這種方法也損害了適應性：如果預設值的需求發生變化，那就會出問題。舉個例子來說明，我們想要把文書處理應用程式銷售給大型組織，此大型組織希望能夠程式能指定組織範圍的預設字型，但程式很難實作，因為 UserDocument Settings 類別無法判斷何時是使用者沒有提供偏好字型（也就是何時是適用組織範圍的預設設定）。

把預設返回值綁定到 UserDocumentSettings 類別中，我們就是對上面每個潛在的程式碼層做了一個假設：Arial 是一種合理的預設字型。一開始時這可能沒問題，但如果有其他工程師想要重用我們的程式碼，或者需求發生變化了，那麼這個假設很容易成為問題。圖 9.3 顯示了這樣的假設是怎麼影響上面的程式碼層。我們在程式碼層越低的程式中定義預設值，就等於在越多的程式碼層中做出假設。

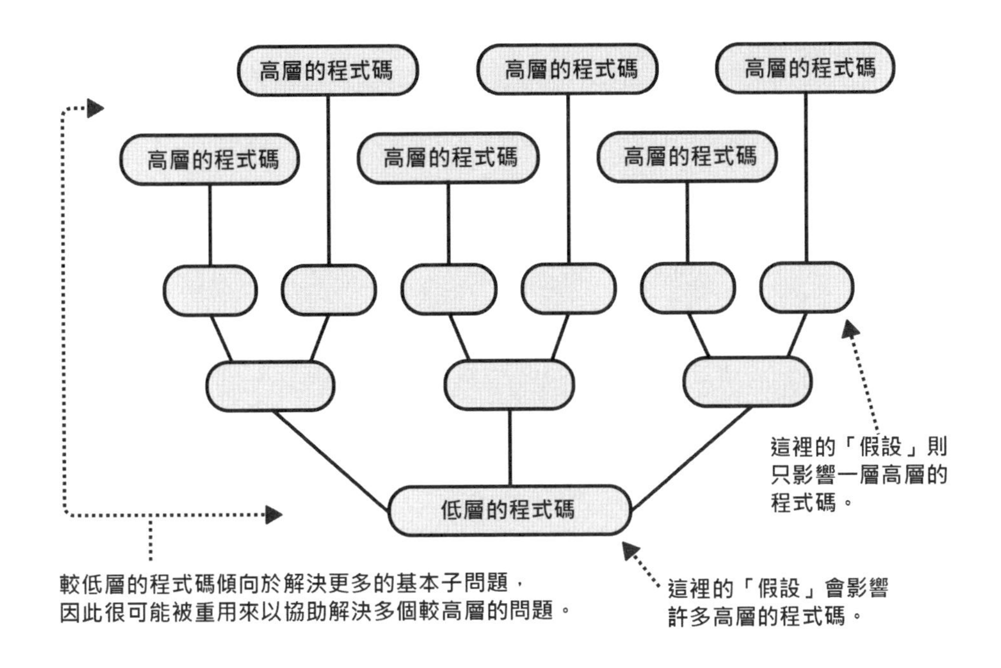
高層的程式碼
高層的程式碼
高層的程式碼
高層的程式碼
高層的程式碼
高層的程式碼
低層的程式碼
這裡的「假設」則只影響一層高層的程式碼。
較低層的程式碼傾向於解決更多的基本子問題，因此很可能被重用來以協助解決多個較高層的問題。
這裡的「假設」會影響許多高層的程式碼。

圖 9.3：「假設」是會影響上面的程式碼層。在低層程式碼中返回的預設值會影響程式上面很多高層的程式碼。

第 2 章提供乾淨的抽象層的好處，達到此目標的關鍵方法之一是確保我們把不同的子問題分成不同的程式碼段。UserDocumentSettings 類別則與此相反：取得某些使用者字型偏好和為應用程式定義一些合理的預設值是兩個獨立的子問題，但是 UserDocumentSettings 類別卻以一種不可分割的方式將兩者捆綁在一起，這會強制使用 UserDocumentSettings 類別的所有人也使用預設值來實作。如果我們把這兩個不同的子問題分割開來會更好，以便更高層的程式碼可以用適合它們的方式來處理預設值。

9.3.2 解決方案：在較高層的程式碼中提供預設值

若想要從 UserDocumentSettings 類別中刪除有關預設值，最簡單的做法是在使用者沒有提供值時返回 null。以下 Listing 9.13 展示了這項修改後類別的程式碼樣貌。

Listing 9.13　返回 null

```
class UserDocumentSettings {
  private final Font? font;
  ...

  Font? getPreferredFont() {     // 如果沒有提供使用者偏好，
    return font;                 // 則返回 null
  }
}
```

這樣就把供應預設值與處理使用者設定分開成不同的子問題，這表示不同的呼叫方可以用他們想要的方式來處理子問題，從而讓程式碼更具可重用性。在我們更高層的程式碼中，可以選擇定義一個專用類別來解決供應預設值的子問題（如下面的 Listing 9.14 所示）。

Listing 9.14　封裝預設值的類別

```
class DefaultDocumentSettings {
  ...

  Font getDefaultFont() {
    return Font.ARIAL;
  }
}
```

然後可以定義一個 DocumentSettings 類別來處理預設值或使用者提供的值進行選擇的處理邏輯。Listing 9.15 展示了這個程式碼的內容。DocumentSettings 類別為只想知道要使用哪些設定的更高層程式碼提供了乾淨的抽象層，它隱藏了所有關於預設值和使用者提供值的實作細節，但同時也確保了這些實作細節是可重新配置的（透過使用依賴注入），如此一來就能確保程式碼的可重用性和適應性。

Listing 9.15　設定的抽象層

```
class DocumentSettings {
  private final UserDocumentSettings userSettings;
  private final DefaultDocumentSettings defaultSettings;

  DocumentSettings(
      UserDocumentSettings userSettings,               // 使用者設定和預設值是
      DefaultDocumentSettings defaultSettings) {       // 依賴注入的
    this.userSettings = userSettings;
    this.defaultSettings = defaultSettings;
  }
  ...

  Font getFont() {
```

```
    Font? userFont = userSettings.getPreferredFont();
    if (userFont != null) {
      return userFont;
    }
    return defaultSettings.getFont();
  }
}
```

說實在的，在 Listing 9.15 中使用 if 陳述句處理 null 值是有點笨拙。在許多程式語言（例如 C#、JavaScript 和 Swift）中，我們可以使用空值結合運算子來讓程式碼不那麼笨拙。在大多數程式語言中是寫成「nullableValue ?? defaultValue」，如果它不為 null 則定為 nullableValue，否則為 defaultValue。舉例來說，在 C# 中，我們可以寫出 getFont() 函式，如下所示：

```
Font getFont() {
  return userSettings.getPreferredFont() ??      ?? 為空值結合運算子
      defaultSettings.getFont();
}
```

預設返回值參數

把使用什麼預設值的決定權轉移給呼叫方的做法能讓程式碼更具可重用性。但是如果在不支援空值結合運算子的程式語言中返回 null，則還需要強制呼叫方編寫樣板程式碼來處理這個問題。

某些程式碼採用的方法是使用預設返回值參數。Java 中的 Map.getOrDefault() 函式就是一個例子。如果 map 對應的 key 含有值，那就把它被返回。如果 map 對應 key 沒有的值，則將返回指定的預設值。呼叫該函式的寫法如下所示：

```
String value = map.getOrDefault(key, "default value");
```

這樣就實現了允許呼叫方自行決定什麼預設值是合適的，但不需要呼叫方去處理空值。

預設值可以讓程式碼（和軟體）更容易使用，因此非常值得引入程式中，但是要注意它們在程式碼中的層級和位置。返回預設值會假設所有程式碼層之上的程式都會使用該值，因此會限制了程式碼的重用和適應性。從較低層的程式碼返回預設值很容易出問題，最好直接返回 null 並在較高層的程式中實作預設值，這樣更能掌握「假設」的處理。

➢9.4 讓函式參數保持專注

在第 8 章中，我們看到了把各種文字樣式選項封裝在一起的範例。程式範例中定義了 TextOptions 類別來執行此操作（在以下 Listing 9.16 再次列出程式碼的內容）。

Listing 9.16　TextOptions 類別

```
class TextOptions {
  private final Font font;
  private final Double fontSize;
  private final Double lineHeight;
  private final Color textColor;

  TextOptions(
      Font font,
      Double fontSize,
      Double lineHeight,
      Color textColor) {
    this.font = font;
    this.fontSize = fontSize;
    this.lineHeight = lineHeight;
    this.textColor = textColor;
  }

  Font getFont() { return font; }
  Double getFontSize() { return fontSize; }
  Double getLineHeight() { return lineHeight; }
  Color getTextColor() { return textColor; }
}
```

把多個樣式選項封裝在一起

9.4.1 函式取得超過它需要的內容就很難重用

Listing 9.17 展示了可以在使用者界面中使用的文字方塊元件的部分程式碼。關於這段程式碼的一些注意事項如下所示：

- TextBox 類別公開了兩個公用函式：setTextStyle() 和 setTextColor()。這兩個函式都以 TextOptions 的實例當作參數。
- setTextStyle() 函式運用了 TextOptions 中的所有資訊，因此對於這個函式來說，以 this 作為參數是很有意義的。

- setTextColor() 函式僅使用來自 TextOptions 的文字色彩資訊。從這個意義上來看，setTextColor() 函式得到的資訊比它需要的還多，因為它除了文字色彩之外不需要 TextOptions 中的其他值。

目前 setTextColor() 函式只是從 setTextStyle() 函式中呼叫，所以不會造成太多問題。但如果有人想要重用 setTextColor() 函式，那就有可能會遇到困難，我們在稍後的內容中會說明。

Listing 9.17　函式取得超過它需要的內容

```
class TextBox {
  private final Element textContainer;
  ...

  void setTextStyle(TextOptions options) {
    setFont(...);
    setFontSize(...);
    setLineHight(...);
    setTextColor(options);      // 呼叫 setTextColor() 函式
  }

  void setTextColor(TextOptions options) {      // 以 TextOptions 的實例作為參數
    textContainer.setStyleProperty(
        "color", options.getTextColor().asHexRgb());      // 只需要用到文字色彩值
  }
}
```

現在請想像一下，有位工程師需要實作一個函式，想把 TextBox 設定為警告提示。此函式的要求是把文字色彩設定為紅色，但所有其他樣式保持不變。工程師很可能希望重用 TextBox.setTextColor() 函式來執行此操作，但因為該函式以 TextOptions 的實例作為其參數，所以這項工作就變得不簡單。

Listing 9.18 展示了工程師最後編寫出來的程式碼。工程師想要做的只是將文字色彩設為紅色，卻必須使用各種不相關的、預編的值來建構一個完整的 TextOptions 實例才能做到這一點。這段程式碼變得有點混亂：乍看之下，可能會留下這樣的印象，除了將色彩設定為紅色之外，還把字型設為 Arial、把大小設定為 12、將行高設為 14 等。但情況並非如此，我們必須了解有關 TextBox.setTextColor() 函式的詳細資訊才能讓這一點變得明顯。

Listing 9.18　呼叫一個取得太多內容的函式

```
void styleAsWarning(TextBox textBox) {
  TextOptions style = new TextOptions(
```

```
      Font.ARIAL,
      12.0,          不相關的、預編的值
      14.0
      Color.RED);
  textBox.setTextColor(style);
}
```

TextBox.setTextColor() 函式的重點在於它只需設定文字的色彩。因此，沒有必要把整個 TextOptions 實例當作參數。除了不必要之外，當其他人想要在稍微不同的應用場景中重用該函式時，這種方式就會變得有害而無益。如果該函式只取得它需要的內容，這樣的處理會更好。

9.4.2 解決方案：讓函式只取得它們需要的內容

TextBox.setTextColor() 函式從 TextOptions 讀取的唯一內容是文字色彩。因此，該函式無須使用整個 TextOptions 實例，而是只要把 Color 實例當作為參數來處理即可。以下 Listing 9.19 展示了修改後 TextBox 類別的程式碼內容。

Listing 9.19　函式只取得它們需要的內容

```
class TextBox {
  private final Element textElement;
  ...

  void setTextStyle(TextOptions options) {
    setFont(...);
    setFontSize(...);
    setLineHight(...);
    setTextColor(options.getTextColor());    僅以文字色彩來呼叫 setTextColor()
  }

  void setTextColor(Color color) {    以 Color 的實例當作參數
    textElement.setStyleProperty("color", color.asHexRgb());
  }
}
```

styleAsWarning() 函式現在變得更加簡潔而不那麼混亂。沒有那些不需要用到的不相關、預編的值來建構 TextOptions 的實例：

```
void styleAsWarning(TextBox textBox) {
  textBox.setTextColor(Color.RED);
}
```

一般來說，讓函式只取它們需要的內容來進行處理，這種方式可寫出更可重用和更容易理解的程式碼。不過，這項原則還是需要配合您的判斷力才能發揮效果。舉例來說，如果是一個把 10 項內容封裝在一起的類別和一個需要其中 8 項

內容的函式，那麼把整個封裝物件傳給函式還是有意義的做法。傳入 8 個未封裝值的替代方案可能會損害模組化（前一章有介紹說明）。和世上許多事情一樣，並沒有一個適用於所有情況的答案，但意識到要需要做出取捨權衡以及可能產生的後果，這也是件好事。

9.5 考慮使用泛型

類別通常包含（或參照）其他型別或類別的實例，有個明顯的例子是串列類別（list class）。如果我們有一個字串串列，那麼串列類別會含有字串類別的實例。把事物儲存在串列中是個很常用的子問題：在某些應用場景中，我們可能需要的是一個字串串列，但在其他應用場景中，我們則可能需要一個整數串列。如果我們需要完全獨立的串列類別來儲存字串和整數，那會很煩人。

幸運的是，許多程式語言都支援**泛型**（**generic**），有時稱為**範本**（**template**），允許我們編寫出的類別不必具體指定它參照的所有型別。以串列這個例子來看，串列能讓我們輕鬆地使用同一個類別來儲存想要的所有型別。使用串列儲存不同型別的程式範例如下所示：

```
List<String> stringList = ["hello", "world"];

List<Int> intList = [1, 2, 3];
```

如果我們正在編寫參照到另一個類別的程式碼，但我們並不特別關心另一個類別的細節內容是什麼，那麼這就表示我們應該考慮使用泛型了。這種做法不需要做很多額外的工作，但會讓我們的程式碼更具備可泛化（generalizable）通用性。以下小節提供了一個程式範例來說明。

9.5.1 依賴於特定型別會限制通用性

請想像一下，假設我們正在建置一個「猜字」遊戲程式。每組玩家每人提交單字，然後輪流展示，讓其他玩家猜測。我們需要解決的子問題之一是儲存單字的集合。此外還需要能夠逐個隨機選擇單字，並且在每個回合的時間限制內沒有猜到這個單字，也能夠把單字返回到集合中。

我們決定透過實作一個隨機佇列來解決這個子問題。Listing 9.20 展示了實作的 RandomizedQueue 類別程式碼，它儲存了字串的集合。我們可以透過呼叫 add() 來新增新的字串，也可以透過呼叫 getNext() 從集合中取得和刪除隨機字串。RandomizedQueue 類別對 String 有很強的依賴關係，因此這個類別不能用來儲存其他任何型別。

Listing 9.20　使用的字串型別是寫死在程式碼中

```
class RandomizedQueue {
  private final List<String> values = [];

  void add(String value) {
    values.add(value);
  }

  /**
   * Removes a random item from the queue and returns it.
   */
  String? getNext() {
    if (values.isEmpty()) {
      return null;
    }
    Int randomIndex = Math.randomInt(0, values.size());
    values.swap(randomIndex, values.size() - 1);
    return values.removeLast();
  }
}
```

依賴的字串型別是寫死在程式碼中

RandomizedQueue 的這個實作解決了儲存單字（可以表示為字串）這個具體的用例，但沒有推展到解決其他型別的相同子問題。請想像一下，假設公司的另一個團隊正在開發類似的遊戲，但玩家提交的不是文字，而是圖片。兩個遊戲程式之間的許多子問題幾乎相同，但由於我們把解決方案（使用字串）寫死在程式碼中，並沒有通用泛化來解決其他團隊面臨的子問題。如果程式碼能夠泛化來解決幾乎相同的子問題，那就更有效益了。

9.5.2 解決方案：使用泛型

以 RandomizedQueue 類別來看，使用泛型讓程式碼通用泛化是很容易做到的。代替以依賴 String 方式寫死在程式中，我們可以在型別指定一個佔位符號（或範本），將來使用該類別時才去指定型別。Listing 9.21 展示了 Randomized Queue 類別使用泛型時的程式碼內容。類別的定義是以「class Randomized Queue<T>」為起始。 <T> 告知編譯器我們會使用 T 作為型別的佔位符號，隨後可以在整個類別定義中使用 T ，就好像它是一個真正的型別。

Listing 9.21　使用泛型的型別

```
class RandomizedQueue<T> {
  private final List<T> values = [];

  void add(T value) {
    values.add(value);
  }

  /**
   * Removes a random item from the queue and returns it.
   */
  T? getNext() {
    if (values.isEmpty()) {
      return null;
    }
    Int randomIndex = Math.randomInt(0, values.size());
    values.swap(randomIndex, values.size() - 1);
    return values.removeLast();
  }
}
```

T 被指定為泛型型別的佔位符號

型別佔位符號可以在整個類別中使用

RandomizedQueue 類別現在可以用來儲存我們想要的任何內容，所以在使用單字的遊戲版本中，我們可以定義一個來儲存字串，如下所示：

```
RandomizedQueue<String> words = new RandomizedQueue<String>();
```

而其他團隊若想要使用它來儲存圖片，可以很容易地定義一個來儲存圖片，如下所示：

```
RandomizedQueue<Picture> pictures =
    new RandomizedQueue<Picture>();
```

泛型和可為 null 的型別

在 Listing 9.21 中，如果佇列為 null，getNext() 函式返回 null，這樣的處理方式很好，若沒有人想在佇列中儲存 null 值，那這可能是個合理的假設（雖然我們需要考慮使用檢查或斷言來強制遵行這個假設，如第 3 章所述）。

如果有人確實需要建立類似 RandomizedQueue<String?> 的內容在佇列中儲存 null 值，那麼前面的做法可能會出問題。因為無法區分是 getNext() 從佇列中返回 null 值還是表示佇列為空。假如我們確實想要支援這樣的用例，那就要提供一個 hasNext() 函式，可以在呼叫 getNext() 之前先呼叫該函式來檢查佇列是否為非空。

當我們把高層的問題分解為多個子問題時，大都會遇到一些很基本的問題，這些問題可能適用於各種不同的用例。當子問題的解決方案能輕鬆套用到所有資料型別時，使用泛型而不要依賴於特定型別的做法並不太難。從讓程式碼更具泛化通用性和可重用性的角度來看，這是個輕鬆的勝利。

總結

- 相同的子問題常常會重複出現，因此讓程式碼可重用會讓未來的您和同事節省大量的時間和精力。
- 嘗試識別基本子問題並以允許其他人重複使用特定子問題的解決方案，保持這樣理念來建構程式碼，就算正在解決的是不同的高層問題也保持這樣的設計理念。
- 建立乾淨的抽象層並讓程式碼模組化，這樣會會讓程式碼更容易也更安全地重用和通用泛化。
- 做出「假設」通常會導致程式碼更脆弱且會讓可重用性降低。
    - 確保做出「假設」的收益會大於將來應對的成本。
    - 如果確實需要做出「假設」，請確保假設是放在程式碼適當的層中，並在可能的情況下設定強制遵行。
- 使用全域狀態通常需要做出成本特別昂貴的假設，導致程式碼不安全且無法重用。在大多數情況下，最好避免使用全域狀態。

PART 3 單元測試篇

若想要建置能正常運作（並能一直正常運作）的程式碼和軟體，測試是的開發建置過程中很重要的組成部分。正如第 1 章所討論的，測試有分不同的級別，但以單元測試（unit testing）來說，它是工程師在日常開發中接觸最多的一種。雖然單元測試的這個部分是放在本書的最後，但請不要由此就推斷「單元測試」是個附加的考量且只有在寫好程式碼後才去處理的工作。正如我們在前幾章中所看到的，測試（testing）和可測試性（testability）是我們在設計和編寫程式碼時就需要一併考慮的事情。而且，正如將在第 10 章中所討論的，有些學派甚至主張應該在編寫程式碼之前先寫好測試。

這一篇共分成兩章。第 10 章的內容是單元測試的一些基本原則：我們想要達到的目標以及一些基本概念，例如測試替身。第 11 章則以一系列更實務的考量和技術對此進行擴充，這些考量和技術可以幫助我們達成第 10 章所確定的目標。

10 單元測試原則

本章內容

- 單元測試的基礎知識
- 什麼是好的單元測試
- 測試替身，包括何時以及如何使用
- 測試哲理

每次工程師在修改某行程式碼時，都有可能無意中破壞某些東西或出錯。即使是極其微小、看似無害的修改也可能產生不良的後果：「就只有改一行啊」是系統崩潰當掉之前最常留下的遺言。因為每次的修改都是有風險的，所以我們需要一種方法來確定程式碼在最初以及在修改後都能正常運作。「測試」就是能讓我們放心的主要因素。

身為工程師，我們一般會把焦點放在編寫自動化的測試，這表示我們會編寫測試程式碼來處理「真實程式碼」，檢查是否有正常運作。第 1 章描述了測試的不同級別，特別指出「單元測試」是工程師在日常寫程式中最常處理的測試級別。因此，我們將在本書最後兩章集中討論「單元測試」。

現在若能提供一個準確定義「**單元測試（Unit test）**」的確切說明可能會很有用，但不幸的是，「單元測試」不是一個能「精確」定義的術語。單元測試牽涉到要以相對隔離的方式來測試不同的程式碼單元。這裡所說的**程式碼單元（unit of code）**，其確切含義又可能會有所不同，但一般指的是特定的類別、函式或程式碼檔案。**相對隔離**的方式所指的意思也可能會依情況而有所不同，而其意義的解釋也很開放。大多數程式碼都不是獨立隔離存在的，它們會依賴於許多其他的程式碼。正如我們會在 10.4.6 小節中所介紹的內容，有些工程師強調要在單元測試中把程式碼與其依賴項目隔離開來，而有些工程師則更喜歡放它們放在一起處理。

雖然單元測試不是一個能精確定義的術語，但這也不是什麼太大的問題。最好不要太在意「單元測試」的確切組成意義以及正在編寫的測試是否準確符合大家的定義。其重點在於要確保我們的程式碼有通過良好的測試，而且是以可維護的方式來執行此操作。本章內容所介紹之單元測試的一些關鍵原則可以幫助我們達成這個目標。另外在第 11 章會在此基礎上討論一些實務的技術。

➢10.1 單元測試入門

如果您從未在專業的環境中編寫過軟體程式，那您可能還未遇過單元測試。如果是這種情況，本節能快速為您提供本章和下一章所需的重要細節。

談到單元測試，需要記住的一些重要概念和術語如下所：

- **被測程式碼（Code under test）**——有時稱為「真實程式碼（real code）」，這是指我們正要進行測試的程式碼。

- **測試程式碼（Test code）**——這是指構成單元測試的程式碼。測試程式碼通常放在與「真實的程式碼」分開的檔案中，但真實程式碼檔和測試程式碼檔之間通常是一對一的對應關係，因此如果我們在真實程式碼檔案中進行這樣的 GuestList.lang 呼叫，那麼在單元測試程式碼中也會放在一個 GuestListTest.lang 的呼叫。有時真實程式碼和測試程式碼會彼此相鄰存放在同一目錄中，有時測試程式碼則會存放在程式碼庫的完全不同的部分中，這會因為程式語言和開發團隊的不同而有差異。

- **測試用例（Test case）**——每個測試程式碼檔案通常會分別使用多個測試用例，其中每個測試用例測試特定的行為或應用場景。在實務層面中，測試用例通常只是個函式，除了最簡單的測試用例之外，通常會把每個測試用例中的程式碼分成三個不同的部分，有人稱為 3A 原則，如下所示：

  - **Arrange（安排）**——在想要測試的特定行為之前，通常需要執行一些設定，這裡可能涉及定義一些測試值、設定一些依賴項目，或建構一個正確配置的被測程式碼實例（如果是類別的話）。這些內容通常安排在測試用例起始位置的不同程式碼區塊中。

  - **Act（行為）**——這是指呼叫要測試之實際行為的程式碼行。這裡通常涉及呼叫被測程式碼所提供的一個或多個函式。

  - **Assert（斷言）**——若是呼叫了被測試的行為，測試需要檢查程式中「正確的事情」是否真的發生了。這裡通常涉及檢查返回值是否等於預期值，或某些結果狀態是否符合預期。

- **測試執行器（Test runner）**——顧名思義，測試執行器是指實際執行測試的工具。給定某個測試程式碼檔（或多個測試程式碼檔），這個工具會執行每個測試用例並輸出有哪些通過和哪些失敗的詳細資訊。

NOTE **Given、When、Then**。除了 Arrange、Act、Assert 之外，有些工程師更喜歡用的術語是 Given、When、Then。在測試哲理中允許使用的術語存在些微的差別，但在測試用例中的程式碼上下文脈中，它們都是等價的。

圖 10.1 說明了這些概念是怎麼搭配組合在一起的。

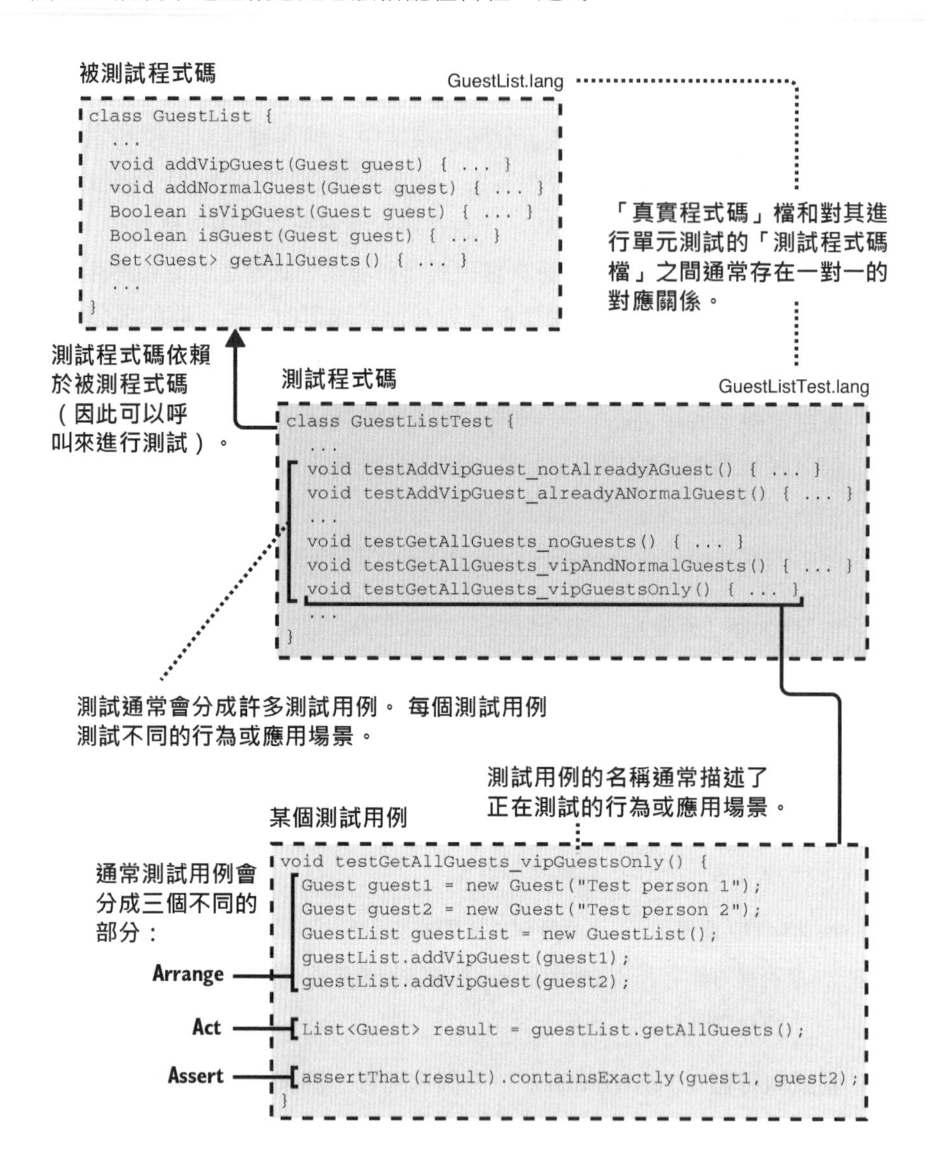

被測試程式碼
GuestList.lang
class GuestList {
...
void addVipGuest(Guest guest) { ... }
void addNormalGuest(Guest guest) { ... }
Boolean isVipGuest(Guest guest) { ... }
Boolean isGuest(Guest guest) { ... }
Set<Guest> getAllGuests() { ... }
...
}
「真實程式碼」檔和對其進行單元測試的「測試程式碼檔」之間通常存在一對一的對應關係。
測試程式碼依賴於被測程式碼（因此可以呼叫來進行測試）。
測試程式碼
GuestListTest.lang
class GuestListTest {
...
void testAddVipGuest_notAlreadyAGuest() { ... }
void testAddVipGuest_alreadyANormalGuest() { ... }
...
void testGetAllGuests_noGuests() { ... }
void testGetAllGuests_vipAndNormalGuests() { ... }
void testGetAllGuests_vipGuestsOnly() { ... }
...
}
測試通常會分成許多測試用例。 每個測試用例測試不同的行為或應用場景。
測試用例的名稱通常描述了正在測試的行為或應用場景。
某個測試用例
void testGetAllGuests_vipGuestsOnly() {
Guest guest1 = new Guest("Test person 1");
Guest guest2 = new Guest("Test person 2");
GuestList guestList = new GuestList();
guestList.addVipGuest(guest1);
guestList.addVipGuest(guest2);
List<Guest> result = guestList.getAllGuests();
assertThat(result).containsExactly(guest1, guest2);
}
通常測試用例會分成三個不同的部分：
Arrange
Act
Assert

圖 10.1：各種單元測試概念是怎麼搭配組合在一起的。

大家常常提到測試的重要性，以至於聽起來像是陳詞濫調。但不管是不是陳詞濫調，測試真的很重要。在當今大多數專業的軟體工程環境中，幾乎每一段「真實程式碼」都會有一個伴隨的單元測試，而且真實程式碼表現出的每個行為都應該有一個附帶的測試用例。這是理想，也是我們應該努力的方向。

您會很快發現，並非每段現有程式碼都符合上述這個理想，而且在某些程式碼庫中，測試可能特別差。但這不是降低自己的標準和偏離理想的藉口。糟糕或不充分的測試所導致的結果就是在等待事故的發生。大多數從事軟體開發工作已經有一段時間的工程師都能講出幾個因為測試不良而導致的恐怖故事。

缺乏測試是最明顯的測試不良表現，但這只是其中一種測試不良的方式。為了能進行好的測試，我們不僅需要有測試，還需要有良好的測試。下一節定義了什麼是良好的測試。

➢10.2 什麼是好的單元測試？

從表面上來看，單元測試好像很簡單：只需要編寫一些測試程式碼來檢查真實程式碼是否能正常運作就好了。但不幸的是，這種方式是具有欺騙性的，多年來，許多工程師已經了解到單元測試也很容易出錯。當單元測試不好而出問題時，很可能導致程式碼難以維護且錯誤會被忽視。因此我們把重點放在思考什麼是好的單元測試。為此，這裡會定義出「好的單元測試」應該展現的五個關鍵特質：

- **能準確檢測出損壞**——如果程式碼損壞，測試應該失效。只有在程式碼確實有損壞時，測試才會失效（我們不希望出現錯誤的警示）。
- **與實作細節無關**——實作細節的改變最好不會導致測試的改變。
- **可清楚解釋失效的原由**——如果程式碼被破壞，測試失效應該清楚地解釋其原由。
- **可理解的測試程式碼**——其他工程師需要能夠理解測試究竟在測試什麼和其進行的方式。
- **能簡單快速執行**——工程師在平常就一直需要執行單元測試。一個緩慢或難以執行的單元測試會浪費很多開發的時間。

以下各小節會更詳細地探討上述的關鍵特質。

10.2.1 能準確檢測出損壞

單元測試最主要和明確的目標是能確保程式碼不會有損壞：程式能順利執行它應該處理的工作且沒有錯誤。如果被測程式碼有損壞，則程式最好是不能編譯，或是測試失效。這項特質有兩個非常重要的作用：

- **它讓我們對程式碼有了初步的信心**。不管我們在編寫程式碼時是多麼小心仔細，也不太可能絲毫不出錯。在建立的任何新程式碼或在程式碼有更改時都搭配編寫一套完整的測試，這樣在程式碼提交到程式碼庫之前能發現程修復許多錯誤。
- **它可以防範未來的損壞**。第 3 章討論了程式碼庫是個很繁忙的地方，會有多位工程師不斷進行修改取用。很有可能在某個時間點有一位工程師會在無意中修改和破壞了我們的程式碼。唯一有效的防禦措施是確保在發生這種情況時程式碼無法編譯或測試會失效不通過。我們不太可能對所有東西都能做出完善的工程設計，以便在出現問題時能停止編譯程式碼，因此確保所有正確的行為都有通過測試是絕對重要的。修改後的程式碼（或其他事件）破壞了程式的某些功能，這稱為**回歸**（**regression**，或譯**回退**）。專門檢測所有此類回歸的執行測試就稱為**回歸測試**（**regression testing**）。

從另一個角度來考量準確性也很重要：只有在被測程式碼真正被破壞時，測試才會失效。這個看起來感覺好像可以從剛剛討論的內容中得出，但實際上並非如此。從邏輯思維上來看，「如果程式碼被破壞，測試一定會失效」並不一定代表是「只有在程式碼被破壞時測試才會失效」。

雖然被測程式碼看起來沒問題，但執行測試是有時通過有時失效，這就是「**不可靠**（**flakey**）」。這通常是指在測試中有不確定行為的結果，例如隨機性、基於時間的競態條件或依賴於外部系統。「不可靠測試（flakey test）」最明顯的缺點是浪費了工程師的時間，因為他們需要花時間調查、重新執行測試，要證明沒有問題。不可靠測試（flakey test）實際上真的比您想像的要危險得多，任何熟悉「狼來了」寓言的人都會明白其中的原由：如果測試一直出現錯誤警示，表明程式碼被破壞了，時好時壞的情況下工程師有可能直接忽視。甚至因為測試太煩人而直接關掉測試。如果沒有人再關心測試失效，那就等於沒有進行測試，這對未來的破壞幾乎就沒有保護，而且引入錯誤的機會變得很高。請確保測試在某些東西被損壞時會失效，而且只有在這些東西損壞時才失效，這樣的測試設計和處理態度就變得非常重要。

10.2.2 與實作細節無關

一般來說，工程師可能會對程式碼庫進行兩種更改：

- **功能更改**——這是修改某段程式碼外部可見的行為，這方面的範例包括加入新功能、修復錯誤或以不同方式處理錯誤場景。
- **重構**——這是對程式碼的結構性更改，例如把大函式拆分為較小的函式，或將一些公用程式碼從某個檔案移動到另一個檔案，讓它更容易重用。理論上，如果重構正確完成，那麼就不應該會修改程式碼的任何外部可見行為（或功能屬性）。

其中第一個更改（功能更改）非常影響使用我們程式碼的所有人，因此在我們進行這類更改之前需要仔細考量程式碼的所有呼叫方。因為功能更改會修改程式碼的行為，我們希望並期望它也需要修改測試，如果沒有，那可能表明最初的測試做的不夠。

第二個更改（重構）不應該會影響任何使用我們程式碼的人。就算有更改實作細節，但不會更改其他人關心的行為。然而，修改程式碼總是有風險的，重構也不例外。我們的意圖是只修改程式碼的結構，但要怎麼確定不會在過程中意外修改到程式碼的行為呢？

要回答這個問題，請思考一下我們在為程式碼編寫原本最初的單元測試時所採用的兩種方法（早在我們決定進行重構之前）：

- **方法 A**——除了鎖定程式碼的所有行為之外，測試還鎖定了各種實作細節。我們透過讓幾個私有函式變成可見的來進行測試，會直接操控私有成員變數和依賴項目來模擬狀態，並且還在被測程式碼執行之後驗證各種成員變數的狀態。
- **方法 B**——我們的測試鎖定了所有的行為，但不包含實作細節。這個方法強調使用程式碼的公用 API 來設定狀態並盡可能驗證其行為，而且不會使用私有變數或函式來操控或驗證任何東西。

現在讓我們思考一下幾個月後重構程式碼時會發生什麼事。如果我們正確地執行重構，那麼只有實作細節被更改，但不會影響外部可見的行為。如果外部可見的行為受到影響，那就表示我們出錯了，請以上述兩個不同的測試方法來思考分別會發生什麼事情和進行什麼樣的處理：

- **方法 A**——無論我們是否正確地執行了重構，測試都會開始失效，我們需要對它們進行大量更改來讓測試能過關。現在必須測試不同的私有函式，在不同的私有成員變數和依賴項目中設定狀態，並在被測程式碼執行後驗證一組不同的成員變數。
- **方法 B**——如果我們正確地進行了重構，測試應該持續通過（我們不必修改）。如果測試失效了，那就是我們出錯了，這表示我們可能無意中改變了外部可見的行為。

使用方法 A，我們很難確信在重構程式碼時是否犯了錯誤。測試失效和需要進行修改，並且要確定測試的哪些修改是可以預期的，這些處理都不是件容易的工作。使用方法 B 則比較容易讓我們對重構充滿信心：如果測試持續通過，那就表示一切沒問題；如果測試失效，則表示我們犯了錯誤。

功能更改和重構不要混合進行

對程式碼庫進行更改，一般是指進行功能更改或重構，但不要同時進行。

重構不應該改變任何行為，而功能更改則要改變行為。如果同時進行功能更改和重構，就很難推斷哪些行為的改變是功能更改所預期的改變，而哪些可能是因為重構出錯才引起。一般是先進行重構，然後再單獨進行功能更改，這樣在隔離潛在問題的原因上會變得更加容易。

程式碼會經常被重構。在成熟的程式碼庫中，重構的程式碼數量通常會超過編寫新程式碼的數量，因此確保程式碼在重構時不會中斷是至關重要。讓測試與實作細節無關，就能確保會有一個可靠且乾淨的信號，任何重構程式碼的人都可以使用這個信號來判斷是否有犯錯。

10.2.3 可清楚解釋失效的原由

正如在前幾個小節中所說的，測試的主要目的之一是防止未來的損壞。以一個常見的應用場景為例，有位工程師進行的更改無意中破壞了其他人的程式碼，然後測試開始失效，這時會提醒工程師已經破壞了某些東西。隨後，這位工程師會去查看測試失效內容來找出問題所在。工程師可能對他們無意中破壞的程式碼非常陌生，如果測試失效內容無法說明錯誤的原由，那麼工程師很可能會浪費很多時間來找出問題的原由。

為了確保測試能清楚、準確地說明解釋損壞的原由，有必要考量當出現問題時測試要生成什麼樣的失效資訊，以及這些資訊對其他工程師是否有用。圖 10.2 展示了當測試失效時我們可能會看到的兩條潛在失效訊息。這些旗標（flag）中的第一個表明**某些**東西有問題，但這個訊息沒有解釋究竟**是什麼**。而第二條訊息則非常清楚地描述了問題所在。在這個例子中，我們可以看到問題的原由是事件沒有按時間順序返回。

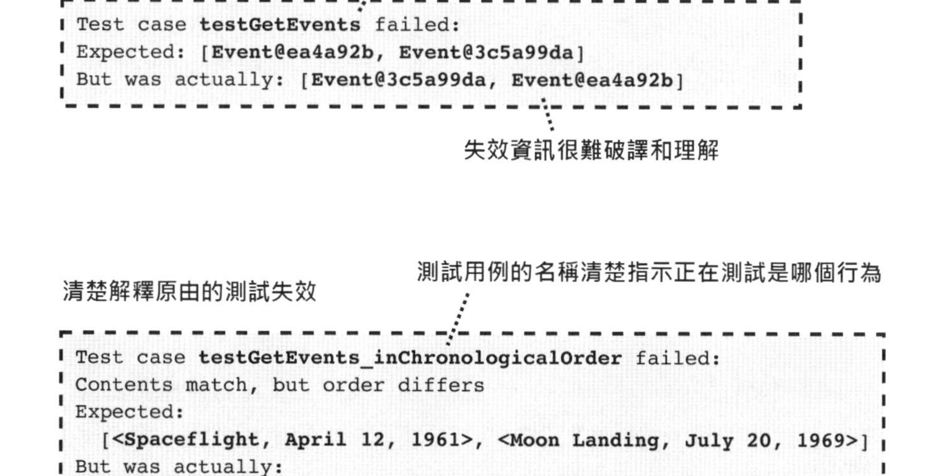

圖 10.2：測試失效的內容能清楚解釋問題原由會比只表明有問題是有用得多。

確保能清楚解釋測試失效原由的最佳方法之一是一次測試一件事，且為每個測試用例使用具有描述性的名稱。這樣就會產生許多小型測試用例分別鎖定一個特定的行為，而不是一個大型測試用例嘗試一次性測試所有內容。當測試開始失效時，檢查失效的測試用例名稱就很容易準確找出是哪些行為被破壞了。

10.2.4 可理解的測試程式碼

到目前為止，我們假設測試失效正確指示出程式碼有損壞，但這並不全然正確，更準確地說，測試失效應該是指出程式碼現在是以不同的方式在執行。程式以不同方式執行的這個事實是否構成損壞（或沒有損壞）取決於不同的具體情況。舉例來說，有位工程師可能會故意更改程式碼的功能來滿足新的需求，在這種情況下，行為的改變是故意而為的。

進行這項更改的工程師顯然要很小心，一旦盡了全力並確保更改是安全的，他們將需要更新測試以反映新功能的行為。正如我們之前所見的，修改程式碼是有風險的，這也適用於測試程式碼本身。假設有段程式碼具有三個被測試鎖定的行為，如果工程師只對其中一種行為進行故意的更改，那麼在理想情況下，應該只需要對測試該行為的測試用例進行更改，而其他兩種行為的測試用例應該保持不變。

為了讓工程師確信他們的更改只會影響到其對應的行為，就需要知道受影響的測試是哪些部分以及是否需要更新。為此，工程師需要了解測試的內容，包括測試哪些不同的測試用例以及是怎麼進行測試的。

測試會出錯的兩種最常見的處理方式是一次測試太多東西和使用太多共享測試設定，這些會在下一章介紹。這兩種處理方式可能會生成很難理解和推理的測試程式碼。如此一來，使得未來對被測程式碼的修改更加不安全，因為工程師難以理解他們所做的更改是否安全。

努力讓測試程式碼易於理解的另一個原因是有些工程師喜歡把測試當作程式碼的一種說明手冊。如果他們想知道怎麼使用某段特定程式碼，或這段程式碼提供了什麼功能，閱讀單元測試就能完全掌握。如果測試內容難以理解，就不會是有用的指導手冊。

10.2.5 能簡單快速執行

大多數的單元測試都會非常頻繁地執行。單元測試最重要的功能之一就是防止把損壞的程式碼提交到程式碼庫。因此，許多程式碼庫是採用提交前檢查，以確保在提交更改之前所有相關測試都通過。如果單元測試需要一個小時才能執行，這會拖慢工程師的速度，而提交程式碼更改就至少需要一個小時，無論提交的更改是多麼少或微不足道都要這麼多的時間。單元測試除了在將更改提交到程式碼庫之前要執行之外，工程師在開發程式碼時也會多次執行，當單元測試的執行速度不快就會拖慢工程師的開發速度。

保持測試能簡單快速執行的另一個原因是這樣能最大限度地提高工程師實際去進行測試的機會。如果測試很慢時，測試會變得很痛苦，當測試變成痛苦的工作，工程師就不會想去進行。對於很多好面子的工程師可能不會承認上述的情況，但從過往經驗來看，這就是事實。讓測試盡可能簡單和快速地執行不僅可以提高工程師的效率，還能讓測試變得更廣泛和更徹底。

➢10.3 焦點放在公用 API 但不忽略重要行為

我們剛才討論了讓單元測試與實作細節無關的重要性。第 2 章指出，程式碼可以分成兩個不同的部分：公用 API 和實作細節。如果我們的目標之一是避免測試實作細節，這表示我們應該試著只使用其公用 API 來測試程式碼。

「只使用公用 API 進行測試」實際上是單元測試很常見的建議及做法。如果您已經對這個議題有所了解，那您之前應該已經聽說過這樣的建議。把焦點放在公用 API，這樣就會迫使我們只專注於程式碼的行為，而不是其中的細節。這樣有助於確保我們去測試真正重要的東西，並且在此過程中也傾向於讓測試與實作細節無關。

為了示範在測試時把焦點放在公用 API 的好處，以下列這段程式碼為例，其中有個用來計算動能（以焦耳為單位）的函式。所有呼叫此函式的人都只關心它返回給定之質量（以千克為單位）和速度（以公尺/秒為單位）的正確值。函式呼叫 Math.pow() 本身就是個實作細節。如果我們可以把 Math.pow (speedMs, 2.0) 替換為 speedMs * speedMs，對於任何呼叫它的人而言，該函式的處理行為是完全相同：

```
Double calculateKineticEnergyJ(Double massKg, Double speedMs) {
  return 0.5 * massKg * Math.pow(speedMs, 2.0);
}
```

把焦點放在公用 API，我們就要寫出測試來鎖定呼叫方真正關心的行為。因此，我們會編寫出一系列測試用例來檢查給定輸入是否返回了預期值。以下片段顯示了這樣的測試用例（請留意，因為返回值是一個 double 值，所以我們檢查這個值是否在某個範圍內，而不是檢查是否完全相等）。

```
void testCalculateKineticEnergy_correctValueReturned() {
  assertThat(calculateKineticEnergyJ(3.0, 7.0))    斷言該值在 73.5 的
      .isWithin(1.0e-10)                            0.0000000001 範圍內
      .of(73.5);
}
```

如果我們想編寫一個測試來檢查 calculateKineticEnergyJ() 函式是否呼叫了 Math.pow()，那麼偏離了「只使用公用 API 進行測試」的原則。這個原則可以防止我們將測試與實作細節耦合，並確保我們把焦點放在測試呼叫方真正關心的事情。像這樣的簡單例子是很清楚，但是在更複雜的程式碼測試時，事情就沒那麼簡單了。

10.3.1 重要的行為可能在公用 API 之外

我們剛剛看到的 calculateKineticEnergyJ() 函式相當獨立，它唯一的輸入是透過參數，唯一的作用是返回答案。但實際上，程式碼很少如此獨立的，通常都會依賴於許多其他程式碼片段，如果其中某些依賴關係為程式碼提供外部輸入，或者如果程式碼在其中引起副作用，則測試可能會變得更加細微而複雜。

在這種情況下，「公用 API」的確切含義可能是主觀的，我遇過工程師引用「只使用公用 API 進行測試」這個原則來當作不測試重要行為的理由。他們的論點是，如果無法使用他們認定的公用 API 來觸發或檢查行為，則不應對其進行測試。這就是為什麼具備常識和務實思維是很重要的原因。

當涉及到單元測試時，第 2 章中列出的實作細節定義過於簡單。某些東西是否是實作細節，實際上在某種程度上是與程式的上下文脈相關的。第 2 章從抽象層的角度討論了這一點，其中程式碼片段相互依賴。在這樣的情況下，某段程式碼需要知道的另一段程式碼的所有內容都是公用 API 中的內容，因此其他所有內容都是實作細節。但是當涉及到測試時，測試程式碼可能需要了解其他一些不屬於公用 API 的內容。為了更好地解釋這一點，讓我們以一個模擬的實例來比喻。

請想像一下，我們為一家經營咖啡自動販賣機的網路公司工作。圖 10.3 展示了我們公司製造和部署的一種機器模型。我們的工作是測試並檢查這台機器是否能正常工作。構成這台機器的公用 API 的內容能發揮一定程度的解釋，但工程師可能會把機器的行為定義為「預期購買一杯咖啡的顧客與機器互動的方式」。如果我們採用這個定義，那麼公用 API 就非常簡單：顧客在畫面上點按

他們的信用卡，再選擇想要的飲料，然後機器會把選擇的飲料裝在杯子裡。但還有一些公用 API 可能需要向客戶發出錯誤信號的情況，例如他們的信用卡被拒絕或機器停止服務。

圖 10.3：咖啡自動販賣機有一個公用 API，只使用公用 API 是不能完整測試這台機器的。

乍看之下，似乎可以用我們定義的公用 API 來測試自動販賣機的主要行為：支付和選擇飲料，並檢查機器是否返回了正確的選擇。但這並不完整，從作為機器測試人員的角度來看，我們需要考量的不僅僅是公用 API。首先，自動販賣機有一些需要設定的依賴項目，在機器插入電源、裝滿水箱並把咖啡豆放入豆盒之前，我們是無法測試機器的。這些對於客戶來說都是實作細節，但對於我們測試人員來說，如果不先設定這些東西，我們就無法測試機器。

我們可能還需要測試一些不屬於公用 API 的行為，而這些行為是客戶所謂的實作細節。這台自動販賣機恰好是一台「智慧型」自動販賣機，它已連線到網路，並會在水或咖啡豆不足時自動通知技術人員（這是自動販賣機引起故意產生副作用的範例）。客戶可能不知道此功能，就算他們知道，也會認定這些是實作細節，但這些仍是自動販賣機表現出來的重要行為，也是我們需要測試的東西。

另一個角度來看，對於客戶和我們的測試人員來說，有很多事情絕對是實作細節。其中一個例子是機器怎麼加熱水和調製咖啡：它使用的是加熱塊還是用鍋爐來加熱呢？這不是我們應該測試的東西，因為它是機器的內部細節且沒有直接關係。咖啡鑑賞家可能會爭論說這一點很重要，因為鍋爐加熱的味道更好。但如果我們拆解這個論點，其中加熱水的方法仍然是個實作細節。鑑賞家最終關心的是咖啡的味道，而加熱水的方法只是達到目的的手段，所以如果我們擔心鑑賞家抱怨，應該測試確保的是咖啡的味道而不是加熱水的方法。圖 10.4 說明了自動販賣機所具有的不同依賴關係，以及測試可能會怎麼互動的內容。

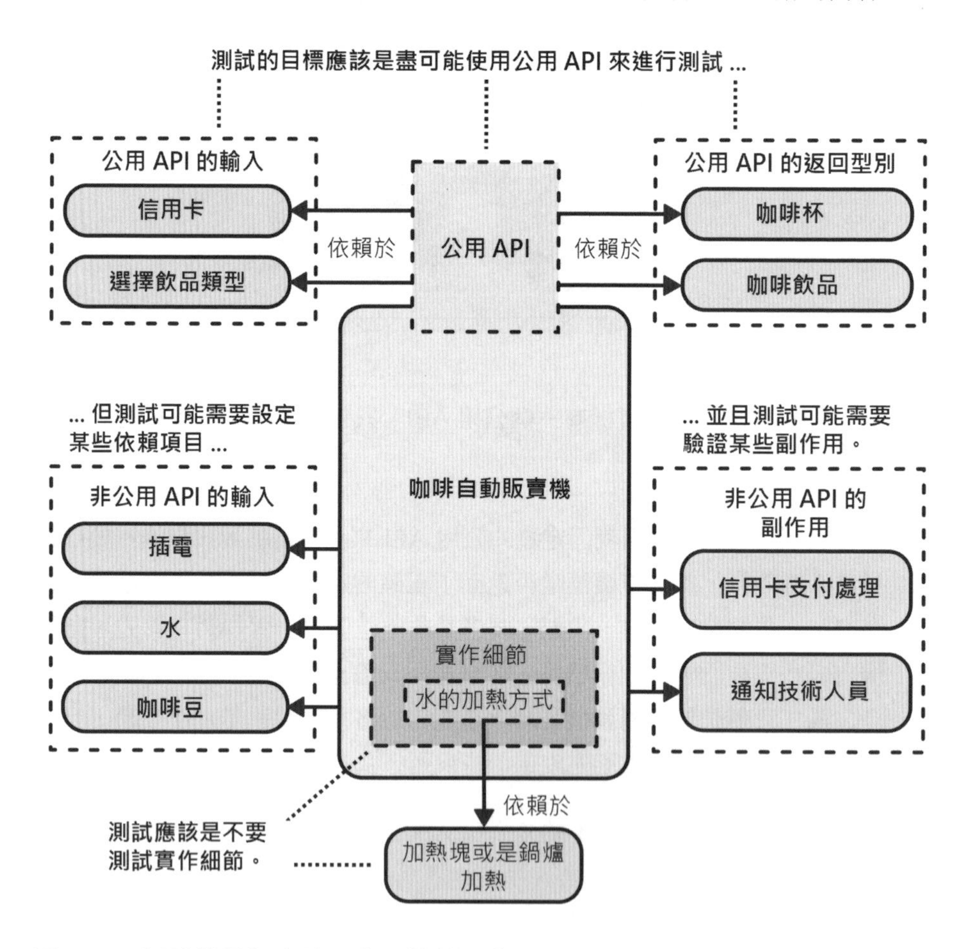

圖 10.4：測試的目標應該是盡可能使用「公用 API」來進行測試。但是測試通常還需要與不屬於公用 API 的依賴項目進行互動，以便進行設定並驗證相關的副作用。

測試自動販賣機這個例子其實很類似於對某段程式碼進行單元測試。接著用一個例子來證明這一點，請思考 Listing 10.1 這裡的程式碼，AddressBook 類別允許呼叫方查詢使用者的電子郵件地址，它透過從伺服器取得電子郵件地址來達成這個目的，它還會快取存放所有以前取得的電子郵件地址，以防止重複請求而讓伺服器超載。對所有使用此類別的人而言，他們使用使用者 ID 來呼叫 lookupEmailAddress() 並返回一個電子郵件地址（如果沒有電子郵件地址，則返回 null），因此可以合理地說 lookupEmailAddress() 函式是這個類別的公用 API。這意謂著，對類別的使用者而言，它依賴於 ServerEndPoint 類別並快取電子郵件地址的這些處理都是實作細節。

Listing 10.1　AddressBook 類別

```
class AddressBook {
  private final ServerEndPoint server;            // 就類別的使用者而言，
  private final Map<Int, String> emailAddressCache; // 這些是實作細節
  ...

  String? lookupEmailAddress(Int userId) {         // 公用 API
    String? cachedEmail = emailAddressCache.get(userId);
    if (cachedEmail != null) {
      return cachedEmail;
    }
    return fetchAndCacheEmailAddress(userId);
  }

  private String? fetchAndCacheEmailAddress(Int userId) {   // 更多實作細節
    String? fetchedEmail = server.fetchEmailAddress(userId);
    if (fetchedEmail != null) {
      emailAddressCache.put(userId, fetchedEmail);
    }
    return fetchedEmail;
  }
}
```

公用 API 反應了該類別最重要的行為：查詢給定使用者 ID 的電子郵件地址。但除非我們有設定（或模擬）一個 ServerEndPoint，否則是無法對此進行測試。除此之外，另一個重要的行為是重複呼叫具有相同使用者 ID 的 lookupEmailAddress() 不會引發重複呼叫伺服器。這部分不屬於公用 API（正如我們定義的那樣），但它仍然是一個重要的行為，因為我們不希望伺服器超載，因此應該要對其進行測試。請留意，我們真正關心（並且應該測試）的是重複請求不會發送到伺服器。類別使用快取來做到這一點的這個處理只是達到此目的的一種手段，因此就算是測試也是一個實作細節。圖 10.5 說明了 AddressBook 類別的依賴關係以及測試可能需要的互動。

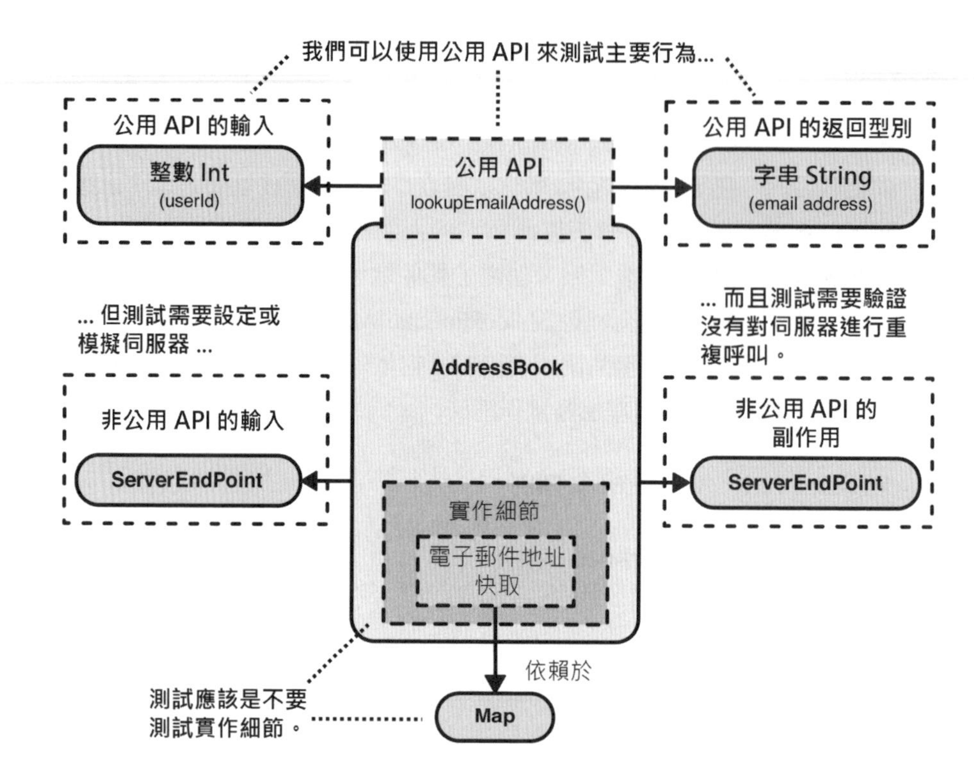

圖 10.5：使用我們定義的公用 API 是無法完整測試 AddressBook 類別的所有重要行為。

我們應該盡可能使用公用 API 來測試程式碼的行為，這適用於純粹透過公用函式參數、返回值或發出錯誤信號的所有行為。但由於我們定義程式碼的公用 API 的狀況有很多種，有可能發生只使用公用 API 是無法測試所有行為的情況。如果需要設定多種依賴項目或驗證某些副作用是否發生，上述這種情況就可能會發生。其中的一些例子如下所示：

- **與伺服器互動的程式碼**。為了測試程式碼，有可能需要設定或模擬伺服器，以便可以提供必要的輸入。我們可能還想驗證程式碼對伺服器有什麼副作用，例如呼叫的頻率以及請求的格式是否有效等。

- **將值儲存到資料庫或從資料庫讀取值的程式碼**。我們可能需要在資料庫中使用幾個不同的值來測試程式碼以執行所有行為，另外可能還想要檢查程式碼儲存到資料庫的值（副作用）。

「僅使用公用 API 進行測試」和「不要測試實作細節」都是很好的建議，但我們要意識到這只是指導原則，而且「公用 API」和「實作細節」的定義是很主觀且與程式具體的上下文脈相關。最重要的是我們在最後有正確地測試了程式碼的所有重要行為，並且要了解到在某些情況下，我們可能無法只使用我們認為的公用 API 來做到這一點。但是我們仍然應該保持警惕，希望盡可能地讓測試與實作細節無關，所以只有在真的別無選擇時，我們才不使用公用 API 來進行測試。

➢10.4 測試替身

本章開頭就說明過，單元測試是打算以「相對隔離的方式」測試一個程式碼單元。但從剛才介紹的內容來看，程式碼往往會依賴於其他程式，為了能全面測試程式碼的所有行為，我們經常需要設定輸入並驗證其副作用。但是，正如我們稍後會看到的討論，在測試中使用真實的依賴關係並不一定是可行或可取的做法。

使用真實依賴項目的替代方法是使用「**測試替身（test double）**」。測試替身是一個模擬依賴關係的物件，在某種程度上會讓它更適合在測試中使用。我們將從探索使用測試替身的一些原因開始說明，然後會查看三種特定類型的測試替身：mock、stub 和 fake。在此過程中，我們會了解 mock 和 stub 是怎麼造成問題的，以及為什麼使用 fake 是更可取的做法。

10.4.1 使用測試替身的原因

我們想要使用測試替身的三個常見原因如下：

- **簡化測試**——在測試中使用依賴項目是很麻煩和痛苦的。依賴項目可能需要大量配置，或是還需要配置其子依賴項的載入。如果是這種情況，我們的測試可能會變得很複雜並與實作細節緊密耦合。使用測試替身而不是真實依賴項目會讓工作簡化。
- **保護外部世界免受測試影響**——某些依賴項目具有現實世界的副作用。如果程式碼的某個依賴項目會把請求發送到真實伺服器或將值寫入真實資料庫時，這可能會對使用者或關鍵作業流程產生不良後果。在這種情況下，我們可能會使用測試替身來保護外部世界中的系統免受測試操作的影響。

- **保護測試不受外界影響**——外界可能是不確定的。如果程式碼的某個依賴項目是從其他系統正在寫入的真實資料庫中讀取一個值，則返回的值可能會隨著時間而改變，這是造成測試不確定的因子。從另一角度來看，測試替身可以設定配置成相同的確定性方式來進行處理。

以下的小節會更詳細地探討這些原因，並說明如何在這些應用場景中使用測試替身。

簡化測試

某些依賴項目可能需要花費大量精力來設定。依賴項目本身可能需要指定很多參數，或者它可能有很多子依賴項目需要配置。除了設定之外，我們的測試可能還需要驗證子依賴項目所期待的副作用。在這種情況下，事情可能會失控。最終可能會在測試中得到大量的設定程式碼，而且也可能最終會與許多實作細節緊密耦合（圖 10.6）。

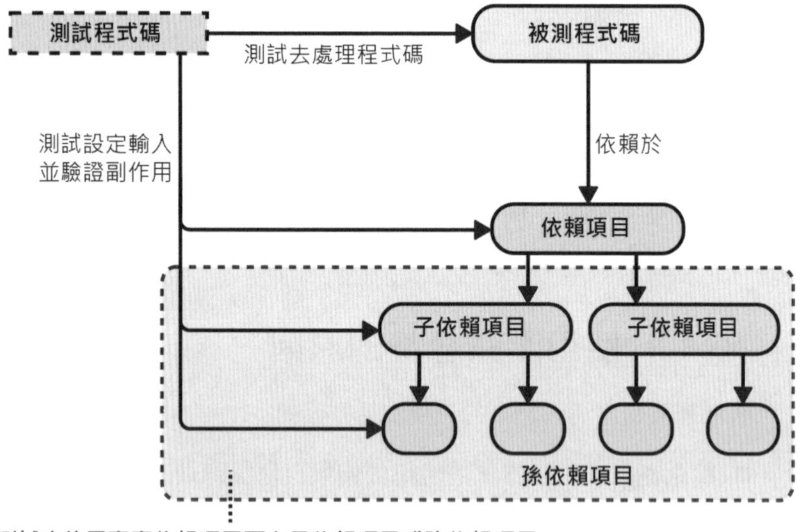

圖 10.6：在測試中使用真實依賴項目有時是不切實際的。如果依賴項目有許多子依賴項目需要與之互動，則可能會出現這種情況。

相反的，如果我們使用測試替身，那就無須設定真實依賴項目或驗證其子依賴項目中的內容。測試程式碼只需要與測試替身進行互動來設定和驗證副作用（這兩者都應該相對簡單）。圖 10.7 說明了使用測試替身後測試工作變得比較簡單。

簡化的另一個動機是可以讓測試執行得更快。如果其中一個依賴項目呼叫計算量大的演算法或需要大量緩慢的設定，那簡化測試就可能很適用。

正如我們會在後面的內容中所探討和說明的，在某些情況下，使用測試替身實際上能讓測試更耦接實作細節，而且設定測試替身有時也可能比使用真實依賴項目更複雜，因此在支持或反對使用測試替身來簡化測試的論點上還需要根據具體情況來考量。

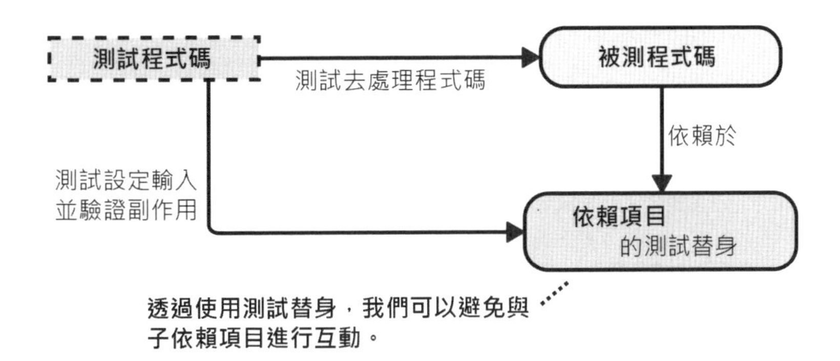

圖 10.7：測試替身可以藉由消除對子依賴項目的擔憂來簡化測試。

保護外部世界免受測試影響

除了希望以相對隔離的方式測試程式碼之外，另外還有個不能避免的理由，那就我們必須隔離測試。請想像一下，假設我們在開發一個處理支付的系統，而且我們正在進行單元測試的某段程式碼是用來處理客戶銀行帳戶中提款的程式碼。當程式碼在現實世界中執行時，其副作用之一就是真的會從真實客戶的帳戶中取出真實金錢。程式碼透過依賴名為 BankAccount 的類別來實作這項處理，該類別又與現實世界的銀行系統有互動。如果我們在測試中使用 BankAccount 類別的實例，只要測試執行，就真的會從真實帳戶中提出真實金錢（如圖 10.8 所示）。這肯定不是一個好主意，因為這可能會產生不好的後果，例如影響真實帳戶的金錢或破壞公司的審計和會計的金額。

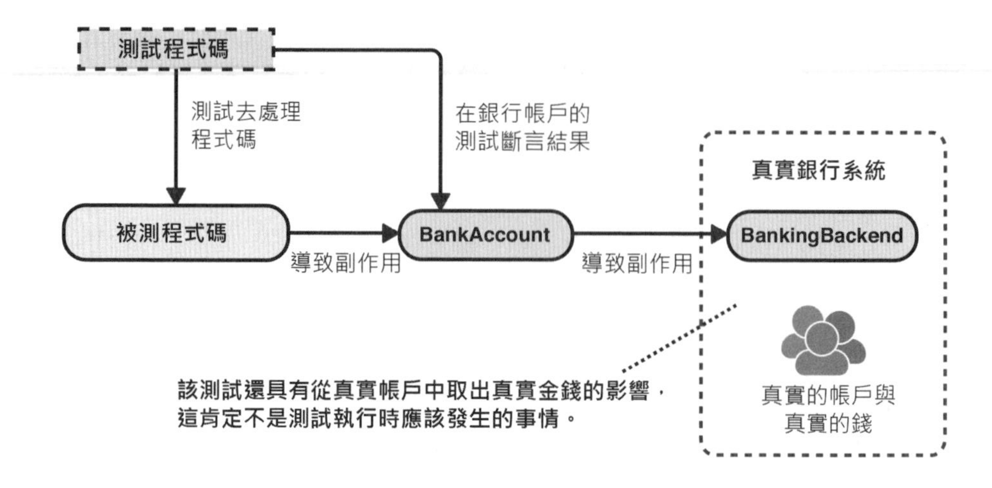

圖 10.8：如果依賴項目會造成現實世界的副作用，我們可能會希望使用測試替身而不是使用真正的依賴項目來進行處理。

這是個需要保護外界免受測試影響的例子。我們可以透過使用測試替身而不是真實的 BankAccount 實例來達成這個目的。這樣會把測試與真實的銀行系統隔離開來，這表示在測試執行時不會影響真實的銀行帳戶或金額（圖 10.9）。

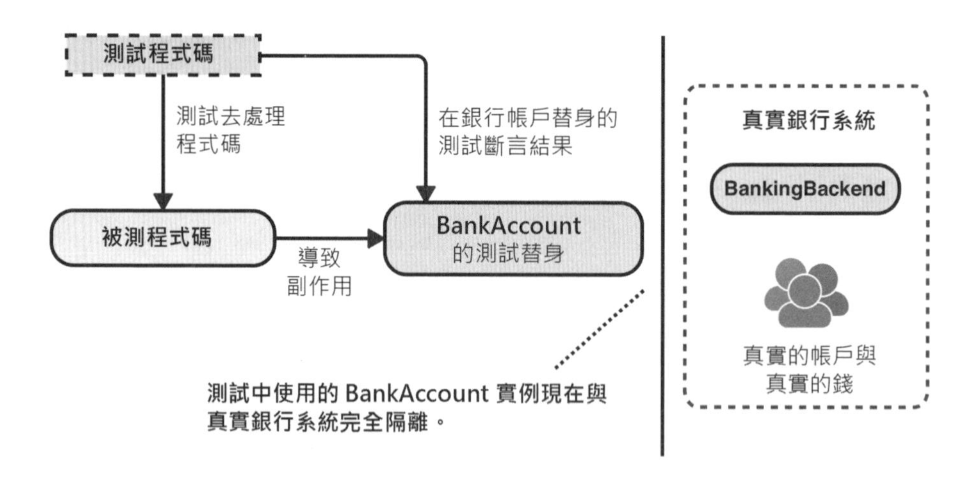

圖 10.9：測試替身可以保護外界真實系統免受副作用的影響。

上述造成「從真實銀行帳戶中提取真實金錢」副作用的測試可能是個極端的例子，但這也證明了是保護外部世界免受測試這個觀點是廣泛適用的。在現實中更常碰到的測試副作用是向真實伺服器發送請求或把值寫入真實資料庫。雖然這些不是什麼災難性的影響，但有可能導致以下問題：

- **使用者看到奇怪和令人困惑的值**——假設我們經營的是一家電子商務公司，某個測試會把記錄寫入真實的資料庫中，隨後這些「測試」記錄可能讓使用者看得到。存取主頁的使用者可能會發現顯示的一半產品被稱為「假測試項目」，如果他們嘗試把其中任何一項加到購物車中，就會導致錯誤。這對於大多數使用者來說，不會覺得這是個好的體驗。
- **它可能會影響我們的監控和日誌記錄**——測試可能會故意向伺服器發送無效請求，以測試生成的錯誤回應是否有正確處理。如果請求發送到真實伺服器，則伺服器的錯誤率就會增加，這可能會導致工程師誤判而認為有問題。或者，如果大家習慣了測試中預期錯誤的基線數量，那麼當系統發生真正的錯誤時，反而不會在意錯誤率的增加。

測試不應該對面向客戶或業務關鍵型系統造成副作用，這一點很重要。需要保護這些系統免受測試的影響，保持測試的隔離獨立，「測試替身」是達成這個目標的有效方法。

保護測試不受外界影響

除了保護外部世界免受測試影響之外，使用測試替身的另一個原因正好與此相反：保護測試不受外界影響。真實依賴項目可能具有不確定的行為，常見的範例有從資料庫中讀取定期更改的值，或使用隨機數產生器生成類似 ID 的真實依賴項目。在測試中使用這樣的依賴項目可能會導致測試變得不穩定，正如之前討論的內容，這是我們想要避免的事情。

為了示範這個觀點以及說明測試替身是怎麼提供協助的，現在我們以一段程式碼為例，要對銀行帳戶做的另一個處理：讀取餘額。真實銀行帳戶的餘額可能會經常發生變化，因為帳戶的所有者可能隨時會存入金錢或提取金錢。就算我們建立了一個僅用於測試的特殊帳戶，其餘額仍會隨著利息的支付或每月扣款而發生變化，因此如果測試使用真實銀行帳戶和讓被測程式碼讀取餘額，測試很可能會變得不穩定（如圖 10.10 所示）。

解決方案是把測試與真實銀行系統隔離開來，這也是可以使用「測試替身」來進行的處理。如果我們為 BankAccount 使用一個測試替身，那麼測試程式碼可以為它配置一個預先確定好的帳戶「餘額」值（如圖 10.11），這表示每次測試執行時帳戶餘額始終都是那個相同的確定性值。

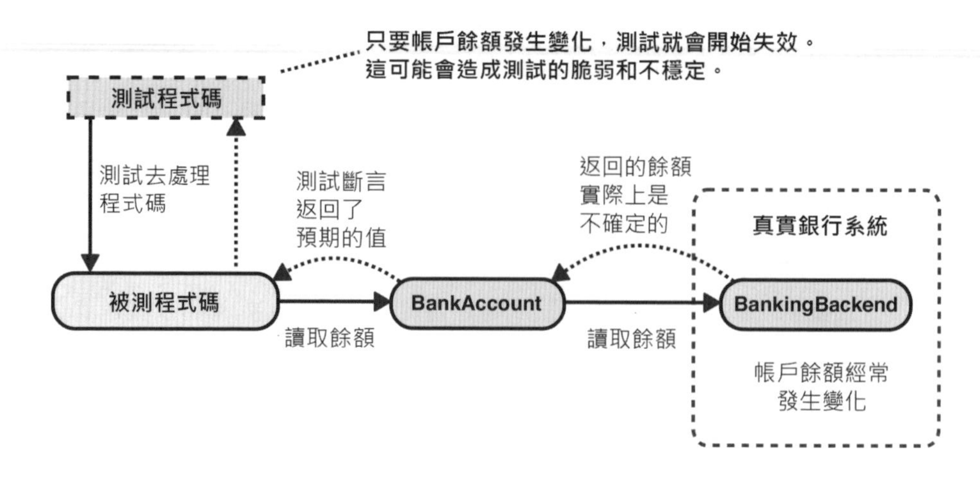

圖 10.10：如果依賴項目以不確定的方式執行，就有可能會造成測試不穩定。

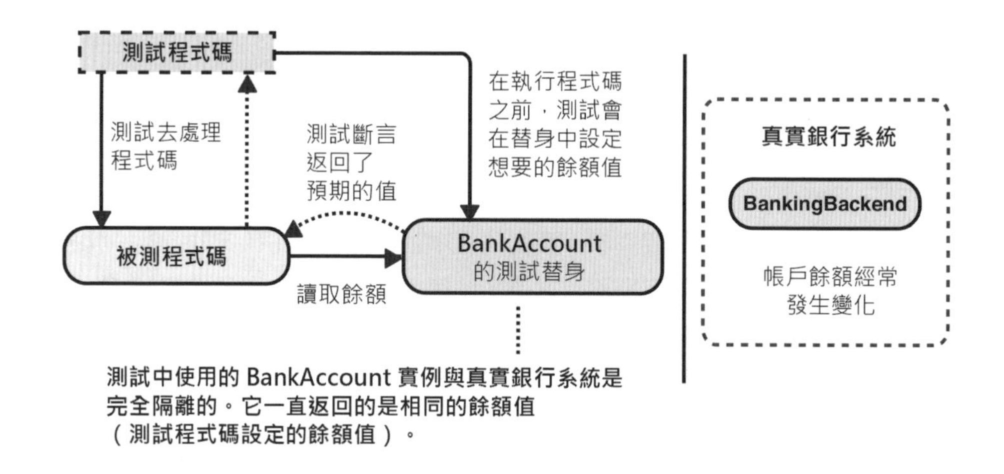

圖 10.11：測試替身可以保護測試免受真實依賴項目不確定行為的影響。

正如我們所見，有幾個原因會讓我們認為使用真實依賴項目是不可取或不可行的。一旦確定要使用測試替身時，就需要決定使用哪一種測試替身。以下小節會討論最常見的三個選擇：mock、stub 和 fake。

10.4.2 Mock

Mock 模擬一個類別或介面，除了記錄對成員函式的呼叫之外，不提供任何功能。在這個過程中，它還記錄了呼叫函式時提供給引數的值。可以在測試中使

用 mock 來驗證被測程式碼是否對依賴項目提供的函式進行了呼叫。因此，以 mock 來模擬被測程式碼引起副作用的依賴關係是最有用的。為了示範怎麼使用 mock，讓我們以前面的銀行帳戶為例，這次列出一些程式碼來說明。

Listing 10.2 展示了 PaymentManager 類別的程式碼，該類別含有一個 settleInvoice() 函式，從函式名稱來看，它允許呼叫方透過從客戶的銀行帳戶中扣除餘額來結算帳單。如果我們正在為這個類別編寫單元測試，那我們顯然需要測試的行為之一是確實從客戶的帳戶中扣除了正確的金額。customerBankAccount 參數是 BankAccount 的一個實例，因此為了做到這一點，我們的測試必須與此依賴項目進行互動，以驗證是否引產生預期的副作用影響。

Listing 10.2 依賴於 BankAccount 的程式碼

```
class PaymentManager {
  ...

  PaymentResult settleInvoice(
      BankAccount customerBankAccount,
      Invoice invoice) {
    customerBankAccount.debit(invoice.getBalance());
    return PaymentResult.paid(invoice.getId());
  }
}
```

把 BankAccount 實例當作參數

從帳戶中餘額扣除金額是我們需要測試的行為之一

BankAccount 是一個介面，實作它的類別是 BankAccountImpl。Listing 10.3 展示了 BankAccount 介面以及 BankAccountImpl 類別的程式碼。我們可以看到 BankAccountImpl 類別依賴於連接到真實銀行系統的 BankingBackend。正如我們之前看到的，這表示我們不能在測試中使用 BankAccountImpl 的實例，因為這樣會造成真實金錢在真實帳戶中發生變化（我們需要保護外部世界免受測試影響）。

Listing 10.3 BankAccount 介面與實作

```
interface BankAccount {
  void debit(MonetaryAmount amount);
  void credit(MonetaryAmount amount);
  MonetaryAmount getBalance();
}

class BankAccountImpl implements BankAccount {
  private final BankingBackend backend;
  ...

  override void debit(MonetaryAmount amount) { ... }
  override void credit(MonetaryAmount amount) { ... }
```

依賴於 BankingBackend，它會影響真實銀行帳戶中的真實金錢

```
  override MonetaryAmount getBalance() { ... }
}
```

使用 BankAccountImpl 的替代方法是利用 BankAccount 介面的 mock，然後檢查是否使用正確的引數呼叫了 debit() 函式。Listing 10.4 展示了測試用例的程式碼，這段程式碼是檢查帳戶扣除的金額是否正確。關於這段程式碼的一些注意事項如下所示：

- 透過呼叫 createMock(BankAccount) 來建立銀行帳戶介面的 mock。
- mockAccount 傳給 settInvoice() 函式（被測程式碼）。
- 測試驗證 mockAccount.debit() 是否以預期的金額（在本例中為帳單餘額）呼叫了一次。

Listing 10.4　**測試用例使用 mock**

```
void testSettleInvoice_accountDebited() {
  BankAccount mockAccount = createMock(BankAccount);       // 建立 BankAccount 的 mock
  MonetaryAmount invoiceBalance =
      new MonetaryAmount(5.0, Currency.USD);
  Invoice invoice = new Invoice(invoiceBalance, "test-id");
  PaymentManager paymentManager = new PaymentManager();

  paymentManager.settleInvoice(mockAccount, invoice);      // 以 mockAccount 呼叫被測程式碼

  verifyThat(mockAccount.debit)                             // 測試斷言 mockAccount.debit() 是用預期的引數呼叫的
      .wasCalledOnce()
      .withArguments(invoiceBalance);
}
```

使用 mock 允許我們測試 PaymentManager.settleInvoice() 函式而無須使用 BankAccountImpl 類別。這樣成功地保護了外部世界免受測試影響，但正如我們將在第 10.4.4 小節中討論的，測試現在可能並不真實且沒有捕捉重要的錯誤，這才是個真正的風險。

10.4.3 Stub

Stub 透過在呼叫函式時返回預先定義的值來模擬函式的功用。這允許測試透過 stub 對某些成員函式來模擬其依賴的關係，被測程式碼會呼叫這些成員函式並使用其中的返回值。因此，stub 對於模擬程式碼從中取得輸入的依賴關係會很有用。

雖然 mock 和 stub 之間有明顯的區別，但在一般閒聊時，許多工程師都只用 mock 這個詞來代表兩者。在許多提供 stub 功能的測試工具中，必需要建立工具所指的 mock 來進行測試，就算我們只想使用它來 stub 某些成員函式。本小節中的程式碼示範了這樣的處理。

假設現在要修改 PaymentManager.settleInvoice() 函式來檢查銀行帳戶是否有足夠的餘額後才從帳戶中扣款，這有助於減少拒絕交易的數量，不然可能會影響客戶在銀行的信用評級。以下 Listing 10.5 顯示了進行這項修改後的程式碼。

Listing 10.5　呼叫 getBalance() 的程式碼

```
class PaymentManager {
  ...

  PaymentResult settleInvoice(
      BankAccount customerBankAccount,
      Invoice invoice) {
    if (customerBankAccount.getBalance()
        .isLessThan(invoice.getBalance())) {
      return PaymentResult.insufficientFunds(invoice.getId());
    }
    customerBankAccount.debit(invoice.getBalance());
    return PaymentResult.paid(invoice.getId());
  }
}
```

程式碼依賴於 customerBankAccount.getBalance() 返回的值

我們新增到 PaymentManager.settleInvoice() 函式的新功能需要我們為其加入測試用例的更多行為，例如：

- 如果餘額不足，返回「餘額不足」的 PaymentResult。
- 如果餘額不足，則不會從帳戶中扣款。
- 帳戶餘額充足時則扣款。

顯然我們需要編寫一些依賴於銀行帳戶餘額的單元測試用例。如果我們在測試中使用 BankAccountImpl，那麼被測程式碼就會讀取真實銀行帳戶的餘額，正如之前說明過的，餘額可能會隨時發生變化，因此使用 BankAccountImpl 會讓測試引入不確定性和變得脆弱。

這是需要保護測試不受外界影響的應用場景，但可以透過使用 BankAccount.getBalance() 函式的 stub 來達成目的。我們可以把 stub 配置為在呼叫時返回的預定值，這樣就能讓我們測試程式碼是否正確執行，同時還確保測試是確定性和強固性。

Listing 10.6 展示了剛剛提到的第一個行為的測試用例（如果餘額不足，則返回「餘額不足」的 PaymentResult）。關於這段程式碼的一些注意事項如下所示：

- 如前所述，在許多測試工具中，就算我們只想使用它來建立 stub，也必須建該工具所指定的 mock，因此我們建了一個 mockAccount，然後去 stub 這個 getBalance() 函式而不是真的使用 mock 功能。
- mockAccount.getBalance() 的 stub 配置的返回的預定值為 $9.99。

Listing 10.6　使用 stub 的測試用例

```
void testSettleInvoice_insufficientFundsCorrectResultReturned() {
  MonetaryAmount invoiceBalance =
      new MonetaryAmount(10.0, Currency.USD);
      Invoice invoice = new Invoice(invoiceBalance, "test-id");
  BankAccount mockAccount = createMock(BankAccount);
  when(mockAccount.getBalance())
      .thenReturn(new MonetaryAmount(9.99, Currency.USD));
  PaymentManager paymentManager = new PaymentManager();

  PaymentResult result =
      paymentManager.settleInvoice(mockAccount, invoice);

  assertThat(result.getStatus()).isEqualTo(INSUFFICIENT_FUNDS);
}
```

就算只想建立一個 stub，BankAccount 介面也是要建立 mock 來配合

mockAccount.getBalance() 函式的 stub 配置的返回的預定值為 $9.99

測試斷言返回「餘額不足」的結果

stub 的使用讓我們能夠保護測試免受外部世界的影響並防止測試的碎片化。這裡（和上一小節）示範了 mock 和 stub 如何藉由模擬可能會出現問題的依賴項目來協助我們對測試進行隔離。有時這是必要的，但使用 mock 和 stub 也有缺點，下一小節會解釋兩個主要缺點。

10.4.4 Mock 和 stub 可能有問題

關於 mock 和 stub 的使用有不同學派的論點，我們會在 10.4.6 節中討論。在我們討論這些不同的思想學派之前（以及在探討 fake 之前），先研究 mock 和 stub 可能造成的一些問題。使用 mock 和 stub 的兩個主要缺點如下：

- 如果 mock 或 stub 被配置為以不同於真實依賴的方式來執行，它們可能會讓測試變得不真實。
- 它們會導致測試與實作細節緊密耦合，正如之前討論過的，這種方式會讓重構變得困難。

接下來的兩個小節會更詳細地探討這些內容。

Mock 和 stub 可能讓測試變得不真實

每當我們 mock 或 stub 一個類別或函式時，我們（身為編寫測試的工程師）必須決定這個 mock 或 stub 的行為方式。真正的風險是我們讓它的行為方式與現實生活中類別或函式的行為方式不同。如果我們進行這種處理，測試可能會通過，而我們會認為一切正常，但程式碼在現實中執行時，有可能會以不正確或錯誤的方式執行。

以前面的例子來說，當我們使用mock來測試PaymentManager.settleInvoice() 函式時，測試了帳單金額為 5 元的設想場景，這表示客戶欠公司 5 元。但是帳單也可能有負值的餘額，例如客戶收到退款或補償某件事，那麼負值也是我們應該測試的場景。從表面上來看好像不難，我們只需複製上一個測試用例的程式碼，並把帳單金額設為負 5 元的值。Listing 10.7 展示了測試用例最後的程式碼。若測試通過，我們的結論是 PaymentManager.settleInvoice() 函式能處理負值帳單金額。但不幸的是，在稍後的內容中會看到情況並非如此。

Listing 10.7 測試負值帳單金額

```
void testSettleInvoice_negativeInvoiceBalance() {
  BankAccount mockAccount = createMock(BankAccount);
  MonetaryAmount invoiceBalance =
      new MonetaryAmount(-5.0, Currency.USD);        // 負值帳單金額
  Invoice invoice = new Invoice(invoiceBalance, "test-id");
  PaymentManager paymentManager = new PaymentManager();

  paymentManager.settleInvoice(mockAccount, invoice);

  verifyThat(mockAccount.debit)
      .wasCalledOnce()
      .withArguments(invoiceBalance);
}
// 測試斷言 mockAccount.debit() 是以預期的負數來呼叫
```

我們的測試用例斷言程式碼使用了正確的帳單金額（在本例中為負數）呼叫 mockAccount.debit()。但這並不表示使用負值呼叫 BankAccountImpl.debit() 真的有達到現實中所期望的效果。在編寫 PaymentManager 類別時，我們做了一個隱含的假設，就是從銀行帳戶中扣除負數值會造成金額會加到帳戶中。透過使用 mock，我們在測試中重複了這個假設，這表示假設的有效性還沒有真正得到測試，但無論程式碼在現實是否真的有效，這個測試都會通過，基本上這個測試是個恆真式。

不幸的是，實際上我們的「假設」是不成立的。如果更仔細地查看 BankAccount 介面，就會看到以下的說明文件表明，如果使用負值呼叫 debit() 或 credit() 會引發 ArgumentException：

```
interface BankAccount {
  /**
   * @throws ArgumentException if called with a negative amount
   */
  void debit(MonetaryAmount amount);

  /**
   * @throws ArgumentException if called with a negative amount
   */
  void credit(MonetaryAmount amount);
    ...
  }
```

顯然 PaymentManager.settleInvoice() 函式中存有錯誤，但是因為我們在測試中使用了一個 mock，所以它沒有揭示這個錯誤，這是使用 mock 的主要缺點之一。編寫測試的工程師必須決定 mock 的行為方式，如果他們誤解了真實依賴項目的工作方式，那麼在配置 mock 時很可能也會犯同樣的錯誤。

同樣的問題也會在使用 stub 時發生。使用 stub 會測試程式碼在依賴項目返回某個值時是否有按照我們希望的方式執行，但這並沒有測試該依賴項目返回的真實值。在上一小節中，我們使用了一個 stub 來模擬 BankAccount.getBalance() 函式，但我們可能沒有正確考量該函式的程式碼契約。請想像一下，當我們更仔細地查看 BankAccount 介面並發現以下說明文件時，就會發現我們在配置 stub 時是有疏忽的：

```
interface BankAccount {
  ...
  /**
   * @return the bank account balance rounded down to the
   * nearest multiple of 10. E.g. if the real balance is
   * $19, then this function will return $10. This is for
   * security reasons, because exact account balances are
   * sometimes used by the bank as a security question.
   */
  MonetaryAmount getBalance();
}
```

NOTE **餘額的捨入**。getBalance() 返回一個捨入值的範例是為了說明在 stub 函式時是很容易忽略某些細節的。實際上，帳戶餘額的下捨處理可能不是什麼重大的安全功能，但心懷不軌的人仍然可以透過多種方式計算出確切的餘額，例如透過一直重複向帳戶記入 0.01 元，直到 getBalance() 返回的值發生變化。

Mock 和 stub 會造成測試和實作細節之間的緊密耦合

在上一小節中，我們看到如果帳單金額為負值，呼叫 customerBankAccount.debit() 是不會起作用的，另外使用 mock 也表示在測試期間沒有注意到這個錯誤。如果工程師最終確實注意到了這個錯誤，他們可能會利用 if 陳述句寫入到 solveInvoice() 函式中來解決，例如以下程式碼片段中的 if 陳述句。如果金額的值為正，則呼叫 customerBankAccount.debit()，如果為負，則呼叫 customerBankAccount.credit()：

```
PaymentResult settleInvoice(...) {
  ...
  MonetaryAmount balance = invoice.getBalance();
  if (balance.isPositive()) {
    customerBankAccount.debit(balance);
  } else {
    customerBankAccount.credit(balance.absoluteAmount());
  }
  ...
}
```

如果工程師使用 mock 來測試此程式碼，那他們最終會得到多種測試用例，在某些測試用例中驗證 customerBankAccount.debit() 的呼叫，而另外的某些測試用例則驗證 customerBankAccount.credit() 的呼叫：

```
void testSettleInvoice_positiveInvoiceBalance() {
  ...
  verifyThat(mockAccount.debit)
      .wasCalledOnce()
      .withArguments(invoiceBalance);
}

...

void testSettleInvoice_negativeInvoiceBalance() {
  ...
  verifyThat(mockAccount.credit)
      .wasCalledOnce()
      .withArguments(invoiceBalance.absoluteAmount());
}
```

這裡會測試程式碼是否呼叫了預期的函式，但不會去測試使用該類別的人真正關心的行為，他們關心的行為是 settInvoice() 函式是否有把正確的金額從帳戶中存入或提出。這裡的處理機制只是達到目的的一種手段，是否去呼叫 credit() 或 debit() 函式則是實作細節。

為了強調這一點，讓我們以一個工程師可能決定執行的重構為例。他們有注意到程式碼庫中不同部分的幾段程式碼含有這個笨拙的 if-else 陳述句，用在呼叫 debit() 或 credit()。為了改進程式碼，他們決定把此功能移到可以重用的 BankAccountImpl 類別中，這表示會向 BankAccount 介面新增了一個名為 transfer() 的新函式：

```
interface BankAccount {
  ...
  /**
   * Transfers the specified amount to the account. If the
   * amount is negative, then this has the effect of transferring
   * money from the account.
   */
  void transfer(MonetaryAmount amount);
}
```

隨後將 setInvoice() 函式重構為呼叫新的 transfer() 函式，如下所示：

```
PaymentResult settleInvoice(...) {
  ...
  MonetaryAmount balance = invoice.getBalance();
  customerBankAccount.transfer(balance.negate());
  ...
}
```

這樣的重構並沒有改變任何行為，它只改變了一個實作細節，但是現在許多測試都失效了，因為它們使用了期望呼叫 debit() 或 credit() 的 mock，重構後就不再發生這種情況了。而這與 10.2.2 小節中陳述的目標相反：測試應該與實作細節無關。執行重構的工程師現在必須修改許多測試用例來讓測試再次通過，而他們很難確信重構沒有意外修改了什麼行為。

如前所述，mock 和 stub 的使用有不同的學派論述，但在我看來，最好少用或最低限度去使用。如果真的沒有可行的替代方案，那麼在測試中使用 mock 或 stub 總比不進行測試要好。但如果使用真實依賴項目或 fake 是可行的（將在下一小節中討論），那就使用這種方式來處理。

10.4.5 Fake

Fake 是可以在測試中安全使用的類別（或介面）的替代實作。fake 應該準確地模擬真實依賴的公用 API，但實作則簡化的處理。這通常可以透過把狀態儲存在 fake 的成員變數中而不是與外部系統通訊來達到此目的。

Fake 的全部意義在於它的程式碼契約與真實的依賴項目相同，所以如果真實的類別（或介面）不接受某個輸入，那麼 fake 也不應該接受，這表示 fake 應該由維護真實依賴項目程式碼的同一團隊來維護，因為如果真實依賴項目的程式碼契約發生變化，那麼 fake 的程式碼契約也需要更新。

讓我們思考一下之前看到的 BankAccount 介面和 BankAccountImpl 類別。如果維護這些程式的團隊實作了一個 fake 的銀行帳戶，其程式碼可能看起來像 Listing 10.8 所示。關於這段程式碼的一些注意事項如下所示：

- FakeBankAccount 實作了 BankAccount 介面，因此在測試期間它可以用於任何需要實作 BankAccount 的程式碼。
- Fake 不與銀行後端系統通訊，而是使用成員變數追蹤帳戶餘額。
- 如果 debit() 或 credit() 中的任何一個以負數值來呼叫，則 fake 會拋出 ArgumentException。這會強制遵行程式碼契約，也表示 fake 的行為與 BankAccount 真實的實作完全相同。像這樣的細節讓 fake 變得很有用，如果工程師編寫的程式碼誤用負數值呼叫了這些函式中的任何一個，使用 mock 或 fake 的測試可能無法捕捉到它，而使用 fake 的測試能捕捉到這樣的錯誤。
- getBalance() 函式返回向下捨入到最接近 10 的餘額，因為這是程式碼契約規定的內容，也是 BankAccount 真實的實作行為方式。如此一來就能最大限度地提升在測試期間捕捉到這種意外行為所導致的任何錯誤。
- 除了實作 BankAccount 介面中的所有功能外，fake 還提供了一個 getActualBalance() 函式，測試可以使用此函式來驗證 fake 帳戶的實際餘額。這個很重要，因為 getBalance() 函式的餘額值是向下捨入的，這表示測試無法使用它來準確驗證帳戶的狀態。

Listing 10.8　建立 fake 的 BankAccount

```
class FakeBankAccount implements BankAccount {
  private MonetaryAmount balance;

  FakeBankAccount(MonetaryAmount startingBalance) {
    this.balance = startingBalance;
  }

  override void debit(MonetaryAmount amount) {
    if (amount.isNegative()) {
      throw new ArgumentException("Amount can't be negative");
    }
    balance = balance.subtract(amount);
  }

  override void credit(MonetaryAmount amount) {
    if (amount.isNegative()) {
      throw new ArgumentException("Amount can't be negative");
    }
    balance = balance.add(amount);
  }

  override void transfer(MonetaryAmount amount) {
    balance.add(amount);
  }

  override MonetaryAmount getBalance() {
    return roundDownToNearest10(balance);
  }

  MonetaryAmount getActualBalance() {
    return balance;
  }
}
```

實作 BankAccount 介面

使用成員變數追蹤狀態

如果 amount 是負數則拋出 ArgumentException

如果 amount 是負數則拋出 ArgumentException

返回的餘額是向下捨入到最接近 10

允許測試檢查實際（不捨入）餘額的附加功能

正如我們現在看到的，使用 fake 而不是 mock 或 stub 可以避免我們在上一小節中所發現的問題。

Fake 能做出更真實的測試

在上一小節中，我們看到了一個測試用例的範例，這個範例的目的是用來驗證 PaymentManager.settleInvoice() 函式是否正確處理了金額為負數的帳單。在該範例中，測試用例使用 mock 來驗證 BankAccount.debit() 是否以正確的負數來呼叫。這樣的測試導致就算程式碼被破壞了，測試也會通過（因為實際上 debit() 是不能接受負數值的）。如果我們在測試用例中使用 fake 而不是 mock，那麼這個錯誤就會被揭露出來。

如果我們使用 FakeBankAccount 來重寫負數值的帳單金額測試用例，那程式碼看起來會像 Listing 10.9 所示。當呼叫 paymentManager.settleInvoice() 時，後續以負數金額對 FakeBankAccount.debit() 的呼叫會拋出例外並導致測試失效。這能讓我們立即意識到程式碼中存有錯誤，這也提醒我們在向程式碼庫提交任何內容之前要先進行修復。

Listing 10.9　使用 fake 來建立的負數值帳單金額測試

```
void testSettleInvoice_negativeInvoiceBalance() {
  FakeBankAccount fakeAccount = new FakeBankAccount(
      new MonetaryAmount(100.0, Currency.USD));      // 初始餘額為 100 元的 fake 帳戶
  MonetaryAmount invoiceBalance =
      new MonetaryAmount(-5.0, Currency.USD);        // 帳單金額為 -5 元
  Invoice invoice = new Invoice(invoiceBalance, "test-id");
  PaymentManager paymentManager = new PaymentManager();

  paymentManager.settleInvoice(fakeAccount, invoice);  // 使用 fakeAccount 呼叫的被測程式碼

  assertThat(fakeAccount.getActualBalance())
      .isEqualTo(new MonetaryAmount(105.0, Currency.USD));  // 測試斷言新的餘額為 105 元
}
```

測試的主要目的是當程式碼中存有錯誤時應該會失效，現在的測試用例就變有用了，因為這種測試用例正在發揮這樣處理。

Fakes 可以讓測試與實作細節分離

使用 fake 而不是 mock 或 stub 的另一個好處是，fake 往往會降低測試與實作細節的耦合度。我們之前看到了當工程師執行重構時，使用 mock 會造成測試失效。這是因為使用 mock 的測試驗證了對 debit() 或 credit() 的特定呼叫（這是個實作細節）。相反地，如果測試使用的是 fake，那 fake 不會驗證這些實作細節，而是以斷言（assert）來顯示最終帳戶餘額是正確的：

```
...
  assertThat(fakeAccount.getActualBalance())
      .isEqualTo(new MonetaryAmount(105.0, Currency.USD));
...
```

不管可以那個函式被呼叫，被測程式碼都會把金額從帳戶中存入或提出，只要最終結果相同，測試就會通過。這樣讓測試和實作細節分離開來，重構若不改變任何行為就不會造成測試失效。

並非每個依賴項目都會有等效的 fake 來配合，這取決於維護真正依賴關係的團隊是否有建立，以及他們是否願意維護。我們可以積極主動建立，如果團隊擁有某個類別或介面，而且我們知道在測試中不適合使用真實的東西來處理，那麼就值得為它實作一個 fake 來處理。這樣能讓我們的測試變得更好，也能讓依賴我們程式碼的其他工程師受益。

如果在測試中使用真實依賴項目是不可行的，那麼就需要使用測試替身來配合。如果是這種情況且可以建立 fake，在我看來，最好就使用 fake 而不要用 mock 或 stub。這裡用「在我看來」是因為使用 mock 和 stub 有不同的學派和意見，我們會在下一小節中簡單討論。

10.4.6 Mock 的不同學派

從廣義上來說，在單元測試中使用 mock（和 stub）有兩種不同的學派：

- **Mockist**——有時被稱為「倫敦學派」。支持這一論點的學派認為工程師應該避免在測試中使用真實的依賴關係，而應該使用 mock 來處理。避免使用真實依賴項目並使用大量的 mock，就代表需要對提供輸入的依賴項目的所有內容使用 stub，因此使用 mockist 方法通常還會涉及 stub 和 mock。
- **Classicist**——有時被稱為「底特律學派」。支持這一論點的學派認為應該盡量少用 mock 和 stub，而且工程師應該更喜歡在測試中使用真實的依賴關係，當使用真實依賴項目不可行時，下一個應該是使用 fake。只有在使用真實的依賴項目或 fake 的依賴項目都不可行時，才會把 mock 和 stub 當作最後的手段。

使用這兩種方法所編寫的測試，其主要區別之一是 mockist 測試傾向於與測試相互作用，而 classicist 測試傾向於測試程式碼中的結果狀態及其依賴關係。從意義上來說，mockist 方法傾向於鎖定被測程式碼是怎麼處理某件工作，而 classicist 方法傾向於鎖定執行程式碼的最終結果是什麼（不會去關心這是怎麼達成的）。

支持使用 mockist 方法的一些論點如下所示：

- **它讓單元測試更獨立**。使用 mock 就表示這個測試最終是不會測試關於依賴項目的內容。這意味著特定程式碼片段中的損壞只會在該程式碼的單元測試中造成測試失效，而不會讓依賴於它的其他程式碼的測試也測試失效。
- **它讓測試更容易編寫**。使用真實的依賴項目的話，就需要弄清楚測試到底需要哪些依賴項目，以及怎麼正確配置和驗證其中的內容。換句話來說，mock 或 stub 是很容易設定，因為不需要實際建構依賴項目和擔心子依賴項目配置的情況。

支持使用 classicist 方法和反對使用 mockist 方法的一些論述如下所示（這兩者都在前面的小節中有討論過）：

- mock 測試程式碼進行了特定呼叫，但不會測試這個呼叫是否真實有效。就算程式碼完全損壞，使用大量的 mock（或 stub）也會讓測試通過。
- classicist 方法可能造成測試對實作細節更加不可知。使用 classicist 方法的重點放在測試的最終結果：程式碼返回的內容或結果狀態。對這樣的測試來說，程式碼怎麼實作一點並不重要，這表示測試只有在行為發生變化時才會失效，而不會在實作細節發生變化時失效。

老實說，在當軟體工程師的早期，筆者並不知道這兩種方法是正式的兩種不同的思想學派。在當時無知的狀態下，我似乎很自然地採用了較多的 mockist 方法，而且在寫單元測試時，其中大多數依賴項目都以 mock 或 stub 處理了。誠然，當時的我並沒有放太多心思在這裡，而我使用 mockist 方法的主要原因就是這種方法似乎能讓我編寫測試時更輕鬆。但後來就開始後悔了，因為這種方法造成測試並沒有正確地測試處理的工作是否真實有效，而且這種方法也讓重構程式碼變得非常困難。

在嘗試過這兩種方法之後，我現在堅定地傾向於 classicist 學派，本章的內容也反映了這一點。但我要強調的是，這只是一種觀點，並非每位工程師都同意。如果您有興趣閱讀關於 mockist 和 classicist 學派的更詳細描述，Martin Fowler 這篇文章的後半部分有詳細討論該主題：http://mng.bz/N8Pv。

➢10.5 從測試的哲學理念中挑選

正如您所發現的，圍繞在「測試」這個主題上有多種哲學理念和方法論，有時會被呈現為一種全有或全無的抉擇：您要就遵行該哲學理念的全部內容，或是全都不遵行。但真實生活中並不是這樣的，我們可以自由地從不同哲學理念中挑選認為適合的內容。

舉一個測試哲學理念的例子：「**測試驅動開發（TDD，test-driven development）**」，這種哲學理念中最為人稱道的部分是工程師應該在編寫任何實作程式碼之前先寫測試。雖然有很多人知道這種做法的好處，但我並沒有在實務中有遇過能真正做到這一點的工程師。這不是工程師們選擇工作的方式，但不表示他們完全忽略了 TDD 哲學理念所討論的一切內容，只是工程師們沒有完全遵循其內容而已。許多工程師仍然致力於遵循 TDD 的許多理念，例如保持測試的獨立隔離、保持專注以及不測試實作細節等理念。

測試哲學理念和方法論的一些範例如下所示：

- **測試驅動開發**[1]——TDD 提倡在開發過程中編寫真實的程式碼之前先編寫測試用例，然後寫出最少量的真實程式碼來讓測試用例通過，隨後重構程式碼以改進結構或消除重複。鼓勵工程師在這樣的開發循環過程中重複上述步驟。如前所述，TDD 的支持者通常還會提倡各種最佳實務做法，例如保持測試用例的隔離和專注其處理，而不是測試實作細節。
- **行為驅動開發**[2]——BDD（Behavior-driven development）對不同的人可能會有不同的看法，但它的本質是專注在識別軟體應該展示的行為（或功能）（通常從使用者、客戶或作業中找出）。這些期望的行為會捕捉出來，並以隨後開發軟體的格式來記錄。測試應該反映這些期望的行為而不是軟體本身的屬性。這些行為是如何捕捉和記錄、哪些利害相關者參與了這個過程、以及它的正式程度可能因不同的組織而有差異。

---

1. 有人認為 TDD 的起源可以追溯到 1960 年代，但最常與這個術語相關的更現代正式哲學理念歸功於 1990 年代的 Kent Beck 的推廣（Beck 聲稱自己「重新發現」了 TDD，而不是發明）。
2. 行為驅動開發的理念在 2000 年代歸功於 Daniel Terhorst-North 的推廣，可在此下列網站中找到 Terhorst-North 介紹該想法的文章副本：https://dannorth.net/introducing-bdd/。

- **驗收測試驅動開發**——ATDD（Acceptance test-driven development）對不同的人可能也會有不同的看法，它與 BDD 重疊（或伴隨）的程度因定義而有差異。ATDD 牽涉到識別出軟體應該展示的行為（或功能）（通常從客戶的角度來看），並建立自動化驗收測試，以驗證軟體整合成一體時功能是否符合需求。與 TDD 類似，這些測試應該在實作真實的程式碼之前就先建立。理論上，一旦驗收測試全部通過，軟體就完成了，也會被客戶接受。

測試哲學理念和方法論傾向於記錄一些工程師所發現的有效工作方式。但歸根結底，我們最終努力要達成的目標比挑選工作方法更為重要。重點是確保我們能編寫出好的、徹底的測試，以及能生產出高品質的軟體。一樣的米養出百樣的人，如果您喜歡按照給定的哲學理念或方法論來有效進行開發的工作，這樣很好，但如果您想要用另一種更有效的方式來開發，那也絕對沒問題。

總結

- 幾乎每一段提交到程式碼庫的「真實程式碼」都應該搭配一個隨附的單元測試。
- 「真實程式碼」表現出的每一個行為都應該有一個附帶的測試用例來執行並檢查其結果。除了最簡單的測試用例之外，大多數測試用例中的程式碼都分成三個不同的部分：Arrange、Act 和 Assert。
- 好的單元測試應該具有的關鍵特質如下所示：
  - 能準確檢測出損壞。
  - 與實作細節無關。
  - 可清楚解釋失效的原由。
  - 可理解的測試程式碼。
  - 能簡單快速執行。
- 當使用真實依賴項目是不可行或不切實際時，可以在單元測試中使用「測試替身」。測試替身的例子如下所示：
  - Mock
  - Stub

  - Fake

- Mock 和 Stub 會造成測試不真實並且會與實作細節緊密耦合。
- 關於 Mock 和 Stub 的使用有不同的學派論述。筆者的觀點是，應該盡可能在測試中使用真實的依賴關係，如果做不到，那下一個最佳選擇是 Fake，而 Mock 和 Stub 只能作為最後的手段。

11 單元測試實務

本章內容

- 有效率且可靠地對一段程式碼的所有行為進行單元測試
- 確保測試是好理解的，且測試失效的訊息能不言自明
- 使用依賴注入來確保程式碼是可測試的

第 10 章確定了一些可以用來指導我們編寫出有效單元測試的原則。本章則以這些原則為基礎，繼續探討可以在日常寫程式時可應用的一些實務技巧。

第 10 章描述了「好的單元測試」應該具有的關鍵特質。本章所討論介紹的許多技術的使用動機直接是來自這些關鍵特質，這裡再次提醒和回顧一下這些關鍵特質：

- **能準確檢測出損壞**——如果程式碼損壞，測試應該失效。只有在程式碼確實有損壞時，測試才會失效（我們不希望出現錯誤的警示）。
- **與實作細節無關**——實作細節的改變最好不會造成測試的改變。
- **可清楚解釋失效的原由**——如果程式碼被破壞，測試失效應該清楚地解釋其原由。
- **可理解的測試程式碼**——其他工程師需要能夠理解測試究竟在測試什麼和其進行的方式。
- **能簡單快速執行**——工程師在平常就一直需要執行單元測試。一個緩慢或難以執行的單元測試會浪費很多開發的時間。

我們編寫的測試並不必然都能展現出上述這些特質，而且很容易造成測試結果無效且無法維護。幸運的是，我們可以應用許多實務技巧來大幅提高測試展現這些特質的機會。以下內容包含了主要的重點。

➢11.1 測試行為不僅僅是函式

測試一段程式碼有點像處理待辦事項清單。被測試的程式碼會做很多事情（或者會處理我們在編寫程式碼之前所編寫的測試），我們需要編寫測試用例來測試這些程式內容。與任何待辦事項清單一樣，執行結果取決於清單上實際存在的正確事項。

工程師有時會犯的錯誤是查看某段程式碼並只將函式名稱加到要測試的待辦事項清單中，因此如果一個類別有兩個函式，那麼工程師可能只編寫兩個測試用例（一個函式用一個測試用例）。在第 10 章已討論過，我們應該測試的是某段程式碼所表現出來的所有重要行為。只把焦點放在測試函式是有問題的，通常一個函式中可能會表現出多個行為，而一個行為有時可能跨越多個函式。如果

我們只為每個函式寫一個測試用例，就有可能會遺漏一些重要的行為。最好是把焦點放所有「行為」上，把每項行為當作待辦事項清單中的各個項目，而不只是程式的函式名稱。

11.1.1 每個函式只用一個測試用例通常是不夠的

請想像一下，假設我們為一家銀行工作，而該銀行要維護一個自動評估抵押貸款申請的系統。Listing 11.1 中類別的程式碼其功用是決定客戶是否可以取得抵押貸款，如果可以取得貸款，客戶可以借多少錢。程式碼處理了很多事情，例如：

- assess() 函式呼叫一個私有輔助函式來確定客戶是否有資格取得抵押貸款。客戶有資格的條件是：
    - 有良好的信用評級，
    - 目前沒有抵押貸款，而且
    - 公司沒有禁止。
- 如果客戶符合條件，則呼叫另一個私有輔助函式來確定客戶可取得最大貸款金額。計算方式是客戶的年收入減去年支出再乘以 10。

Listing 11.1　**抵押貸款程式碼**

```
class MortgageAssessor {
  private const Double MORTGAGE_MULTIPLIER = 10.0;
  MortgageDecision assess(Customer customer) {
    if (!isEligibleForMortgage(customer)) {        如果客戶不符合條件，申請將被拒絕
      return MortgageDecision.rejected();
    }
    return MortgageDecision.approve(getMaxLoanAmount(customer));
  }

  private static Boolean isEligibleForMortgage(Customer customer) {
    return customer.hasGoodCreditRating() &&       私有輔助函式會決定
        !customer.hasExistingMortgage() &&         客戶是否符合條件
        !customer.isBanned();
  }

  private static MonetaryAmount getMaxLoanAmount(Customer customer) {
    return customer.getIncome()
        .minus(customer.getOutgoings())            私有輔助函式會決定
        .multiplyBy(MORTGAGE_MULTIPLIER);          最大貸款金額
  }
}
```

假設我們現在去查閱這段程式碼的測試，只看到一個測試 assess() 函式的測試用例。Listing 11.2 展示了這一個測試用例，這裡測試了 assess() 函式所做的一些事情，例如：

- 有良好的信用評級、目前沒有貸款且沒有被禁止的客戶，就會批准其抵押貸款。
- 最大貸款金額是客戶的年收入減去年支出再乘以 10。

但這裡顯然還有很多東西未測試到，例如抵押貸款可能被拒絕的所有原因。這顯然是個不充分的測試：我們可以修改 MortgageAssessor.assess() 函式來批准抵押貸款，就算是被禁止的客戶，這個測試仍然會通過！

Listing 11.2　抵押貸款測試

```
testAssess() {
  Customer customer = new Customer(
      income: new MonetaryAmount(50000, Currency.USD),
      outgoings: new MonetaryAmount(20000, Currency.USD),
      hasGoodCreditRating: true,
      hasExistingMortgage: false,
      isBanned: false);
  MortgageAssessor mortgageAssessor = new MortgageAssessor();

  MortgageDecision decision = mortgageAssessor.assess(customer);

  assertThat(decision.isApproved()).isTrue();
  assertThat(decision.getMaxLoanAmount()).isEqualTo(
      new MonetaryAmount(300000, Currency.USD));
}
```

這裡的問題是編寫測試的工程師只把焦點放在測試函式而不是測試行為。assess() 函式是 MortgageAssessor 類別公用 API 中唯一的函式，他們只寫了一個測試用例。不幸的是，這個測試用例並不足以完全確保 MortgageAssessor.assess() 函式能以正確的方式執行。

11.1.2 解決方案：把焦點放在測試每個行為

正如前面的範例所示，函式和行為之間通常不是一對一的對應關係。如果我們只把焦點放在測試函式，那麼很容易只用到一組測試用例，因而無法驗證我們真正關心的所有重要行為。在 MortgageAssessor 類別的範例中，有幾個我們關心的行為，包括：

■ 任何滿足以下至少一項條件的客戶，其抵押貸款申請會被拒絕：

◆ 沒有良好的信用評級。

◆ 目前已有抵押貸款。

◆ 被公司禁止。

■ 如果抵押貸款申請通過，其最高貸款額是客戶的收入減掉支出再乘以 10。

上述這些行為中的每一項都應該進行測試，所需要編寫不止一個測試用例。為了提高對程式碼的信心，測試不同的值和邊界條件是有其意義的，因此我們希望包含以下的測試用例：

■ 一些不同的收入和支出值，以確保程式碼中的算式是正確的

■ 一些極端值，例如 0 收入或支出，以及非常大的收入或支出值

我們最終可能會用到 10 個或更多不同的測試用例來全面測試 MortgageAssessor 類別。這是完全正常和意料之中：對於 100 行的真實程式碼，會用到 300 行的測試程式碼進行測試的情況並不少見。當測試程式碼的行數沒有超過真實程式碼的數量時，這就是一種警告信號，提醒您可能沒有正確測試到所有的行為。

思考要測試的行為也是發現程式碼潛在問題的好方法。舉例來說，當我們考量要測試的行為時，最終可能會想知道如果客戶的支出超過收入時會發生什麼狀況。目前的 MortgageAssessor.assess() 函式會批准最大貸款金額為「負數」的申請，這就有點奇怪，因此有了這樣的體認後，會促使我們重新審視程式式的處理邏輯，能以更優雅正確的態度處理這種情況。

仔細檢查每個行為是否有經過測試

若想要衡量某段程式碼是否經過正確測試，可以思考某人如何在理論上破壞程式碼但仍能通過測試。查看程式碼時要考量的一些問題如下所示，如果其中任何一個的答案是肯定的，那麼這表明並非所有行為都有正確測試。

■ 是否有任何程式碼行被刪除後，而仍然能讓程式碼通過編譯和測試？

■ 是否可以反轉任何 if 陳述句（或等效的陳述句）的條件，仍然能讓測試通過（例如，把「if (something) {」與「if (!something) {」互換）？

- 是否可以把任何邏輯或算術運算子替換為備選方案，仍然能讓測試通過？其範例可能是把「&&」與「||」互換。或將「+」與「-」互換。
- 是否可以在更改任何常數或寫死在程式碼中值之後仍然能讓測試通過？

關鍵是被測程式碼中的每一行程式碼、if 陳述句、邏輯表示式或值都應該是有其用意的。如果它真的是多餘的程式碼，就應該被刪掉。如果它不是多餘的，那就表示這一定有一些重要的行為在某種程度上是依賴於它。如果程式碼表現出重要的行為，就應該有測試用例來測試該行為，因此程式碼中功能的任何更改都應該會造成至少一個測試用例失效。如果沒有，那就表示這裡並沒有測試到所有的行為。

唯一真正的例外是防禦性檢查程式設計錯誤的程式碼。舉例來說，我們可能在程式碼中加入檢查或斷言，以確保特定的假設是有效。在測試中可能無法執行防禦性檢查，因為測試防禦邏輯的唯一方法是破壞程式碼來打破假設。

若想要檢查功能的更改是否造成測試失效，有時可以利用**變異測試**（**Mutation testing**）的自動化處理來完成。變異測試工具會建立帶有小部分變異的程式碼版本。如果在程式碼發生變異後測試仍然通過，這表明並非所有行為都有正確的測試。

不要忘了錯誤的應用場景

另一組容易被忽視的重要行為是，當碰到錯誤的應用場景時程式碼的行為方式。這些看起來有點像極端界限的情況，因為我們不一定期望錯誤會經常發生。但是，某段程式碼的處理方式和碰到錯誤應用場景發出信號等，都仍是我們（和我們程式碼的呼叫方）所關心的重要行為。因此，應該對這些行為進行測試。

為了說明上述的情況，我們以 Listing 11.3 為例來思考。如果使用負數值來呼叫 BankAccount.debit() 函式，則會引發 ArgumentException。以負數值來呼叫函式是一種錯誤的應用場景，發生這種情況時它會拋出 ArgumentException 是一個重要的行為，因此應該對其進行測試。

Listing 11.3 處理錯誤的程式碼

```
class BankAccount {
  ...
  void debit(MonetaryAmount amount) {
    if (amount.isNegative()) {
      throw new ArgumentException("Amount can't be negative");
    }
    ...
  }
}
```

如果金額 amount 為負數值，則拋出 ArgumentException

Listing 11.4 展示了怎麼在這個錯誤應用場景中測試函式的行為。測試用例的斷言列出當以「-$0.01」的金額來呼叫 debit() 時會引發 ArgumentException。另外還加入斷言，讓它在拋出的例外中含有預期的錯誤訊息。

Listing 11.4 測試錯誤的處理

```
void testDebit_negativeAmount_throwsArgumentException {
  MonetaryAmount negativeAmount =
      new MonetaryAmount(-0.01, Currency.USD);
  BankAccount bankAccount = new BankAccount();

  ArgumentException exception = assertThrows(
      ArgumentException,
      () -> bankAccount.debit(negativeAmount));
  assertThat(exception.getMessage())
      .isEqualTo("Amount can't be negative");
}
```

斷言列出在 debit() 以負數呼叫時會引發 ArgumentException

斷言拋出的例外中含有預期的錯誤訊息

一段程式碼往往會表現出多種行為，而且在一般的情況下，就算是單個函式也可以表現出許多不同的行為，這具體取決於呼叫它的值或系統所處的狀態。每個函式只寫一個測試用例是不足以完整測試其所有行為的。與其把焦點放在函式，更有效的方式是識別所有最終重要的行為，並確保每個行為都寫了一個測試用例。

➢11.2 避免只為了測試而讓事物變成公開可見的

一個類別（或程式碼單元）通常都具有一些外部程式碼公開可見的函式，我們經常把這些稱為**公用函式（public function）**，這組公用函式通常構成程式碼的公用 API。除了公用函式之外，程式碼中也還會有一些私有函式，這些私有函式在外部是不可見的，只對類別（或程式碼單元）內的程式碼公開。以下程式碼片段示範了兩者的區別：

```
class MyClass {
  String publicFunction() { ... }          對類別外部的程式碼是公開可見的

  private String privateFunction1 { ... }  只對類別內部的程式碼是公開可見的
  private String privateFunction2 { ... }
}
```

私有函式大都是實作細節，它們不是類別外部程式碼應該知道或直接使用的東西。有時候把這些私有函式變成公開可見，讓測試程式碼可以直接進行測試，這樣的偷吃步很誘人，但不是個好主意，因為這種方式可能導致測試與實作細節緊密耦合，而且不會測試我們最終關心的事情。

11.2.1 測試私有函式通常是個壞主意

在上一節的說明中，我們確認了測試 MortgageAssessor 類別的所有行為是很重要的事（在 Listing 11.5 會重複此類別的程式碼），這個類別的公用 API 是 assess() 函式。除了這個公開可見的函式之外，該類別還有兩個私有的輔助函式：isEligibleForMortgage() 和 getMaxLoanAmount()。這兩個私有的函式對類別之外的所有程式碼都是不公開且不可見的，它們是實作細節。

Listing 11.5　類別中有私有的輔助函式

```
class MortgageAssessor {
  ...                                                      公用 API
  MortgageDecision assess(Customer customer) { ... }

  private static Boolean isEligibleForMortgage(
      Customer customer) { ... }
                                                           私有輔助函式
  private static MonetaryAmount getMaxLoanAmount(
      Customer customer) { ... }
}
```

讓我們把焦點放在需要測試之 MortgageAssessor 類別的某個行為：如果客戶的信用評級不佳，抵押貸款的申請就會被拒絕。工程師最終測試最常見的錯誤情況是把所需的最終結果與中間實作細節混為一談。如果我們更仔細地查看 MortgageAssessor 類別的內容，就會看到如果客戶的信用評級很差，私有的 isEligibleForMortgage() 輔助函式會返回 false，我們很容易讓 isEligibleForMortgage() 函式對測試程式碼公開變成可見的，以便對其進行測試。Listing 11.6 展示了工程師讓 isEligibleForMortgage() 函式公開變成可見的樣子。透過公開變成可見之後，所有其他程式碼（不僅僅是測試程式碼）都能看到它。工程師新增了「僅對測試公開」的注釋，以提醒其他工程師不要從測試程式碼以外的任

何地方呼叫使用。但正如書中已經提過的，像這樣的附屬細則內容很容易被大家忽略。

Listing 11.6 私有函式公開變成可見的

```
class MortgageAssessor {
  private const Double MORTGAGE_MULTIPLIER = 10.0;

  MortgageDecision assess(Customer customer) {
    if (!isEligibleForMortgage(customer)) {
      return MortgageDecision.rejected();
    }
    return MortgageDecision.approve(getMaxLoanAmount(customer));
  }

  /** Visible only for testing */
  static Boolean isEligibleForMortgage(Customer customer) {
    return customer.hasGoodCreditRating() &&
        !customer.hasExistingMortgage() &&
        !customer.isBanned();
  }

  ...
}
```

公用 API
呼叫哪些輔助函式屬於實作細節
讓它變成公開可見的，因此可以直接測試

在讓 isEligibleForMortgage() 函式公開變成可見的之後，工程師可能會編寫一堆測試用例來呼叫並測試它在正確的應用場景中返回 true 或 false。Listing 11.7 展示了一個測試用例，其內容是如果客戶的信用評級不佳，它會測試 isEligible ForMortgage() 是否返回 false。正如稍後會說明提醒的，測試像這樣的私有函式不是個好主意，其原因也很多。

Listing 11.7 測試私有函式

```
testIsEligibleForMortgage_badCreditRating_ineligible() {
  Customer customer = new Customer(
      income: new MonetaryAmount(50000, Currency.USD),
      outgoings: new MonetaryAmount(25000, Currency.USD),
      hasGoodCreditRating: false,
      hasExistingMortgage: false,
      isBanned: false);

  assertThat(MortgageAssessor.isEligibleForMortgage(customer))
      .isFalse();
}
```

直接測試「私有」的 isEligibleForMortgage() 函式

讓私有函式變成可見的並進行這樣測試，所產生的問題有三個方面：

- 測試的並不是測試我們關心的行為。剛才已提過，我們關心的結果是，如果客戶的信用評級很差，抵押貸款申請會被拒絕。Listing 11.7 中的測試用例實際上是在測試一個名為 isEligibleForMortgage() 的函式，以信用評級差的客戶來呼叫時會返回 false，這並不能保證在此種情況下抵押貸款申請最終會被拒絕。工程師可能無意中修改了 assess() 函式，會以錯誤的方式呼叫 isEligibleForMortgage()（或根本不呼叫它）。Listing 11.7 中的測試用例仍然會通過，就算 MortgageAssessor 類別被嚴重破壞。

- 它讓測試與實作細節關聯在一起了。測試中有一個名為 isEligibleForMortgage() 的私有函式其實是個實作細節。工程師可能會重構程式碼，例如重命名此函式或將其移至單獨的輔助類別中。在理想的狀態下，任何這樣的重構都不應該造成測試失效，但是由於這裡直接測試 isEligibleForMortgage() 函式，這樣的重構會造成測試失效。
- 我們有效地修改了 MortgageAssessor 類別的公用 API。像「Visible only for testing（公開變成可見的是為了給測試使用）」這樣的注釋很容易被忽略（這算是程式碼契約中的附屬細則），因此我們可能會發現其他工程師開始呼叫 isEligibleForMortgage() 函式並依賴它來建置程式。有一天會發現我們已無法修改或重構這個函式了，因為有很多其他程式碼都依賴於它。

一個好的單元測試應該是去測試重要的行為，這樣才能大幅提高測試能準確檢測出損壞的機會，而且好的單元測試傾向於讓測試與實作細節無關，這是第 10 章所介紹的「良好單元測試」的兩個關鍵特質。測試私有函式就與這兩個特質背道而馳。我們會在接下來的兩個小節中討論怎麼避免這種狀況，解決方式通常是透過公用 API 進行測試，或確保程式碼被分解成適當的抽象層來避免測試私有函式。

11.2.2 解決方案：透過公用 API 來進行測試

在上一章中，我們討論過「僅使用公用 API 來進行測試」的指導原則。該原則的目標是指示我們去測試真正重要的行為而不是實作細節。當我們發現自己讓原本是私有的函式公開變成可見的，好讓測試可以呼叫它，那就是個危險信號了，這表明我們違反了上述的指導原則。

在 MortgageAssessor 類別的範例中，真正重要的行為是拒絕信用評級差之客戶的抵押貸款申請。我們可以只使用公用 API，透過呼叫 MortgageAssessor.assess()來測試此行為。Listing 11.8 展示了這種做法的測試用例。測試用例現在測試的是真正重要的行為而不是實作細節，我們不再需要讓 MortgageAssessor 類別中的任何其他私有函式變成可見的。

Listing 11.8 透過公用 API 進行測試

```
testAssess_badCreditRating_mortgageRejected() {
  Customer customer = new Customer(
      income: new MonetaryAmount(50000, Currency.USD),
      outgoings: new MonetaryAmount(25000, Currency.USD),
      hasGoodCreditRating: false,
      hasExistingMortgage: false,
      isBanned: false);
  MortgageAssessor mortgageAssessor = new MortgageAssessor();

  MortgageDecision decision = mortgageAssessor.assess(customer);

  assertThat(decision.isApproved()).isFalse();
}
```

透過公用 API 來測試的行為

務實的做法

讓私有函式對測試公開是一個危險信號，表明正我們測試的是實作細節，這其實有更好的做法。但是，當我們把「僅使用公用 API 進行測試」這個原則套用到其他事物（例如依賴項目）時，請記住第 10 章（第 10.3 節）中的建議，務實的做法是很重要。「公用 API」的定義很開放且有不同程度的解釋，甚至有一些重要的行為（例如副作用）可能超出工程師認知的公用 API 定義的範圍。如果有某種行為很重要且是我們最終關心的事情，那麼就應該對這個行為進行測試。

對於相對簡單的類別（或程式碼單元），只用公用 API 測試所有行為是很容易的。這種做法能產生良好的測試，這些測試會更準確地檢測出損壞的程式，而且不會與實作細節相關聯。但是當一個類別（或程式碼單元）很複雜或含有大量處理邏輯時，使用公用 API 來測試所有行為就變得很不容易了。有這種情況通常是表示抽象層太厚，程式碼最好再分割成更小的單元。

11.2.3 解決方案：將程式碼拆分成更小的單元

在前兩個小節中，確定客戶是否具有良好信用評級的處理邏輯相對簡單：只牽涉到呼叫 customer.hasGoodCreditRating()，因此只用公用 API 來完全測試 MortgageAssessor 類別並不難。在真實的開發現場中，當私有函式牽涉到很複雜的處理邏輯時，大家很容易會讓私有函式公開以進行測試。

舉一個例子來說明這一點，假設確定客戶是否具有良好的信用評級的處理需要牽涉到呼叫外部服務並處理結果。Listing 11.9 展示了 MortgageAssessor 類別在這種情況下的程式碼內容。檢查客戶信用評級的處理邏輯現在比較複雜，細節如下所示：

- MortgageAssessor 類別現在依賴於 CreditScoreService。
- CreditScoreService 使用客戶 ID 來進行查詢，以此找出客戶的信用評分。
- 呼叫 CreditScoreService.query() 可能會失敗，因此程式碼需要處理這種錯誤場景。
- 如果呼叫成功，則會返回的評分，並與門檻值進行比較，以此來確定客戶的信用評級是否良好。

想要透過公用 API 來測試上述所有這些複雜處理和所有的極端情況（例如錯誤場景），現在變得不容易。這是工程師最想把原本私有的函式公開好讓測試更容易進行的時候。由於這個原因，在 Listing 11.9 中的 isCreditRatingGood() 函式變成「只對測試公開」。這種做法仍然會引發之前看到的所有問題，但是由於邏輯非常複雜，想利用公用 API 進行測試似乎不太可行。正如我們稍後所討論的內容，這個程式有一個更根本的問題：MortgageAssessor 類別做了太多的事情。

Listing 11.9　更複雜的信用評級檢查

```
class MortgageAssessor {
  private const Double MORTGAGE_MULTIPLIER = 10.0;
  private const Double GOOD_CREDIT_SCORE_THRESHOLD = 880.0;

  private final CreditScoreService creditScoreService;
  ...

  MortgageDecision assess(Customer customer) {
    ...
```

MortgageAssessor 類別依賴於 CreditScoreService

```
  }

  private Result<Boolean, Error> isEligibleForMortgage(
      Customer customer) {
    if (customer.hasExistingMortgage() || customer.isBanned()) {
      return Result.ofValue(false);
    }
    return isCreditRatingGood(customer.getId());
  }

  /** Visible only for testing */
  Result<Boolean, Error> isCreditRatingGood(Int customerId) {
    CreditScoreResponse response = creditScoreService
        .query(customerId);
    if (response.errorOccurred()) {
      return Result.ofError(response.getError());
    }
    return Result.ofValue(
        response.getCreditScore() >= GOOD_CREDIT_SCORE_THRESHOLD);
  }

  ...
}
```

isCreditRatingGood() 函式對測試公開可見

CreditScoreService 的服務是進行查詢

呼叫服務失敗的錯誤場景是透過 Result 型別來發出信號

評分與門檻值進行比較

圖 11.1 說明了測試程式碼（MortgageAssessorTest）和被測程式碼（Mortgage Assessor）之間的關係。

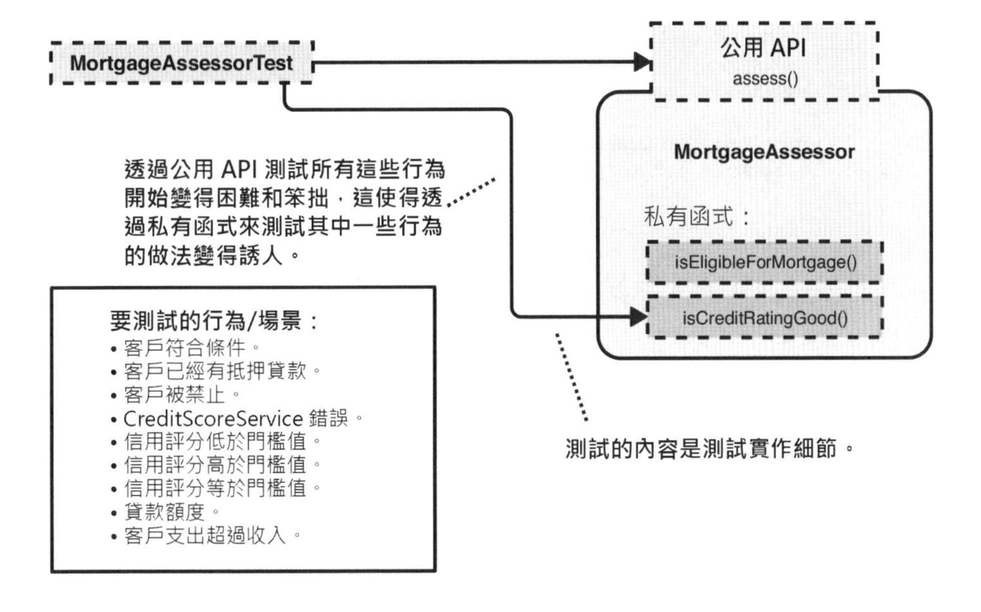

圖 11.1：當一個類別做太多事情時，只使用公用 API 是很難測試所有行為的。

在第 2 章討論抽象層時，我們知道最好不要把太多不同的處理概念放在一個類別中。MortgageAssessor 類別中含有太多不同的處理概念，以第 2 章的說明來看，這個抽象層「太厚了」。這就是使用公用 API 很難完全測試所有內容的真正原因。

這裡的解決方案是把程式碼分解成更薄的程式層。達成此目標的做法之一是將確定客戶是否具有良好信用評級的處理邏輯轉移到單獨的類別中。Listing 11.10 展示了這個類別的程式內容。CreditRatingChecker 類別解決了確定客戶是否具有良好信用評級的子問題。MortgageAssessor 類別會依賴於 CreditRating Checker，這樣就能大幅簡化了抽象層，因為它不再包含解決子問題的所有基本邏輯。

Listing 11.10　程式碼拆分成兩個類別

```
class CreditRatingChecker {
  private const Double GOOD_CREDIT_SCORE_THRESHOLD = 880.0;

  private final CreditScoreService creditScoreService;
  ...

  Result<Boolean, Error> isCreditRatingGood(Int customerId) {
    CreditScoreService response = creditScoreService
        .query(customerId);
    if (response.errorOccurred()) {
      return Result.ofError(response.getError());
    }
    return Result.ofValue(
        response.getCreditScore() >= GOOD_CREDIT_SCORE_THRESHOLD);
  }
}

class MortgageAssessor {
  private const Double MORTGAGE_MULTIPLIER = 10.0;

  private final CreditRatingChecker creditRatingChecker;
  ...

  MortgageDecision assess(Customer customer) {
    ...
  }

  private Result<Boolean, Error> isEligibleForMortgage(
      Customer customer) {
    if (customer.hasExistingMortgage() || customer.isBanned()) {
      return Result.ofValue(false);
    }
    return creditRatingChecker
        .isCreditRatingGood(customer.getId());
```

單獨的類別，內含檢查信用評級是否良好的處理邏輯

MortgageAssessor 依賴於 CreditRatingChecker

```
    }
    ...
}
```

MortgageAssessor 和 CreditRatingChecker 類別分別放置了多項易於管理的處理概念。這表示兩個類別都可以用各自的公用 API 來輕鬆測試，如圖 11.2 所示。

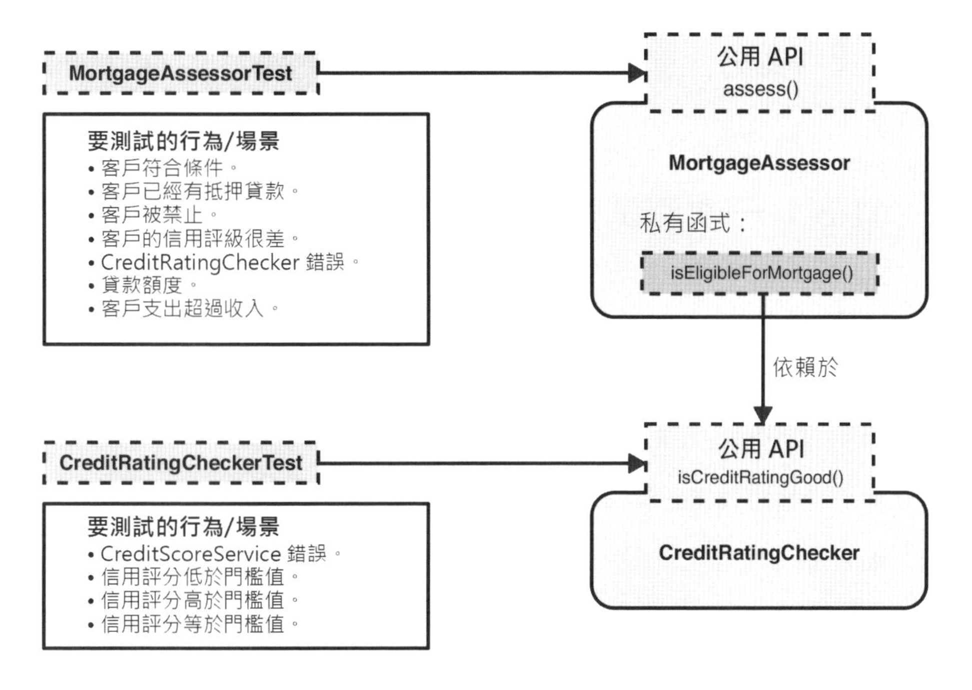

圖 11.2：把大類別拆解成小類別能讓程式碼更易於測試。

當我們發現自己讓私有函式公開以便進行測試時，這通常是個警告信號，表明我們沒有測試真正關心的行為。使用已經公開的函式來測試程式碼才是更好的做法。如果不可行，那就表示類別（或程式碼單元）太大了，我們應該考慮把它其拆分成更小的類別（或單元），每個類別（或單元）解決一個子問題。

➢11.3 一次測試一種行為

正如我們所見，一般都會有很多種行為需要針對給定的程式碼來進行測試。在很多情況下，這些行為分別需要設定稍微不同的設想場景才能對其進行測試，最自然的做法是在各自的測試用例中測試各個設想場景（及其相關的行為）。然而，有時我們還會編造一個設想場景來一次測試多種行為，但這種做法並不太好。

11.3.1 一次測試多種行為可能造成測試成效不佳

Listing 11.11 展示了一個函式的程式碼，其功用是對 coupon 串列進行過濾，找出有效的 coupon。該函式取得候選 coupon 串列並返回另一個含有滿足一組有效標準的 coupon 串列。此函式表現出許多重要的行為：

- 只返回有效的 coupon。
- 已兌換的 coupon 視為無效。
- coupon 過期視為無效。
- 如果 coupon 發給的對象不是函式呼叫中列出的客戶，則 coupon 視為無效。
- 返回的 coupon 串列按值降冪排列。

Listing 11.11　取得有效 coupon 的程式碼

```
List<Coupon> getValidCoupons(
    List<Coupon> coupons, Customer customer) {
  return coupons
      .filter(coupon -> !coupon.alreadyRedeemed())
      .filter(coupon -> !coupon.hasExpired())
      .filter(coupon -> coupon.issuedTo() == customer)
      .sortBy(coupon -> coupon.getValue(), SortOrder.DESCENDING);
}
```

正如之前已經討論過的，完整測試某段程式碼的每一種行為是很重要的，對於 getValidCoupons() 函式也不例外。我們可能會嘗試編寫一個大型測試用例，一次性測試所有函式行為。Listing 11.12 展示了這個測試用例的樣貌。在這裡會先注意的是第一個疑問是，很難理解這個測試用例到底是在做什麼。從 testGet ValidCoupons_allBehaviors 這個名字來看，很難掌握測試的內容是什麼，而且測試用例中的程式碼也不好理解。在第 10 章中，我們把「**可理解的測試程式碼**」定為「良好單元測試」的關鍵特質之一。從這個範例來看，像這樣一次性測試所有行為並不符合「良好單元測試」的標準。

Listing 11.12　一次性測試所有行為

```
void testGetValidCoupons_allBehaviors() {
  Customer customer1 = new Customer("test customer 1");
  Customer customer2 = new Customer("test customer 2");
  Coupon redeemed = new Coupon(
      alreadyRedeemed: true, hasExpired: false,
      issuedTo: customer1, value: 100);
  Coupon expired = new Coupon(
      alreadyRedeemed: false, hasExpired: true,
      issuedTo: customer1, value: 100);
  Coupon issuedToSomeoneElse = new Coupon(
      alreadyRedeemed: false, hasExpired: false,
      issuedTo: customer2, value: 100);
  Coupon valid1 = new Coupon(
      alreadyRedeemed: false, hasExpired: false,
      issuedTo: customer1, value: 100);
  Coupon valid2 = new Coupon(
      alreadyRedeemed: false, hasExpired: false,
      issuedTo: customer1, value: 150);

  List<Coupon> validCoupons = getValidCoupons(
      [redeemed, expired, issuedToSomeoneElse, valid1, valid2],
      customer1);

  assertThat(validCoupons)
      .containsExactly(valid2, valid1)
      .inOrder();
}
```

一次性測試所有行為也沒有達到第 10 章中「好的單元測試」所提到的另一個標準：可清楚解釋失效的原由。為了理解其原由，我們來假設一種情況，如果工程師透過刪除了檢查 coupon 是否尚未兌換的處理邏輯，意外破壞了 getValidCoupons() 函式的一個行為，這樣的結果會發生什麼事呢？testGetValidCoupons_allBehaviors() 測試用例會失效，這是對的（因為程式碼被破壞了），但失效提示的訊息並沒有幫助解釋有哪些行為被破壞了（圖 11.3）。

擁有難以理解的測試程式碼和失效原因的解釋不清楚，這樣不僅會浪費工程師的時間，還會增加出錯的機會。正如第 10 章所討論的，如果工程師故意更改程式碼中的某個行為，那就要確保其他看似無關的行為也不會受到影響。一次性測試所有行為的測試用例往往只會告知有某些事發生了變化，無法確切解釋發生了哪些變化，這樣很難發覺故意修改的變化究竟影響了哪些行為或是真的不會產生影響。

因為測試用例測試了所有的行為，所以我們無法透過查看測試用例的名稱來識別哪些行為被破壞了。

```
Test case testGetValidCoupons_allBehaviors failed:
Expected:
  [
    Coupon(redeemed: false, expired: false,
           issuedTo: test customer 1, value: 150),
    Coupon(redeemed: false, expired: false,
           issuedTo: test customer 1, value: 100)
  ]
But was actually:
  [
    Coupon(redeemed: false, expired: false,
           issuedTo: test customer 1, value: 150),
    Coupon(redeemed: true, expired: false,
           issuedTo: test customer 1, value: 100),
    Coupon(redeemed: false, expired: false,
           issuedTo: test customer 1, value: 100)
  ]
```

很難從失效的訊息中找出到底是哪些行為被破壞了。

圖 11.3：一次性測試多種行為可能會產生解釋不清的測試失效內容。

11.3.2 解決方案：在各別的測試用例中測試各別的行為

更好的方法是以專用的、命名良好的測試用例各別測試每個行為。Listing 11.13 展示了這種做法下的測試程式碼樣貌。我們從中可以看出，每個測試用例中的程式碼現在變得更簡單易懂。我們還可以從每個測試用例名稱中準確識別出正在測試的行為是哪一個，這樣就更容易地按照程式碼來查看測試是怎麼進行的。以「可理解的測試程式碼」這個標準來看這個單元測試，就會發現這個測試現在有了很大的改進。

Listing 11.13　一次測試一個行為

```
void testGetValidCoupons_validCoupon_included() {
  Customer customer = new Customer("test customer");
  Coupon valid = new Coupon(
      alreadyRedeemed: false, hasExpired: false,
      issuedTo: customer, value: 100);

  List<Coupon> validCoupons = getValidCoupons([valid], customer);

  assertThat(validCoupons).containsExactly(valid);
```

每個行為都在專用測試用例中進行測試

```
}

void testGetValidCoupons_alreadyRedeemed_excluded() {
  Customer customer = new Customer("test customer");
  Coupon redeemed = new Coupon(
      alreadyRedeemed: true, hasExpired: false,
      issuedTo: customer, value: 100);

  List<Coupon> validCoupons =
      getValidCoupons([redeemed], customer);

  assertThat(validCoupons).isEmpty();
}

void testGetValidCoupons_expired_excluded() { ... }

void testGetValidCoupons_issuedToDifferentCustomer_excluded() { ... }

void testGetValidCoupons_returnedInDescendingValueOrder() { ... }
```

每個行為都在專用測試用例中進行測試

透過各別測試每個行為，並為每個測試用例使用適當的名稱，這樣的做法還達到了「可以很好解釋失效原因」的標準。讓我們再次以前面的例子來思考，工程師透過刪除檢查 coupon 是否尚未兌換的處理邏輯而意外破壞了 getValidCoupons() 函式，這會造成 testGetValidCoupons_alreadyRedeemed_excluded() 測試用例失效。這裡的測試用例名稱清楚地表明了哪些行為被破壞了，而且顯示的失效訊息（圖 11.4）比之前看到的更容易理解。

測試用例的名稱本身就能清楚地表明哪些行為被破壞了

```
Test case testGetValidCoupons_alreadyRedeemed_excluded failed:
Expected:
  []
But was actually:
  [
    Coupon(redeemed: true, expired: false,
           issuedTo: test customer, value: 100)
  ]
```

失效訊息更容易理解

圖 11.4：一次測試一種行為通常能產生具有良好解釋的測試失效訊息。

雖然一次測試一個行為是有好處的，但為每個行為編寫單獨的測試用例函式有時會造成大量的程式碼重複。如果每個測試用例中使用的值和設定只有些微差別而其他部分幾乎相同時，這樣的寫法就顯得特別笨拙。減少這種程式碼重複量的方法是使用**參數化測試**（**parameterized test**）。下一小節會對這個主題進行探討。

11.3.3 參數化測試

有些測試框架提供了編寫參數化測試的功能，其功能允許我們只要編寫一次測試用例的函式，然後使用不同的值集合和不同的應用場景來多次執行測試。Listing 11.14 展示了使用參數化測試來測試 getValidCoupons() 函式的兩個行為。測試用例函式標記了多個 TestCase 屬性。每一個都定義了兩個布林值和一個測試名稱。testGetValidCoupons_excludesInvalidCoupons() 函式有兩個布林函式參數，這些對應於 TestCase 屬性中定義的兩個布林值。當測試執行時，測試用例會為在 TestCase 屬性中定義的每個參數值集合都執行一次。

Listing 11.14　參數化測試

```
[TestCase(true, false, TestName = "alreadyRedeemed")]
[TestCase(false, true, TestName = "expired")]
void testGetValidCoupons_excludesInvalidCoupons(
    Boolean alreadyRedeemed, Boolean hasExpired) {
  Customer customer = new Customer("test customer");
  Coupon coupon = new Coupon(
      alreadyRedeemed: alreadyRedeemed,
      hasExpired: hasExpired,
      issuedTo: customer, value: 100);

  List<Coupon> validCoupons =
      getValidCoupons([coupon], customer);

  assertThat(validCoupons).isEmpty();
}
```

測試用例執行一次就使用一組參數值

測試用例透過函式參數接受不同的值

參數值在測試設定期間使用

> **確保失效原因得到充分解釋**
>
> 在 Listing 11.14 中，每組參數都有一個關聯的 TestName，這樣可以確保所有測試失效都得到很好的解釋，因為它會產生像測試用例 testGetValidCoupons_excludesInvalidCoupons.alreadyRedeemed 這樣的失效訊息（請留意，這個訊息是測試用例名稱後面連接導致失效的參數集合名稱，而其後置是 alreadyRedeemed）。
>
> 在編寫參數化測試時，為每組參數加入名稱是可選擇性視情況而定的。省略名稱可能會造成解釋不清楚的測試失效訊息，因此在決定是否需要加入時，最好思考一下測試失效訊息要呈現出來的樣貌。

參數化測試是一個很好的工具，可以確保我們一次測試所有行為而無須重複大量程式碼。設定參數化測試的語法和方式在不同的測試框架中可能會有很大差異。在某些框架和應用場景中，配置參數化測試的做法可能很冗長和笨拙，因此值得花一點時間研究不同程式語言所提供的選擇，並考量其優缺點。以下為一些選擇：

- C# 的 NUnit 測試框架所提供的 TestCase 屬性（類似於 Listing 11.14 中的範例）：http://mng.bz/qewE。
- Java 的 JUnit 提供的參數化測試支援：http://mng.bz/1Ayy。
- JavaScript 使用的 Jasmine 測試框架定制的編寫參數化測試相對容易，詳情請參考這篇文章所述：http://mng.bz/PaQg。

➤11.4 適當使用共享測試設定

測試用例通常需要進行一些設定：建構依賴關係、在測試資料倉儲中填入值或初始化其他類型的狀態。這種設定有時會非常費力或運算成本很高，因此許多測試框架提供了可以在多個測試用例之間更容易共享的功能。通常有兩個不同的時間點可以執行配置共享的設定程式碼，是以下列術語來區分：

- **BeforeAll**——BeforeAll 區塊中的設定程式碼會在執行任何測試用例之前先執行一次。有些測試框架將其稱為 OneTimeSetUp。
- **BeforeEach**——BeforeEach 區塊中的設定程式碼會在每個測試用例執行之前執行一次。有些測試框架將其稱為 SetUp。

除了提供執行設定程式碼的方法外，框架還會提供執行移除程式碼的方法。這些對於移除設定程式碼或測試用例所建立的所有狀態是很有用的。同樣地，在移除程式碼配置的執行上也有兩個不同的時間點，也是以下術語進行區分：

- **AfterAll**——AfterAll 區塊中的移除程式碼會在所有測試用例執行後執行一次。有些測試框架將其稱為 OneTimeTearDown。
- **AfterEach**——AfterEach 區塊中的移除程式碼會在每個測試用例執行後執行一次。有些測試框架將其稱為 TearDown。

圖 11.5 展示說明了這些不同的設定和移除在某段測試程式碼中所呈現出來的外觀，以及它們執行的順序。

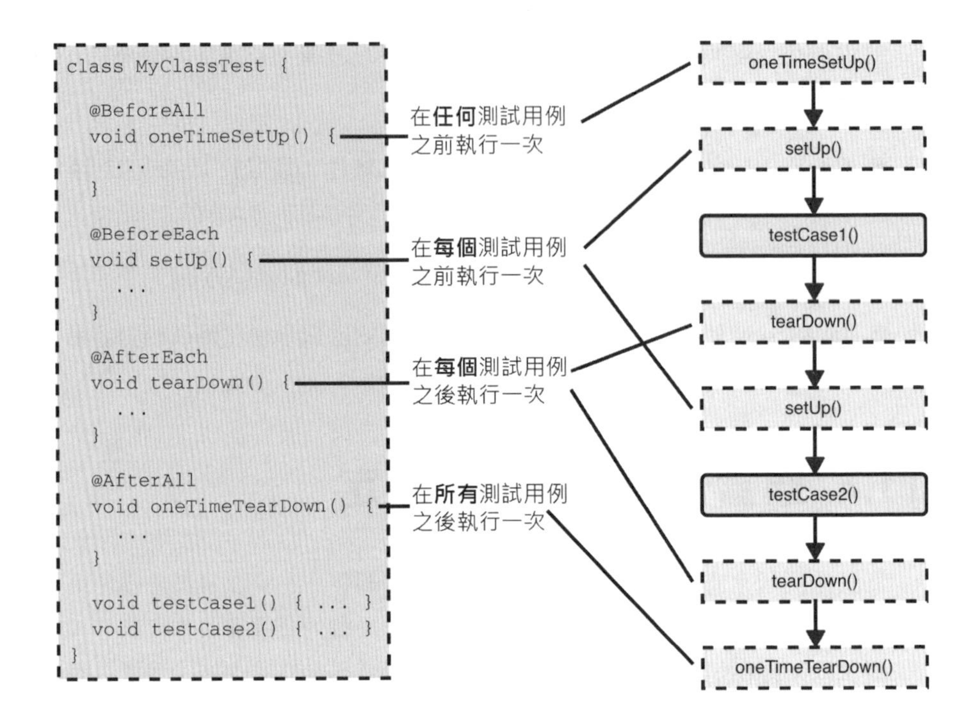

圖 11.5：測試框架通常會提供一種在與測試用例相關的不同時間點執行設定和移除程式碼的方法。

使用這樣的設定程式碼區塊會就可以讓設定在不同的測試用例之間共享。這可能會以兩種重要但不同的方式發生：

- **共享狀態（Sharing state）**——如果把設定程式碼加到 BeforeAll 區塊中，它會在所有測試用例之前先執行一次。這表示它設定的任何狀態都共享於所有的測試用例。當設定很緩慢或昂貴時（舉例來說，啟動測試伺服器或建立資料庫的測試實例），這種類型的設定就能發揮其作用。但是，如果設定的狀態是可變的，那麼測試用例可能會對彼此產生不利的影響（稍後會對此進行更多的探討）。
- **共享配置（Sharing configuration）**——如果把設定程式碼加到 BeforeEach 區塊中，它會在每個測試用例之前執行，這表示測試用例都共享程式碼設

定的任何配置。如果該設定程式碼包含某個值或以某種方式配置依賴項目，則每個測試用例都會使用這個給定值或以這種方式配置的依賴項目來執行。因為設定會在每個測試用例之前執行，所以測試用例之間沒有共享狀態。但正如我們稍後第 11.4.3 節所說明的，共享配置仍然存有問題。

如果設定某些特定狀態或依賴項目的成本很高，那使用共享設定是必要的。即使不是這樣的情況，共享設定也是簡化測試的有用方法。如果每個測試用例都需要某個特定的依賴關係，那麼以共享的方式配置是有好處的，請不要在每個測試用例中重複大量相同的樣板程式碼。但是共享測試設定可能是一把雙面刃，以錯誤的方式使用它會讓測試變得脆弱和無效。

11.4.1 共享狀態可能有問題

「測試用例應該相互隔離」是前面提過要遵行的原則，因此測試用例執行的任何操作都不應該影響其他測試用例的結果。在測試用例之間共享可變狀態很容易不小心就破壞這條原則。

舉例來說明，Listing 11.15 中的程式碼是用來處理訂單的類別和函式。我們在這些程式碼中要關注的是以下兩種行為：

- 如果訂單中含有缺貨商品，則訂單 ID 會在資料庫中標記為延遲。
- 如果訂單的付款尚未完成，則訂單 ID 會在資料庫中標記為延遲。

Listing 11.15　寫入資料庫的程式碼

```
class OrderManager {
  private final Database database;
  ...

  void processOrder(Order order) {
    if (order.containsOutOfStockItem() ||
        !order.isPaymentComplete()) {
      database.setOrderStatus(
          order.getId(), OrderStatus.DELAYED);
    }
    ...
  }
}
```

單元測試應該包含每個行為的測試用例（如 Listing 11.16 所示）。OrderManager 類別依賴於 Database 類別，因此我們的測試需要設定。但由於建立資料庫實例的運算量很大且速度很慢，我們就在 BeforeAll 區塊中建立設定，這表示所有測試用例之間共享相同的資料庫實例（意味著測試用例是共享狀態）。不幸的是這種做法會讓測試無效。要了解原因，請思考測試執行時發生的事件順序：

- BeforeAll 區塊會設定資料庫。
- testProcessOrder_outOfStockItem_orderDelayed() 測試用例會執行。這會導致訂單 ID 在資料庫中被標記為延遲。
- testProcessOrder_paymentNotComplete_orderDelayed() 測試用例隨後執行。之前放入資料庫的測試用例仍然存在（因為狀態是共享的），因此可能會發生以下兩種情況之一：
    - 被測程式碼會被呼叫，執行一切正常，且會把訂單 ID 標記為延遲。測試用例通過。
    - 被測程式碼會被呼叫，但已損壞，它不會將任何內容儲存到資料庫中，也就是不會把訂單 ID 標記為延遲。因為程式碼被破壞了，我們希望測試用例失效，但它反而通過了，因為 database.getOrderStatus(orderId) 仍然返回 DELAYED，因為前面的測試用例已把這個值儲存到資料庫中。

Listing 11.16　兩個測試用例的狀態共享

```
class OrderManagerTest {

  private Database database;

  @BeforeAll
  void oneTimeSetUp() {
    database = Database.createInstance();
    database.waitForReady();
  }

  void testProcessOrder_outOfStockItem_orderDelayed() {
    Int orderId = 12345;
    Order order = new Order(
        orderId: orderId,
        containsOutOfStockItem: true,
        isPaymentComplete: true);
    OrderManager orderManager = new OrderManager(database);

    orderManager.processOrder(order);

    assertThat(database.getOrderStatus(orderId))
        .isEqualTo(OrderStatus.DELAYED);
  }

  void testProcessOrder_paymentNotComplete_orderDelayed() {
```

所有測試用例共享同一個資料庫實例

使用共享資料庫建構的 OrderManager

導致訂單 ID 在資料庫中被標記為延遲

```
    Int orderId = 12345;
    Order order = new Order(
        orderId: orderId,
        containsOutOfStockItem: false,
        isPaymentComplete: false);
    OrderManager orderManager = new OrderManager(database);

    orderManager.processOrder(order);

    assertThat(database.getOrderStatus(orderId))
        .isEqualTo(OrderStatus.DELAYED);
  }
  ...
}
```

使用共享資料庫建構的 OrderManager

即使程式碼被破壞也可能測試通過，因為之前的測試用例已將這個值儲存到了資料庫中

在不同的測試用例之間共享可變狀態很容易造成問題。如果可能最好避免像這樣共享狀態。但如果必需共享，則要非常小心地確保某個測試用例對狀態所做的更改不會影響其他測試用例。

11.4.2 解決方法：避免共享狀態或進行重置

共享可變狀態問題最好的解決方案就是一開始就不共享。在 OrderManagerTest 這個例子中，如果我們不在測試用例之間共享相同的 Database 實例會更理想，所以如果設定 Database 沒有我們想像的那麼慢，那就可以考慮為每個測試設定一個新的資料庫實例（在各個測試案例中或使用 BeforeEach 區塊）。

另一種避免共享可變狀態的潛在方法是使用測試替身（如第 10 章所述）。如果維護 Database 類別的團隊也寫了一個 FakeDatabase 類別讓測試使用，我們就可以利用這個替身。建立 FakeDatabase 實例的速度應該很快，我們可以為每個測試用例建立一個新實例，這樣就不會共享任何狀態。

如果建立資料庫的實例真的非常緩慢且昂貴（而且我們不能使用 fake 替身），那麼在測試用例之間共享此實例就不可避免了。如果是這種情況，我們應該要非常小心地確保在每個測試用例之間「重置」其狀態。通常會利用測試程式碼中的 AfterEach 區塊來完成。如前所述，這會在每個測試用例之後執行，因此可以使用它來確保在下一個測試用例執行之前會重置狀態。下面的 Listing 11.17 顯示了使用 AfterEach 區塊在測試用例之間重置資料庫時，OrderManager Test 測試的程式碼樣貌。

Listing 11.17 在測試用例之間重置其狀態

```
class OrderManagerTest {

  private Database database;

  @BeforeAll
  void oneTimeSetUp() {
    database = Database.createInstance();
    database.waitForReady();
  }

  @AfterEach
  void tearDown() {
    database.reset();
  }

  void testProcessOrder_outOfStockItem_orderDelayed() { ... }

  void testProcessOrder_paymentNotComplete_orderDelayed() { ... }
  ...
}
```

在每個測試用例之後重置資料庫

測試用例永遠不會受到其他測試用例儲存的值所影響

NOTE **全域狀態**。值得注意的是，測試程式碼並不是多個測試用例之間共享狀態的唯一方式。如果被測程式碼維護著某種全域狀態（global state），那麼我們需要確保測試程式碼在各個測試用例執行之前要重置這個全域狀態。全域狀態在第 9 章中討論過，結論是最好避免使用。另一個不推薦使用的原因就是全域狀態會對程式碼可測試性造成影響。

在多個測試用例之間共享可變狀態並不是理想的做法，能避免就避免。如果無法避免，我們應該確保在每個測試用例之間要重置其狀態。這能確保測試用例不會對彼此造成不利的影響。

11.4.3 共享配置可能有問題

在多個測試用例之間共享配置（configuration）看起來不像共享狀態（state）那樣危險，但仍然會導致無效的測試。請想像一下，假設我們處理訂單的系統中某個部分是一個為郵件包裹生成郵資標籤的系統。Listing 11.18 的函式是用來生成代表訂單郵資標籤的資料物件。我們需要測試其重要的行為，但這裡把重點放在包裹是否被標記為「large」。其處理邏輯很簡單：如果訂單含有兩個以上的商品，則包裹標記為「large」。

Listing 11.18　生成郵資標籤的程式碼

```
class OrderPostageManager {
  ...

  PostageLabel getPostageLabel(Order order) {
    return new PostageLabel(
        address: order.getCustomer().getAddress(),
        isLargePackage: order.getItems().size() > 2,
    );
  }
}
```

如果訂單含有兩個以上的商品，則包裹標記為「large」

如果我們只把焦點放在 isLargePackage 行為，那至少需要兩個不同應用場景的測試用例：

- 含有兩個商品的訂單。這樣會導致包裹不被標記為 large。
- 含有三個商品的訂單。這樣會導致包裹被標記為 large。

如果有人無意中更改了程式碼中的處理邏輯，改變決定包裹被標記為 large 的商品數量，那麼這些測試用例之一應該會失效。

現在請想像一下，建構 Order 類別的有效實例比前面部分更費力：我們需要提供 Item 類別的實例和 Customer 類別的實例來配合，這也意味著會建立 Address 類別的實例。為了避免在每個測試用例中重複這樣配置的程式碼，我們決定在 BeforeEach 區塊中建構一個 Order 實例（在每個測試用例之前只執行一次）。Listing 11.19 展示了這個範例的程式碼。測試訂單中有三個商品之應用場景的測試用例是使用共享配置來建立 Order 實例。因此，testGetPostageLabel_threeItems_largePackage() 測試用例就是以共享配置建立了一個恰好含有三個商品的訂單。

Listing 11.19　共享測試配置

```
class OrderPostageManagerTest {
  private Order testOrder;

  @BeforeEach
  void setUp() {
    testOrder = new Order(
      customer: new Customer(
        address: new Address("Test address"),
      ),
      items: [
        new Item(name: "Test item 1"),
        new Item(name: "Test item 2"),
```

共享配置

```
      new Item(name: "Test item 3"),           共享配置
    ]);
  }
  ...

  void testGetPostageLabel_threeItems_largePackage() {
    PostageManager postageManager = new PostageManager();

    PostageLabel label =                          測試用例依賴於共享
        postageManager.getPostageLabel(testOrder); 配置會有三個商品加
                                                   到訂單的事實
    assertThat(label.isLargePackage()).isTrue();
  }
  ...
}
```

這裡測試了我們關心的一種行為，並避免了在每個測試用例中重複大量程式碼來建立訂單的需要。但不幸的是，如果其他工程師需要修改測試時就有可能會出錯。請想像一下，假如另一位工程師現在需要在 getPostageLabel() 函式中加入一個新功能：如果訂單中的物品是危險品，則郵資標籤需要標明包裹是危險品。工程師把 getPostageLabel() 函式修改為如下 Listing 11.20 所示。

Listing 11.20　加入一個新功能

```
class PostageManager {
  ...

  PostageLabel getPostageLabel(Order order) {           加入的新功能是標記
    return new PostageLabel(                            包裹是否為危險品
        address: order.getCustomer().getAddress(),
        isLargePackage: order.getItems().size() > 2,
        isHazardous: containsHazardousItem(order.getItems()));
  }

  private static Boolean containsHazardousItem(List<Item> items) {
    return items.anyMatch(item -> item.isHazardous());
  }
}
```

工程師在程式碼中加入新的行為，顯然需要加入新的測試用例來測試這項新行為。工程師看到在 BeforeEach 區塊中建構了一個 Order 實例，心中想著：「哦，太好了！我可以在該訂單中加入一個危險品，然後在我的測試用例中使用」。Listing 11.21 展示了執行此操作後的測試程式碼，這能協助工程師測試他們的新行為，但無意中卻破壞了 testGetPostageLabel_threeItems_largePackage() 測試用例，這個測試用例的重點在於測試了當訂單中剛好有三個商品項目時會發生什麼事，但它現在變成有四個商品項目的情況，因此測試不能完全防止程式碼被破壞。

Listing 11.21　共享配置的不當修改

```
class OrderPostageManagerTest {
  private Order testOrder;

  @BeforeEach
  void setUp() {
    testOrder = new Order(
      customer: new Customer(
        address: new Address("Test address"),
      ),
      items: [
        new Item(name: "Test item 1"),
        new Item(name: "Test item 2"),
        new Item(name: "Test item 3"),
        new Item(name: "Hazardous item", isHazardous: true),
      ]);
  }
  ...

  void testGetPostageLabel_threeItems_largePackage() { ... }

  void testGetPostageLabel_hazardousItem_isHazardous() {
    PostageManager postageManager = new PostageManager();
    PostageLabel label =
        postageManager.getPostageLabel(testOrder);

    assertThat(label.isHazardous()).isTrue();
  }
  ...
}
```

在共享配置的訂單中加入了第 4 項商品

現在變成測試 4 項商品的情況，而不是測試 3 項商品的預期情況

新測試用例是用來測試標籤標記為危險品

共享測試常數

除了使用 BeforeEach 區塊或 BeforeAll 區塊來建立共享測試配置之外，也可以使用共享測試常數來達到完全相同的效果，但一樣會遇到剛才討論過的相同潛在問題。如果 OrderPostageManagerTest 是在共享常數而不是 BeforeEach 區塊中配置測試的訂單，其程式碼片段可能如下所示：

```
class OrderPostageManagerTest {
  private const Order TEST_ORDER = new Order(
      customer: new Customer(
        address: new Address("Test address"),
      ),
      items: [
        new Item(name: "Test item 1"),
        new Item(name: "Test item 2"),
        new Item(name: "Test item 3"),
        new Item(name: "Hazardous item", isHazardous: true),
      ]);
```

共享測試常數

```
  ...
}
```

從技術上來看，這也能在多個測試用例之間共享狀態，但最好只使用不可變的資料型別來建立常數，這樣也代表共享的是不可變的狀態。在此範例中，Order 類別是不可變的。如果它不是不可變的，那麼在共享常數中共享 Order 實例可能產生糟糕的結果（原因在 11.4.1 節中有討論過）。

共享配置對於避免程式碼重複是很有用，但在測試用例中最好不要用來設定特別重要的值或狀態。我們很難準確地追蹤哪些測試用例依賴於共享配置中的某些特定事物，而且在未來有修改更動時，很可能導致測試用例不再測試原本打算測試的內容。

11.4.4 解決方案：在測試用例中定義重要的配置

在每個測試用例中重複寫上配置好像很費力，但是當測試用例依賴於某些特定值或設定的狀態時，這樣的寫法反而更安全。而且我們可以利用輔助函式來縮減工作量，這樣我們就不必重複大量的樣板程式碼。

以測試 getPostageLabel() 函式的例子來看，建立 Order 類別的實例似乎很笨拙，但是在共享配置中建立它會導致上一小節中所談到的問題。我們可以透過定義一個用於建立 Order 實例的輔助函式來避免這兩個問題。隨後，各個測試用例可以使用他們關心的特定測試值來呼叫此函式。這樣可以避免重複大量程式碼，且不必使用共享配置，如此就能避開隨之而來的問題。下面的 Listing 11.22 展示了使用這種方法的測試程式碼內容。

Listing 11.22　在測試用例中重要的配置

```
class OrderPostageManagerTest {
  ...

  void testGetPostageLabel_threeItems_largePackage() {
    Order order = createOrderWithItems([
      new Item(name: "Test item 1"),
      new Item(name: "Test item 2"),
      new Item(name: "Test item 3"),
    ]);
    PostageManager postageManager = new PostageManager();
```

測試用例為重要的事情執行自己的設定

```
    PostageLabel label = postageManager.getPostageLabel(order);

    assertThat(label.isLargePackage()).isTrue();
  }

  void testGetPostageLabel_hazardousItem_isHazardous() {
    Order order = createOrderWithItems([
      new Item(name: "Hazardous item", isHazardous: true),
    ]);
    PostageManager postageManager = new PostageManager();

    PostageLabel label = postageManager.getPostageLabel(order);

    assertThat(label.isHazardous()).isTrue();
  }
  ...

  private static Order createOrderWithItems(List<Item> items) {
    return new Order(
      customer: new Customer(
      address: new Address("Test address"),
    ),
    items: items);
  }
}
```

測試用例為重要的事情執行自己的設定

這個輔助函式是用來建立具有特定商品項目的訂單

當某項配置直接關係到測試用例的結果時，最好讓這項配置在該測試用例中保持獨立性。這樣可以防止將來的修改無意中破壞了測試，並且還能清楚地表達每個測試用例中的因果關係（因為在測試用例中內容都是以有意義的方式來影響測試用例）。話雖如此，也不是每一項配置都能符合這個描述，下一小節會討論使用共享配置的好時機。

11.4.5 適合使用共享配置的時機

前面小節說明了為什麼要謹慎小心使用共享測試配置，小心不代表使用共享配置完全是壞的主意。有些配置是必要但又不會直接影響測試用例的結果，在這樣的情況下，使用共享配置就是很好的做法，可以避免不必要的程式碼重複和樣板程式碼，也能保持測試的焦點和可理解性。

舉一個例子來說明，假設建構 Order 類別的實例還需要提供一些關於訂單的中介資料（metadata）。PostageManager 類別會忽略此中介資料，因此它與 Order PostageManagerTest 中測試用例的結果完全無關。但它仍是測試用例需要配置的東西，因為沒有它就無法建構 Order 類別的實例。在這樣的應用場景中，將訂單中介資料定義為共享配置就很有意義。Listing 11.23 展示了這個範例的程式碼。OrderMetadata 的一個實例被放置在名為 ORDER_METADATA 的共享常數中，然後測試用例就能取用這個常數，而不必重複建構這個必需的但不相關的資料。

Listing 11.23　共享配置的適當使用時機

```
class OrderPostageManagerTest {
  private const OrderMetadata ORDER_METADATA =
      new OrderMetadata(
          timestamp: Instant.ofEpochSecond(0),
          serverIp: new IpAddress(0, 0, 0, 0));

  void testGetPostageLabel_threeItems_largePackage() { ... }
  void testGetPostageLabel_hazardousItem_isHazardous() { ... }
  ...

  void testGetPostageLabel_containsCustomerAddress() {
    Address address = new Address("Test customer address");
    Order order = new Order(
      metadata: ORDER_METADATA,
      customer: new Customer(
        address: address,
      ), items: []);

    PostageLabel label = postageManager.getPostageLabel(order);

    assertThat(label.getAddress()).isEqualTo(address);
  }
  ...

  private static Order createOrderWithItems(List<Item> items) {
    return new Order(
      metadata: ORDER_METADATA,
      customer: new Customer(
        address: new Address("Test address"),
      ),
      items: items);
  }
}
```

OrderMetadata 的一個實例是在共享常數中建立的

在測試用例中共享使用 OrderMetadata

共享測試設定有點像是一把雙面刃，它對於防止程式碼重複或重複執行成本昂貴的設定是很有用，但也存在讓測試無效且難以推理的風險。值得我們仔細思考並確保真的有適當的使用共享測試設定。

> **理想情況下的函式應該只取它們需要的東西**
>
> 第 9 章討論了函式參數在理想情況下應該要怎麼聚焦和集中，這也表示函式應該只取它們需要的東西。如果對某段程式碼的測試需要配置許多必需而又與程式行為無關的值，那麼就表明函式（或建構函式）的參數不夠聚焦集中。舉例來說，我們可能會爭論 PostageManager.getPostageLabel() 函式應該只取用 Address 的實例和項目的串列，而不是 Order 類別的完整實例。如果是這種情況，那麼測試就不需要建立不相關的東西，例如 OrderMetadata 的實例。

11.5 使用適當的斷言配對器

斷言配對器（**assertion matcher**）一般是測試用例中最後決定測試是否有通過的東西。以下的程式碼片段中含有兩個斷言配對器的範例（isEqualTo() 和 contains()）：

```
assertThat(someValue).isEqualTo("expected value");
assertThat(someList).contains("expected value");
```

如果測試用例失效，那麼斷言配對器也會產生失效訊息來解釋原因。不同的斷言配對器產生不同的失效訊息（取決於斷言的內容）。在第 10 章中，我們確定了「可清楚解釋失效的原由」是好的單元測試的關鍵特質之一，因此確保我們有選用了最合適的斷言配對器是很重要的事。

11.5.1 不合適的配對器會導致失效訊息解釋不夠充分

為了示範使用不合適的匹對器是怎麼造成測試失效訊息解釋不清楚，我們把聚焦在測試 Listing 11.24 中的程式碼。TextWidget 是 Web 應用程式 UI 中用來顯示文字的元件。為了控制元件的樣式，可以加入各種類別名稱，其中一些類別名稱是寫死在程式碼中的，其他自訂的類別可以透過建構函式提供。getClassNames() 函式返回所有類別名稱的組合串列。需要注意的一個重要細節是 getClassNames() 函式的說明文件有指出返回的類別名稱的順序並不保證。

Listing 11.24　TextWidget 程式碼

```
class TextWidget {
  private const ImmutableList<String> STANDARD_CLASS_NAMES =
      ["text-widget", "selectable"];
  private final ImmutableList<String> customClassNames;

  TextWidget(List<String> customClassNames) {
    this.customClassNames = ImmutableList.copyOf(customClassNames);
  }

  /**
   * The class names for the component. The order of the class
   * names within the returned list is not guaranteed.
   */
  ImmutableList<String> getClassNames() {
    return STANDARD_CLASS_NAMES.concat(customClassNames);
  }

  ...
}
```

類別名稱是寫死在程式碼

透過建構函式提供的自訂的類別名稱

取得所有類別名稱的串列（寫死在程式碼和自訂）

正如之前所提過的，在理想的情況下，我們應該一次只測試一種行為。我們需要測試的行為之一是 getClassNames() 返回的串列含有 customClassNames。我們想要測試的方法是把返回的串列與預期值的串列進行比較。Listing 11.25 展示了這個範例的程式碼，但是這種方法存在幾個問題，如下所示：

- 測試用例的測試超出了預期。測試用例的名稱表明它只是測試結果是否含有自訂類別名稱，但實際上它也在測試結果是否含有標準類別名稱。
- 如果返回類別名稱的順序發生變化，則此測試將失效。getClassNames() 函式的說明文件明確指出不能保證其順序，因此我們建立的測試不應該在有更改變動時就失效，這樣會造成誤報或不穩定的測試。

Listing 11.25　過度限制的測試斷言

```
void testGetClassNames_containsCustomClassNames() {
  TextWidget textWidget = new TextWidget(
      ["custom_class_1", "custom_class_2"]);

  assertThat(textWidget.getClassNames()).isEqualTo([
      "text-widget",
      "selectable",
      "custom_class_1",
      "custom_class_2",
  ]);
}
```

讓我們思考另一個可以嘗試的想法，我們不把返回的結果與預期的串列進行比較，而是單獨檢查返回的串列是否含有我們關心的兩種值：custom_class_1 和 custom_class_2。Listing 11.26 展示達成此目的的做法：斷言的 result.contains(...) 返回 true。這種寫法解決了剛才看到的兩個問題：測試現在只測試它原意要測試行為，而且在改變順序時不會造成測試失效。但是這樣又引入了另一個問題：測試失效的訊息不會是好的解釋說明（圖 11.6）。

Listing 11.26　解釋性較差的測試斷言

```
void testGetClassNames_containsCustomClassNames() {
  TextWidget textWidget = new TextWidget(
      ["custom_class_1", "custom_class_2"]);

  ImmutableList<String> result = textWidget.getClassNames();

  assertThat(result.contains("custom_class_1")).isTrue();
  assertThat(result.contains("custom_class_2")).isTrue();
}
```

圖 11.6 顯示了測試用例因為缺少自訂類別而失效時所顯示的失效訊息。從這個失效訊息中看不出實際結果與預期結果有何不同。

```
Test case testGetClassNames_containsCustomClassNames failed:
The subject was false, but was expected to be true
```

失效訊息不能解釋出問題的原因

圖 11.6：不恰當的斷言配對器會導致測試失效訊息解釋性不良。

當程式有問題時要確保測試會失效是測試重要的目的，但正如在第 10 章中所討論的，這不是唯一要考慮的因素，我們還希望要確保只有在某些東西真的被破壞時測試會失效，而且顯示的失效訊息具有良好的解釋說明。為了達到這些目標，我們需要選擇合適的斷言配對器。

11.5.2 解決方案：使用合適的配對器

大多數現代的測試斷言工具中都會有很多不同的配對器，可以讓我們在測試中使用。有一種配對器可以允許斷言處理串列至少含有一組未指定順序的項目。這種配對器的範例如下所示：

- **Java**——來自 Truth 程式庫的 containsAtLeast() 配對器（https://truth.dev/）。

■ **JavaScript**——來自 Jasmine 框架的 jasmine.arrayContaining() 配對器（https://jasmine.github.io/）。

Listing 11.27 顯示了我們使用 containsAtLeast() 配對器時測試用例的程式碼樣貌。如果 getClassNames() 未能返回任何自訂類別名稱，則測試用例會失效，但它不會因為其他行為的變化（例如寫死在程式碼的類別名稱被更改或順序改變）而失效。

Listing 11.27　適當的斷言配對器

```
testGetClassNames_containsCustomClassNames() {
  TextWidget textWidget = new TextWidget(
      ["custom_class_1", "custom_class_2"]);

  assertThat(textWidget.getClassNames())
      .containsAtLeast ("custom_class_1", "custom_class_2");
}
```

如果測試用例失效了，失效訊息會顯示良好的解釋，如圖 11.7 所示。

```
Test case testGetClassNames_containsCustomClassNames failed:
Not true that
  [text-widget, selectable, custom_class_2]
contains at least
  [custom_class_1, custom_class_2]
-------
missing entry: custom_class_1
```

失效訊息清楚地解釋了實際行為和預期行為有何不同

圖 11.7：適當的斷言配對器會產生具有良好解釋的測試失效訊息。

除了產生具有良好解釋的失效訊息外，使用適當的配對器還會讓測試程式碼更容易理解。在下面的程式碼片段中，第一行程式碼讀起來更像是一句真實的英文句子，而第二行則不是：

```
assertThat(someList).contains("expected value");
assertThat(someList.contains("expected value")).isTrue();
```

除了確保在程式碼被破壞時測試會失效之外，思考測試要怎麼失效也很重要。使用了適當的斷言配對器就能做出解釋得當的測試失效，使用錯的斷言配對器就有可能產生解釋不良的測試失效，讓其他工程師搞不清楚產生的失效訊息要說明什麼。

➢11.6 使用依賴注入來協助可測試性

第 2、8 和 9 章提供了使用依賴注入來改進程式碼的範例。除了這些例子之外，使用依賴注入還有另一項好處：它可以讓程式碼的可測試性大幅提高。

在上一章中，我們看到了測試經常需要與被測程式碼的一些依賴關係進行互動。每當測試需要在依賴項目中設定一些初始值或驗證在某個依賴項目中所產生的副作用時，就會發生這種情況。除此之外，第 10.4 節解釋了有時需要使用測試替身來替代真正的依賴項目。因此在某些情況下，測試需要為被測程式碼提供依賴項目的特定實例。如果測試程式碼無法做到這一點，則可能無法測試某些行為。

11.6.1 寫死在程式碼的依賴關係會讓程式碼無法測試

為了證明這一點，Listing 11.28 展示了一個會向客戶發送帳單提醒的類別。InvoiceReminder 類別沒有使用依賴注入，而是在其建構函式中建立自己的依賴關係。該類別使用依賴的 AddressBook 來查詢客戶的電子郵件地址，而利用 EmailSender 來發送電子郵件。

Listing 11.28　沒有使用依賴注入的類別

```
class InvoiceReminder {
  private final AddressBook addressBook;
  private final EmailSender emailSender;

  InvoiceReminder() {
    this.addressBook = DataStore.getAddressBook();    // 依賴關係是在建構函式中建立的
    this.emailSender = new EmailSenderImpl();
  }

  @CheckReturnValue
  Boolean sendReminder(Invoice invoice) {
    EmailAddress? address =                           // 使用 addressBook 查詢電子郵件地址
        addressBook.lookupEmailAddress(invoice.getCustomerId());
    if (address == null) {
      return false;
    }
    return emailSender.send(                          // 使用 emailSender 發送電子郵件
        address,
        InvoiceReminderTemplate.generate(invoice));
  }
}
```

這個類別所具備的一些行為如下所示，在理想的情況下應該要測試以下每一項行為：

- 當客戶的地址有在 addressBook 中時，sendReminder() 函式會向客戶發送電子郵件。
- 發送電子郵件提醒時 sendReminder() 函式返回 true。
- sendReminder() 函式在找不到客戶的電子郵件地址時不發送電子郵件。
- 未發送電子郵件提醒時 sendReminder() 函式返回 false。

不幸的是，使用目前形式的類別來測試所有這些行為是十分困難的（甚至是不可能測試的），原因如下：

- 該類別透過呼叫 DataStore.getAddressBook() 來建構自己的 AddressBook。當程式碼在現實中執行時，這會建立連接到客戶資料庫以查詢聯絡資訊的 AddressBook，但它不適合在測試中使用，因為使用真實的客戶資料可能會隨著資料的變化而導致測試不穩定。另一個更根本的問題是執行測試的環境可能沒有存取真實資料庫的權限，因此在測試過程中返回的 AddressBook 應該起不了什麼作用。
- 該類別建構它自己的 EmailSenderImpl，這代表測試會以真實的電子郵件進行發送，這不是測試應該引起的副作用，我們應該要保護外部世界免受測試影響（如第 10 章的所述）。

一般來說，解決這兩個問題的最簡單方法是對 AddressBook 和 EmailSender 使用「測試替身」。但是在這個範例中，我們不能這樣做，我們無法使用測試替身來建構 InvoiceReminder 類的實例，必需使用真實的依賴關係來配合。InvoiceReminder 類別的可測試性很差，這導致不是所有行為都能得到正確測試，這顯然增加了程式碼中出現錯誤的機會。

11.6.2 解決方案：使用依賴注入

我們可以讓 InvoiceReminder 類別更具可測試性，只要使用依賴注入就能解決這個問題。Listing 11.29 展示了修改後的類別程式碼，透過建構函式注入它的依賴項目。 該類別還包括一個靜態工廠函式，因此該類別的真實使用者仍然可以輕鬆建構它而不必擔心依賴關係。

Listing 11.29　使用依賴注入的類別

```
class InvoiceReminder {
  private final AddressBook addressBook;
  private final EmailSender emailSender;

  InvoiceReminder(
      AddressBook addressBook,
      EmailSender emailSender) {
    this.addressBook = addressBook;
    this.emailSender = emailSender;
  }

  static InvoiceReminder create() {
    return new InvoiceReminder(
        DataStore.getAddressBook(),
        new EmailSenderImpl());
  }

  @CheckReturnValue
  Boolean sendReminder(Invoice invoice) {
    EmailAddress? address =
        addressBook.lookupEmailAddress(invoice.getCustomerId());
    if (address == null) {
      return false;
    }
    return emailSender.send(
        address,
        InvoiceReminderTemplate.generate(invoice));
  }
}
```

透過建構函式進行依賴注入

靜態工廠函式

現在使用測試替身（在本例中為 FakeAddressBook 和 FakeEmailSender）來建構 InvoiceReminder 類別的測試就非常容易完成：

```
...
FakeAddressBook addressBook = new FakeAddressBook();
fakeAddressBook.addEntry(
    customerId: 123456,
    emailAddress: "test@example.com");
FakeEmailSender emailSender = new FakeEmailSender();

InvoiceReminder invoiceReminder =
    new InvoiceReminder(addressBook, emailSender);
...
```

如第 1 章所述，可測試性與模組化是密切相關的。當不同的程式碼片段鬆散耦合且可以重新配置時，測試的相關處理就容易很多。依賴注入是一種讓程式碼更加模組化的有效技術，因此它也是一種讓程式碼更具可測試性的有效技術。

➢11.7 關於測試的最後提醒

軟體測試是一個範圍很大的主題，我們在最後兩章中所介紹的內容只是冰山一角而已。這兩章只討論了單元測試，這個主題是工程師在日常工作中經常遇到的測試級別。正如第 1 章中所討論的，您很可能會遇到（並使用）另外兩種級別的測試如下：

- **整合測試（Integration tests）**——系統通常是由多個元件、模組或子系統組成。把這些元件和子系統連結起來的過程就稱為「**整合（integration）**」。整合測試就是用來確保這些整合工作的正確和讓系統能持續工作。
- **端對端測試（End-to-end tests）**——這些測試從頭到尾貫穿整個軟體系統的開發過程（或工作流程）。如果這裡討論的軟體是線上購物系統，那麼 E2E 測試的某個例子可能是自動化驅動 Web 瀏覽器來確保使用者能完成購買的流程。

除了不同級別的測試之外，還有許多不同類型的測試。有些定義可能會重疊，工程師對其確切含義的理解和意見並不一致。以下是一些值得更詳細去探討和理解的概念：

- **回歸測試（Regression testing）**——定期執行的測試，以確保軟體的行為或功能沒有發生不良的變化。單元測試只是回歸測試中一個重要的組成部分，回歸測試還可以包含其他級別的測試，例如整合測試。
- **黃金測試（Golden testing）**——有時稱之為**表徵測試（characterization testing）**，這些通常以給定輸入集合的程式碼所輸出的儲存快照來進行的測試。如果觀察的程式碼輸出發生變化，那麼測試就失效。這種測試對於確保不會發生任何變化的處理很有用，但是當測試失效了，可能很難確定其失效的原因。在某些情況下，這些測試是脆弱和不穩定的。
- **模糊測試（Fuzz testing）**——這在第 3 章中討論過。模糊測試通常是呼叫帶有大量「隨機」或「感興趣」輸入之程式碼，並檢查這種輸入值是不是會造成程式碼崩潰當掉。

工程師可以使用各式各樣的技術來測試軟體。想要以高標準來設計編寫和維護軟體系統，那就需要混合使用這些技術。雖然單元測試可能是大家最常使用的

測試類型，但僅靠單元測試不可能滿足我們所有的測試需求，因此值得閱讀研究更多不同類型和級別的測試方法，並與新的程式開發工具和技術保持同步。

總結

- 只專注於測試程式中的每個函式很容易造成測試不足。識別出程式的所有重要行為，並為每個行為編寫測試用例才是更有效和完整的測試。
- 測試真正重要的程式碼行為。若測試到程式中的私有函式，這幾乎是表明我們沒有測試到真正重要的東西。
- 一次測試一項行為會讓測試更容易理解，以及更能產生具有良好解釋的測試失效訊息。
- 共享測試設定是一把雙面刃，它可以避免重複程式碼或昂貴的設定，但使用不當的話也可能造成無效或不穩定的測試。
- 使用依賴注入可以大幅提高程式碼的可測試性。
- 單元測試是工程師最常處理的測試級別，但不是唯一。若以高標準來編寫和維護軟體時，就需要使用多種測試技術來配合。

恭禧您已經完成這趟學習之旅（甚至閱讀了有關測試的章節內容）！我希望您喜歡這趟旅程，並從中學到一些有用的東西。好了，探討完本書 11 章嚴肅的內容後，輕鬆一下，看一看本書重要的補充參考：附錄 A 中巧克力布朗尼食譜的可讀版本。

附錄

附錄內容

- 巧克力布朗尼食譜
- Null safety 和 optional
- 額外的程式碼範例

附錄 A　巧克力布朗尼食譜

巧克力布朗尼食譜

您需要以下的食材：

100 克	奶油
185 克	70% 黑巧克力
2 個	蛋
½茶匙	香草精
185 克	細砂糖（或超細糖）
50 克	麵粉
35 克	可可粉
½茶匙	鹽
70 克	巧克力片

製作方法：

1. 烤箱預熱至 160° C（320° F）。
2. 在一個小的烤模（6x6 英寸）上塗上奶油並鋪上烘焙紙。
3. 以熱水中融化奶油和黑巧克力。融化後即可離開熱源，暫放冷卻。
4. 在碗中混合雞蛋、糖和香草精。
5. 將融化的奶油和黑巧克力加入雞蛋和糖中混合。
6. 在一個單獨的碗中，混合麵粉、可可粉和鹽，然後篩入剛才混合好的雞蛋、糖、奶油和巧克力中。均勻攪拌混合。
7. 加入巧克力片，均勻攪拌。
8. 將混合物均勻倒入烤模，送入烤箱烤 20 分鐘。

烤好後讓其冷卻幾個小時。

➢附錄 B　Null safety 和 optional

B.1 使用 null safety 功能

如果我們使用的程式語言有支援 null safety（因為需要用到，所以已經啟用此功能），會有一種機制來注解型別以指示它們可以使用 null。通常會用到「?」字元來表示可以為 null。程式碼一般會像下面這樣：

```
Element? getFifthElement(List<Element> elements) {
  if (elements.size() < 5) {
    return null;
  }
  return elements[4];
}
```

在「Element?」中的 ? 號表示返回型別可以為 null

如果使用此程式碼的工程師忘記處理 getFifthElement() 返回 null 的情況，他們的程式碼就無法編譯，程式範例如下所示：

```
void displayElement(Element element) { ... }

void displayFifthElement(List<Element> elements) {
  Element? fifthElement = getFifthElement(elements);
  displayElement(fifthElement);
}
```

此函式的參數不可為 null（因為型別是 Element 而不是 Element?）

變數 fifthElement 可以為 null，因為它的型別是 Element?

在這一行會發生編譯器錯誤，因為該函式需要一個不可為 null 的引數，但在此處使用可為 null 的值來呼叫它

為了讓程式碼順利編譯，工程師必須檢查 getFifthElement() 返回的值是否不為 null，然後才能使用這個值來呼叫參數不可為 null 的函式。編譯器能夠推斷出哪些程式碼路徑只有在值不為 null 時才能存取，這樣就能確定該值的使用是否安全。

```
void displayFifthElement(List<Element> elements) {
  Element? fifthElement = getFifthElement(elements);
  if (fifthElement == null) {
    displayMessage("Fifth element doesn't exist");
    return;
  }
  displayElement(fifthElement);
}
```

這段 if 陳述句代表如果 fifthElement 為 null，該函式會顯示訊息並提前返回

編譯器可以推斷該行只有在 fifthElement 不為 null 時才執行

> **NOTE** **編譯器警告與錯誤。**在 C# 中，沒有安全地使用可為 null 的值只會顯示編譯器警告，而不是編譯器錯誤。如果您使用 C# 並且啟用了 null safety 功能，最明智的做法是對專案的配置進行設定，將警告升級為錯誤，這樣才能確保它們不會被忽略。

正如我們所見，透過 null safety 功能，我們就能使用 null 值，編譯器會追蹤值在處理邏輯上何時可為 null，何時不能為 null，這樣就能確保不會誤用潛在的 null 值，讓我們能夠從活用 null 值中受益，而不會遭受 null 指標例外的危險。

檢查 null 值

具有 null safety 功能的程式語言通常會提供簡潔的語法來檢查值是否為 null，並且只有在它不為 null 時才能存取其成員函式或屬性。這樣可以消除很多樣板程式碼，但本書中的虛擬程式碼慣例會堅持使用較冗長的檢查 null 值的形式，對於沒有提供這種語法支援程式語言來說，虛擬程式碼的寫法能提供更廣泛的參考。

話雖如此，為了說明其意義，我們以一個範例來解釋，假設有一個函式是用來查詢地址，如果在找不到地址時會返回 null：

```
Address? lookupAddress() {
  ...
  return null;
  ...
}
```

呼叫此函式的某些程式碼需要檢查 lookupAddress() 的返回值是否為 null，如果這個值不為 null，就能以 address 值來呼叫 getCity() 函式。本書中的程式碼範例是使用冗長的 if 陳述句來檢查 null 值：

```
City? getCity() {
  Address? address = lookupAddress();
  if (address == null) {
    return null;
  }
  return address.getCity();
}
```

但請注意，大多數支援 null safety 的程式語言都有提供更簡潔的語法。例如，我們可以使用 null 條件運算子以更簡潔的方式編寫前面看到的程式碼：

```
City? getCity() {
  return lookupAddress()?.getCity();
}
```

如您所見，利用 null safety 有很多好處，它不僅讓我們的程式碼更不容易出錯，還能運用程式語言的特性讓程式碼更加簡潔，同時仍然具有可讀性。

B.2 使用 optional

如果我們使用的程式語言不提供 null safety 功能，或是因為某種原因不能使用 null safety，那麼從函式返回 null 可能會為呼叫方帶來意外。為了避免這種情況，我們可以改為使用像 Optional 這樣的型別來強制讓呼叫方意識到其返回值可能不存在。

上一小節中的程式碼改用 Optional 型別後會呈現如下的樣貌：

```
Optional<Element> getFifthElement(List<Element> elements) {
  if (elements.size() < 5) {
    return Optional.empty();
  }
  return Optional.of(elements[4]);
}
```

隨後，使用此程式碼的工程師可以編寫如下內容：

```
void displayFifthElement(List<Element> elements) {
  Optional<Element> fifthElement = getFifthElement(elements);
  if (fifthElement.isPresent()) {        // 在使用它之前檢查 optional 值是否存在
    displayElement(fifthElement.get())   // optional 中的值是透過呼叫它的 get() 函式來存取的
    return;
  }
  displayMessage("Fifth element doesn't exist");
}
```

這樣的寫法好像有點笨拙，但 Optional 型別一般會提供各種成員函式，可以在某些情況下讓它們更加簡潔。舉例來說，以 ifPresentOrElse() 函式（Java 9 版本的寫法）為例，如果我們重寫 displayFifthElement() 函式來使用 Optional.ifPresentOrElse()，會是如下的樣貌：

```
void displayFifthElement(List<Element> elements) {
  getFifthElement(elements).ifPresentOrElse(   // 如果 elements 存在，則以 elements 來呼叫 displayElement() 函式
      displayElement,
      () -> displayMessage("Fifth element doesn't exist"));
}                                              // 如果 elements 不存在，則呼叫 displayMessage() 函式
```

以前面的範例來看，使用 Optional 型別可能會有點冗長和笨拙，但從未處理的 null 值所造成的問題來思考，就算是付出一點成本來使用這些冗長和笨拙的寫法，其收益是很不錯的，能提高程式碼的強固性和減少了錯誤。

在 C++ 中使用 optional

在撰寫本書時，C++ 標準程式庫版本的 optional 不支援參照，這就表示很難用來返回像類別的物件。有個值得注意的替代方案是使用 Boost 程式庫版本的 optional，它支援參照。每種方法都有其利弊（我們不會在這裡討論），但如果您在寫 C++ 程式時有想要使用 optional 功能的話，值得閱讀參考該主題的相關內容：

- 標準程式庫版本的 optional：http://mng.bz/n2pe
- Boost 程式庫版本的 optional：http://mng.bz/vem1

➢附錄 C 額外的程式碼範例

C.1 生成器模式（builder pattern）

第 7 章介紹了 builder pattern 的簡單實作。實際上，工程師在實作 builder pattern 時通常會使用多種技術和程式語言的特性。Listing C.1[1] 展示了 Java 中 builder pattern 的更完整實作範例。在此實作中需要注意的一些事項如下：

- TextOptions 類別建構函式是私有的，以強制其他工程師使用 builder pattern。
- TextOptions 類建構函式把 Builder 的實例當作為參數，這使得程式碼更易於閱讀和維護，因為這樣能避免過長的參數和參數清單。

1. 受到 Joshua Bloch 在 Effective Java 第三版（Addison Wesley，2017 年出版）一書的啟發，其中有介紹 builder pattern 的形式以及各種程式碼庫（如 Google Guava 程式庫）。

- TextOptions 類別提供了一個 toBuilder() 方法，該方法可用於從 TextOptions 類別的實例建立 Builder 類別的預先填入實例。
- Builder 類別是 TextOptions 類別的內部類別。這樣的做法有兩個目的：
  - 它讓名稱的間隔更好一些，因為現在可以使用 TextOptions.Builder 參照 Builder。
  - 在 Java 中允許 TextOptions 和 Builder 類別存取彼此的私有成員變數和方法。

Listing C.1 Builder pattern 實作

```
public final class TextOptions {
  private final Font font;
  private final OptionalDouble fontSize;
  private final Optional<Color> color;

  private TextOptions(Builder builder) {
    font = builder.font;
    fontSize = builder.fontSize;
    color = builder.color;
  }

  public Font getFont() {
    return font;
  }

  public OptionalDouble getFontSize() {
    return fontSize;
  }

  public Optional<Color> getColor() {
    return color;
  }

  public Builder toBuilder() {
    return new Builder(this);
  }

  public static final class Builder {
    private Font font;
    private OptionalDouble fontSize = OptionalDouble.empty();
    private Optional<Color> color = Optional.empty();

    public Builder(Font font) {
      this.font = font;
    }

    private Builder(TextOptions options) {
      font = options.font;
      fontSize = options.fontSize;
      color = options.color;
    }

    public Builder setFont(Font font) {
```

建構函式為私有並接受 Builder 作為參數

toBuilder() 函式允許建立預填入的 builder

Builder 類別是 TextOptions 的內部類別

用於從某些 TextOptions 複製的私有的 Builder 建構函式

```
      this.font = font;
      return this;
    }

    public Builder setFontSize(double fontSize) {
      this.fontSize = OptionalDouble.of(fontSize);
      return this;
    }

    public Builder clearFontSize() {
      fontSize = OptionalDouble.empty();
      return this;
    }

    public Builder setColor(Color color) {
      this.color = Optional.of(color);
      return this;
    }

    public Builder clearColor() {
      color = Optional.empty();
      return this;
    }

    public TextOptions build() {
      return new TextOptions(this);
    }
  }
}
```

使用此程式碼的一些範例如下：

```
TextOptions options1 = new TextOptions.Builder(Font.ARIAL)
    .setFontSize(12.0)
    .build();

TextOptions options2 = options1.toBuilder()
    .setColor(Color.BLUE)
    .clearFontSize()
    .build();

TextOptions options3 = options2.toBuilder()
    .setFont(Font.VERDANA)
    .setColor(Color.RED)
    .build();
```

Good Code, Bad Code｜寫出高品質的程式碼

作　　者：Tom Long
譯　　者：H&C
企劃編輯：蔡彤孟
文字編輯：詹祐甯
設計裝幀：張寶莉
發 行 人：廖文良

發 行 所：碁峰資訊股份有限公司
地　　址：台北市南港區三重路 66 號 7 樓之 6
電　　話：(02)2788-2408
傳　　真：(02)8192-4433
網　　站：www.gotop.com.tw
書　　號：ACL063100
版　　次：2022 年 06 月初版
建議售價：NT$520

國家圖書館出版品預行編目資料

Good Code, Bad Code：寫出高品質的程式碼 / Tom Long 原著；
H&C 譯. -- 初版. -- 臺北市：碁峰資訊, 2022.06
面；　公分
譯自：Good code, bad code.
ISBN 978-626-324-212-8(平裝)
1.CST：軟體研發　2.CST：電腦程式設計
312.2　　111008438

讀者服務

- 感謝您購買碁峰圖書，如果您對本書的內容或表達上有不清楚的地方或其他建議，請至碁峰網站：「聯絡我們」\「圖書問題」留下您所購買之書籍及問題。(請註明購買書籍之書號及書名，以及問題頁數，以便能儘快為您處理)
http://www.gotop.com.tw

- 售後服務僅限書籍本身內容，若是軟、硬體問題，請您直接與軟體廠商聯絡。

- 若於購買書籍後發現有破損、缺頁、裝訂錯誤之問題，請直接將書寄回更換，並註明您的姓名、連絡電話及地址，將有專人與您連絡補寄商品。